自控力

成就人生和事业的心理学课程

邢一麟 编著

中国华侨出版社
北京

图书在版编目(CIP)数据

自控力：成就人生和事业的心理学课程/邢一麟编著.—北京：中国华侨出版社，2013.6（2022.3重印）

ISBN 978-7-5113-3704-7

I.①自… Ⅱ.①邢… Ⅲ.①成功心理—通俗读物 Ⅳ.①B848.4-49

中国版本图书馆CIP数据核字（2013）第132874号

自控力：成就人生和事业的心理学课程

编　　著：	邢一麟
责任编辑：	李胜佳
封面设计：	阳春白雪
文字编辑：	胡宝林
美术编辑：	宇　枫
经　　销：	新华书店
开　　本：	720mm×1020mm　1/16　印张：24　字数：344千字
印　　刷：	北京德富泰印务有限公司
版　　次：	2013年7月第1版　2022年3月第3次印刷
书　　号：	ISBN 978-7-5113-3704-7
定　　价：	68.00元

中国华侨出版社　北京市朝阳区西坝河东里77号楼底商5号　邮编：100028
发 行 部：（010）88866079　　　　传　真：（010）88877396
网　　址：www.oveaschin.com　　　E-m a i l：oveaschin@sina.com

如发现印装质量问题，影响阅读，请与印刷厂联系调换。

前 言
PREFACE

自控力是一个人自觉地调节和控制自己行动的能力。自控力强的人，能够理智地对待周围发生的事件，有意识地控制自己的思想感情，约束自己的行为，成为驾驭现实的主人。一般情况下，自控力和意志是紧密相连的，意志薄弱者，自控力较差；意志顽强者，自控力较强。加强自控力也就是磨炼意志的过程。

一个人在事业上的成功需要有强大的自控力。

一个人在集中精力完成某项特殊任务时，在自控力的作用下，能排除干扰，抑制那些不必要的活动。在自控力的调节下，能够选择正确的活动动机，调整行动目标和行动计划。自控力强的人，能理智地控制自己的欲望，分清轻重缓急，然后再去满足那些社会要求和个人身心发展所必需的欲望，对不正当的欲望则坚决予以抛弃。自控力强的人，处在危险和紧张状态时，不轻易为激情和冲动所支配，不意气用事，能够保持镇定，克制内心的恐惧和紧张，做到临危不惧、忙而不乱。自控力强的人，在崇高理想的支配下，能够忍耐克己，为事业、为社会做出惊天动地的大事。相反，自控力薄弱的人遇事不冷静，不能控制激情和冲动。这种人易被诱因干扰而动摇，或惊慌失措。可见，培养和锻炼自控力，克服自控力薄弱的弱点，对事业的成功是多么的重要。

不仅如此，自控力也是人们获得成功人生所必备的素质。

自控不仅仅是在物质上克制欲望，对于一个想要取得成功的人来说，精神上的自控也是重要的。衣食住行毕竟是身外之物，不少人都能克制，但精神上的、意志力上的自控却非人人都能做到。如果你今天计划做某件事，但早上起床后，发现因昨晚休息得太晚而依然感到困倦，你是否还能坚持着离开那温暖舒适的床呢？如果你要远行，但身体乏力，你是否会停止旅行计划？诸如此类的问题，一定要处理得干脆利落，千万不要纵容自己，给自己找借口。对自己严格一点儿，时间长了，自控便成为一种习惯、一种生活方式，你的人格和智慧也会因此变得更完美。

总之，自控力是成功的基本要素，自控力强的人能够更好地控制自己的注意力、情绪、欲望、习惯和行为，更好地应对压力、解决冲突、战胜逆境，身体更健康，人际关系更和谐，恋情更长久，收入更高，事业也更成功。太多的人不能控制自己，不能把自己的精力全部投入到他们的工作中，完成自己伟大的使命。这可以解释成功者和失败者之间的区别。能够驾驭自己的人，比征服了一座城池的人还要伟大。是自控力造就伟人，造就机遇，造就成功。一个人可能在缺乏教育和健康的条件下成功，但绝不可能在没有自控力的情况下成功！

自控力的养成是一个长期的过程，不是一朝一夕的事情。为了帮助广大读者系统地了解与提升自控力，我们特奉献了这本《自控力——成就人生和事业的心理学课程》。全书深入分析了自控力的内涵，包括自控力的组成要素、在人生中扮演的角色、发生作用的过程阶段及具体表现，着重强调了强化意志力对提高自控力的重要作用；阐明了如何培养、提高自控力，提供了具体有效的训练方法和提高途径；论述如何在实践中磨炼自控力、迎接并克服种种艰难阻碍；探讨如何运用、发挥自控力，控制情绪和欲望、改变旧习惯、管理压力、克服拖延等。全书内容丰富，分析精辟，观点鲜明、新颖、深刻，理论与实践结合，引导读者深切地感悟自控力的独特魅力和强大作用，在今后的生活实践中，自觉地培养、训练、提高和调动自控力，引爆蕴藏在体内的潜能，锤炼坚忍不拔的坚强意志，迎接生活中的各种挑战，主宰人生，成就伟业，开创崭新的成功人生。

目 录 CONTENTS

导言　自控力成就人生 ……………………………………… 1
自控力使人强大 …………………………………………… 1
自控力营造幸福生活 ……………………………………… 3
强大的自控力是成功的基本要素 ………………………… 6

第一章　意志力的本能：
人生来就能抵制奶酪蛋糕的诱惑

第一节　意志力不只是一个传说 …………………………… 12
意志力是蕴藏在人体内的神秘力量 ……………………… 12
意志力是人类特有的 ……………………………………… 19
意志力的三重角色 ………………………………………… 26
意志力的三个要素 ………………………………………… 35
意志力在行动中的表现 …………………………………… 44

第二节　意志力可以培养吗 ………………………………… 55
意志力训练提升个人素质 ………………………………… 55
意志力训练的基本原则 …………………………………… 61
意志力提高的基本方法 …………………………………… 74

1

消除不良的意志力 ·················· 85

第三节　驱动意志力的能量来自哪里 ·········· 89

　　有意识地优化你的意志品质 ············· 89
　　培养自我的独立性 ·················· 96
　　训练你的果断决策能力 ··············· 101
　　锤炼锲而不舍的坚韧性 ··············· 110

第二章　"我不要"力量的局限性：
明知生气有害，为何还是每每失控

第一节　我们为何总是情绪化 ············· 114

　　接受并体察你的情绪 ················ 114
　　正确感知你所处的情绪 ··············· 116
　　运用情绪辨析法则 ················· 118
　　了解我们自身的情绪模式 ·············· 120
　　情绪同样有规律可循 ················ 122
　　用默剧的方式获知他人情绪 ············· 124

第二节　情绪失控，人体不定时的"炸弹" ······ 126

　　看清你的情绪爆发 ················· 126
　　负面情绪消耗着我们的精神 ············· 129
　　"情绪风暴"中人心容易失控 ············ 131
　　勿让情绪左右自己 ················· 133

第三节　解救被情绪绑架的理性 ············ 135

　　从苦闷的军嫂到成功的作家 ············· 135
　　你是情绪的奴隶吗 ················· 138
　　情绪是怎样"冒"出来的 ·············· 140

控制自我是高情商的体现 …………………………………… 143
情绪发电机 ………………………………………………… 146
情绪具有感染力 …………………………………………… 147
让烦恼不再找你 …………………………………………… 149
说出你的忧虑 ……………………………………………… 152

第四节 先接受情绪，再管理情绪 …………………………… 155

踢走"负面情绪"这个绊脚石 …………………………… 155
停止你的牢骚 ……………………………………………… 156
控制冲动这个"魔鬼" …………………………………… 159
为情绪找一个出口 ………………………………………… 162
抑郁——情绪的一号杀手 ………………………………… 165
愤怒是一种毒药 …………………………………………… 169
远离仇恨的烈火 …………………………………………… 172
嫉妒是痛苦的制造者 ……………………………………… 175
甩掉忧虑的包袱 …………………………………………… 178

第三章 沦为欲望动物：人为什么管不住自己

第一节 为什么我们管不住自己的欲求 ……………………… 182

为什么人的权力欲望会不断膨胀 ………………………… 182
为何因一件睡袍换了整套家居 …………………………… 183
当出轨成癖 ………………………………………………… 185
我就是要购物 ……………………………………………… 187
为什么越得不到的东西，就越想得到 …………………… 188
婚前，别说你的贞洁无所谓 ……………………………… 190
禁果是不可以偷吃的 ……………………………………… 192
一夜情，炸掉的是婚姻的碉堡 …………………………… 194

第二节　给欲望一个合理的限度 …… 196

  欲望让你的人生烦恼不安 …… 196
  可以有欲望，但不可有贪欲 …… 198
  放弃生活中的"第四个面包" …… 200
  过多的欲望会蒙蔽你的幸福 …… 201
  给自己的欲望打折 …… 204
  远离名利的烈焰，让生命逍遥自由 …… 205
  功成身退任自如 …… 207
  学会控制不合理的欲望 …… 209

第三节　贪婪，最后吞噬的是自己 …… 211

  幸福离不开钱，但有钱不一定幸福 …… 211
  贪婪者并不富有 …… 213
  贪的越多，失去的也越多 …… 214
  贪欲会让你走上不归路 …… 216
  "名利"是把双刃剑 …… 218
  不要让欲望拖垮你 …… 220
  给贪欲上一把锁 …… 222

第四章　习惯成自然：为什么人会有命运

第一节　自控力改变习惯，习惯决定命运 …… 226

  习惯的力量无比巨大 …… 226
  习惯是什么 …… 227
  习惯能成就一个人，也能够摧毁一个人 …… 228
  成功的习惯重在培养 …… 230
  习惯影响一生 …… 232

好习惯，成功的基石 …………………………………………… 234

第二节　你不控制习惯，习惯就会控制你 …………………… 236

别踏着别人的脚印走 …………………………………………… 236
不让习惯成偏见 ………………………………………………… 237
敢于向权威挑战 ………………………………………………… 238
不为工作而工作 ………………………………………………… 240
不要自我设限 …………………………………………………… 241
莫跟着习惯老化 ………………………………………………… 243

第三节　习惯需要不断更新 …………………………………… 245

习惯没有固定的模式 …………………………………………… 245
站在竞争的潮头 ………………………………………………… 246
耐心是一种习惯 ………………………………………………… 247

第四节　重塑习惯，改变命运 ………………………………… 250

成功没有固定的模式 …………………………………………… 250
播种行为，收获习惯 …………………………………………… 251
比别人多做一点 ………………………………………………… 253

第五章　天堂与地狱的抉择：
为什么不同的人眼中会有不同的世界

第一节　世界对不对，在于你对不对 ………………………… 256

打败你心中的"魔鬼" ………………………………………… 256
从不怀疑自己的能力 …………………………………………… 258
别跟自己过不去 ………………………………………………… 260
猜疑是蒙蔽心灵的阴云 ………………………………………… 262
忘记心中的恐惧 ………………………………………………… 264

换个角度看待人生失意 …… 266
摆脱烦恼如此容易 …… 268

第二节　改变不了世界，就改变自己 …… 270

真正的魅力不是外表，是心态 …… 270
冲破禁锢心态的心茧 …… 272
始终拥有积极心态 …… 275
完美心态在于容纳不完美 …… 277
改变自己，世界因你而不同 …… 279

第三节　人一生必备的 9 种黄金心态 …… 282

希望：给自己种下"希望的种子" …… 282
乐观：悲观者的天敌 …… 285
幽默：情绪的开心果 …… 289
感恩：是一种生活态度 …… 292
包容：海纳百川的度量 …… 296
豁达：衡量风度的标尺 …… 299
真诚：真正的快乐 …… 302
热情：激情的种子 …… 305
平静：万事平常心 …… 307

第六章　熬出来的胜利：为什么乌龟能跑赢兔子

第一节　耐心是成功的基础 …… 310

用耐心将冷板凳坐热 …… 310
成功从做好小事开始 …… 311
等待是生命的常态 …… 313
将等待进行到底，才有翻牌的机会 …… 314

生活本来就不易，耐心等待才能发现转机 …………………………… 316

　　人生不能跳跃着前行，任何事都急不得 ……………………………… 317

第二节　修炼专注的力量 ………………………………………………… 319

　　人这一辈子总有一个时期需要卧薪尝胆 ……………………………… 319

　　只专注于脚下的路 ……………………………………………………… 322

　　脚踏实地是最好的选择 ………………………………………………… 324

　　急于求成，往往会适得其反 …………………………………………… 326

　　沉住气，成大器 ………………………………………………………… 328

　　面对诱惑时懂得坚持 …………………………………………………… 330

　　辉煌的背后，总有一颗努力拼搏的心 ………………………………… 332

　　大收获必须付出长久努力 ……………………………………………… 334

第三节　低谷时不放弃，在寂寞中悄然突破 …………………………… 336

　　不是每一次播种都有收获 ……………………………………………… 336

　　低谷的短暂停留，是为了向更高峰攀登 ……………………………… 337

　　有一种成功叫锲而不舍 ………………………………………………… 339

　　低谷时不放弃，在寂寞中悄然突破 …………………………………… 341

　　冬天里会有绿意，绝境中也会有生机 ………………………………… 342

第七章　谁偷走了你的时间：
你控制不了生命的长度，但可以改变生命的宽度

第一节　掌控时间，掌控人生 …………………………………………… 346

　　时间和压力的危机 ……………………………………………………… 346

　　你的时间总是不够用吗 ………………………………………………… 347

　　有效的时间管理意味着什么 …………………………………………… 348

　　帕累托定律 ……………………………………………………………… 349

　　合格的时间管理者 ……………………………………………………… 350

7

第二节 家庭的时间安排 ································· 351
  睡前制定一份第二天的工作清单 ·························· 351
  计划要与家庭生活吻合 ·································· 352

第三节 办公室的时间管理 ····························· 358
  提前做好准备 ··· 358
  每天开始要做的事 ····································· 359
  做好记录 ··· 359
  先解决难办的事 ······································· 359
  处理干扰事件 ··· 360
  要求和回答 ··· 362
  文书工作 ··· 363
  何时说"不",何时说"是" ····························· 363
  制订有效的计划 ······································· 364
  办公室中节省时间的窍门 ······························· 367

第四节 在工作和生活之间寻求平衡 ····················· 368
  高效率的真正含义 ····································· 368
  优先做的事 ··· 369
  谁在浪费你的时间 ····································· 370
  你花了多少时间做了多少事 ····························· 370
  故障、问题和危机 ····································· 372
  委派 ··· 372
  决策的制定 ··· 372

导言

自控力成就人生

自控力使人强大

一个人能够自我控制的秘密源于他的思想。我们经常在头脑中储存的东西会渐渐地渗透到我们的生活中去。如果我们是自己思想的主人，如果我们可以控制自己的思维、情绪和心态，那么，我们就可以控制生活中可能出现的所有情况。

我们都知道，当沸腾的血液在我们狂热的大脑中奔涌时，控制自己的思想和言语是多么的困难。但我们更清楚，让我们成为自己情绪的奴隶是多么危险和可悲。这不仅对工作与事业来说是非常有害的，而且还减少了效益，甚至还会对一个人的名誉和声望产生非常不利的影响。无法完全控制和主宰自己的人，命运不是掌握在他自己的手里。

有一个作家说："如果一个人能够对任何可能出现的危险情况都进行镇定自若的思考，那么，他就可以非常熟练地从中摆脱出来，化险为夷。而当一个人处在巨大的压力之下时，他通常无法获得这种镇定自若的思考力量。要获得这种力量，需要在生命中的每时每刻，对自己的个性特征进行持续的研究，并对自我控制进行持续的练习。而在这些紧急时刻，有没有人能够完全控制自己，在某种程度上决定了一场灾难以后的发展方向。有时，也是在一场灾难中，这个可以完全控制自己的人，常常被要求去控制那些不能自我控制的人，因为那些人由于精神系统的瘫痪而暂时失去了作出正确决策的能力。"

看到一个人因为恐惧、愤怒或其他原因而丧失自我控制力时，这是非常悲惨的一幕。而某些重要事情会让他意识到，彻彻底底地成为自己的主人，牢牢地控制自己的命运是多么的必要。

想想看有这样一个人，他总是经常表露自己的想法——要成为宇宙中所有力量的主人，实际上他却最终给微不足道的力量让了路！想想看他正准备从理性的王座上走下来，并暂时地承认自己算不上一个真正的人，承认自己对控制自己行为的无能，并让他自己表现出一些卑微和低下的特征，去说一些粗暴和不公正的话。

由于缺少自制美德的修炼，我们许多成年人还没有学会去避免那伤人的粗暴脾气和锋利逼人的言辞。

不能控制自己的人就像一个没有罗盘的水手，他处在任何一阵突然刮起的狂风的左右之下。每一次激情澎湃的风暴，每一种不负责任的思想，都可以把他推到这里或那里，使他偏离原先的轨道，并使他无法达到期望中的目标。

自我控制的能力是高贵品格的主要特征之一。能镇定且平静地注视一个人的眼睛，甚至在极端恼怒的情况下也不会有一丁点儿的脾气，这会让人产生一种其他东西所无法给予的力量。人们会感觉到，你总是自己的主人，你随时随地都能控制自己的思想和行动，这会给你品格的全面塑造带来一种尊严感和力量感，这种东西有助于品格的全面完善，而这是其他任何事物所做不到的。

这种做自己主人的思想总是很积极的。而那些只有在自己乐意这样做，或对某件事特别感兴趣时才能控制思想的人，永远不会获得任何大的成就。那种真正的成功者，应该在所有时刻都能让他的思维来服从他的意志力。这样的人，才是自己情绪的真正主人；这样的人，他已经形成了强大的精神力量，他的思维在压力最大的时候恰恰处于最巅峰的状态；这样的人，才是造物主所创造出来的理想人物，是人群中的领导者。

自控力营造幸福生活

在社会中，只有遇事不慌、临危不惧的人才能成就大事，而那些情绪不稳、时常动摇、缺乏自信、遇到危险就躲、遇到困难慌神的人，只能过平庸的生活。

自控是一种力量，自控使人头脑冷静、判断准确。自控的人充满自信，同时也能赢得别人的信任。

自控力强的人，比焦虑万分的人更容易应付种种困难、解决种种矛盾。而一个做事光明磊落、生气蓬勃、令人愉悦的人，无论到哪儿都是受人欢迎的。

在商人中间，自控能产生信用。银行相信那些能控制自己的人。商人们相信，一个无法控制自己的人既不能管理好自己的事务，也不能管理好别人的事务。一个人可能在缺乏教育和健康的条件下成功，但绝不可能在没有自制力的情况下成功！

无论是谁，只要能下定决心，决心就会为他的自制行为提供力量与后援。能够支配自我，控制情感、欲望和恐惧心理的人会比国王更伟大、更幸福。否则，他就不可能取得任何有价值的进步。

张飞得知关羽被东吴杀害后，陷入了极度的悲痛之中，他"旦夕号泣，血湿衣襟"。刘、关、张桃园结义，手足之情极为深厚，如今兄长被害，张飞的悲痛也算是一种正常的情绪反应。但他在悲痛之中丧失了起码的理智，任由此种不利情绪的发展，并用它来深深感染了刘备，不仅给自己招来杀身之祸，也极大地损害了三人为之奋斗的事业。刘备得知关羽为东吴所害，悲愤之下准备出兵伐吴，赵云向刘备分析当时的形势："国贼乃曹操，非孙权也。今曹丕篡汉，神人共怒，陛下可早图关中……若舍魏以伐吴，兵势一交，岂能骤解……汉贼之仇，公也；兄弟之仇，私也。愿以天下为重。"赵云所主张的先公后私，就是一种理智的选择。若听任自己情绪的指挥，当然要先为关羽报仇雪恨；若从光复汉室的大局着想，则应以伐魏为先。刘备在诸葛亮的苦劝之下，好不容易"心中稍回"，却被张飞无休止的号哭弄得又起伐吴之心。

张飞痛失兄长，恨不得立刻到东吴杀个血流成河，他"每日望南切齿、睁目怒恨"。由于报仇心切，一腔怨怒无处发泄，在不知不觉之间把怒气出到了自己人头上，"帐上帐下，但有犯者即鞭挞之；多有鞭死者"，他的情绪失控到了杀自己人出气的地步，并传染给身边的每一个人。

张飞的情绪失控，不仅使自己，也使刘备在理智与情绪的抗衡中败下阵来，冲动地作出了出兵东吴的错误决定，结果使蜀汉的力量在这场战争中大大削弱，为蜀汉的衰落埋下了伏笔。

当一个人的怨恨到了丧失理智的地步时，他去伤害别人或被别人伤害也就在情理之中了。张飞向手下将士发出了"限三日内制办白旗白甲，三军披孝伐吴"的命令，根本不考虑手下能否在那么短的期限内完成任务。当末将范疆、张达为此犯难时，张飞不由分说，将二人"缚于树上，各鞭背五十""打得二人满口出血"，还威胁道："来日俱要完备！若违了限，即杀汝二人示众！"

刘备得知张飞鞭挞部属之事，曾告诫他这是"取祸之道"，说明刘备也认识到了张飞丧失理智背后隐藏的危险。然而张飞仍不警醒，不给别人留任何退路，连"兔子急了也咬人"的道理都忘了。最后，范疆、张达无法可想，只好拼个鱼死网破，趁张飞醉酒，潜入帐中将其刺死。

由于张飞不善于控制自己的负面情绪，尽管他有勇猛、豪爽、忠义之名，却不受部属的拥戴。作为一员大将，没有战死沙场，却死于自己人之手，这的确是缺乏自制力而酿成悲剧的一个典型例子。

同时张飞也是一位不懂得自控的人，一味任其发展，最终导致这样的结局，不能不说是一种必然结果。

人生在世，若缺乏自控力，将会令生活"一片狼藉"。一个人若完全被情绪所控制，那样伤害的不只是别人，你自己也会因此失去拥有幸福的机会。

许多名人写下了无数文字来劝诫人们要学会自我克制。詹姆士·博尔顿说："少许草率的词语就会点燃一个家庭、一家邻居或一个国家的怒火，而且这样的事情常常发生。半数的诉讼和战争都是因为言语而引起的。"乔治·艾略特则说："妇女们如果能忍着那些她们知道无用的话不说，那么她们半数的悲伤都可以避免。"

赫胥黎曾经写下过这样的话："我希望见到这样的人，他年轻的时候接受过很好的训练，非凡的意志力成为他身体的真正主人，应意志力的要求，他的身体乐意尽其所能去做任何事情。他头脑明智，逻辑清晰，他身体所有的功能和力量就如同机车一样，根据其精神的命令准备随时接受任何工作，无论是编织蜘蛛网这样的细活还是铸造铁锚这样的体力活。"

希尔曾说："一个有自制力的人，不易被人轻易打倒；能够控制自己的人，通常能够做好分内的工作，不管是多么大的困难皆能予以克服。"

许多人，特别是年轻人情绪丰富不稳，自制力较差，往往从理智上也想自我锤炼，积极进取，但在感情和意志上却控制不了自己。专家们认为，要成为一个自控力强的人，需做到以下几点。

（1）自我分析，明确目标。一是对自己进行分析，找出自己在哪些活动中、何种环境中自制力差，然后拟出培养自制力的目标步骤，有针对性地培养自己的自制力；二是对自己的欲望进行剖析，扬善去恶，抑制自己的某些不正当的欲望。

（2）提高动机水平。心理学的研究表明，一个人的认识水平和动机水平，会影响一个人的自制力。一个成就动机强烈，人生目标远大的人，会自觉抵制各种诱惑，摆脱消极情绪的影响。无论他考虑任何问题，都着眼于事业的进取和长远的目标，从而获得一种控制自己的动力。

（3）从日常生活中的小事做起。高尔基说："哪怕是对自己小小的克制，也会使人变得更加坚强。"人的自制力是在学习、生活工作中的千百万小事中培养、锻炼起来的。许多事情虽然微不足道，但会影响一个人自制力的形成。如早上按时起床、严格遵守各种制度、按时完成学习计划等，都可积小成大，锻炼自己的自控力。

（4）绝不让步迁就。培养自控力，要毫不含糊的坚定和顽强。不论什么东西和事情，只要意识到它不对或不好，就要坚决克制，绝不让步和迁就。另外，对已经作出的决定，要坚定不移地付诸行动，绝不轻易改变和放弃。如果执行决定半途而废，就会严重地削弱自己的自控力。

（5）经常进行自警。如当学习时忍不住想看电视时，马上警告自己，管住自己；当遇到困难想退缩时，不妨马上警告自己别懦弱。这样往往会唤起自尊，战胜怯懦，成功地控制自己。

（6）进行自我暗示和激励。自制力在很大程度上就表现在自我暗示和激励等意念控制上。意念控制的方法有：在你从事紧张的活动之前，反复默念一些树立信心、给人以力量的话，或随身携带座右铭，时时提醒激励自己；在面临困境或身临危险时，利用口头命令，如"要沉着、冷静"，以组织自身的心理活动，获得精神力量。

（7）进行松弛训练。研究表明，失去自我控制或自控力减弱，往往发生在紧张心理状态中。若此时进行些放松活动，如按摩、意守丹田等，则可以提高自控水平。因为放松活动可以有意识地控制心跳加快、呼吸急促、肌肉紧张，获得生理反馈信息，从而控制和调节自身的整个心理状态。

强大的自控力是成功的基本要素

凡成功者无不懂得自制

成功的一个基本要素是控制自我，没有自控力的人终将一无所成，一点的小刺激和小诱惑都抵制不了，面对大的诱惑必将深陷其中。

控制自我情绪是一种重要的能力，也是人区别于动物的重要标志。人是有理性的，不能只依赖感情行事。

2000年，小布什击败戈尔当选为美国总统。但你可想到，就是这样堂堂的美国总统，年轻时候却放荡不羁、缺乏自制力。

学生时代的布什，学习成绩一般，但对于吃喝玩乐却样样在行。平时他除了与他那帮"狐朋狗友"四处游荡之外，无所事事。他最大的喜好便是开着自己那辆哈雷·戴维斯摩托车，带着时髦的女孩，在大街上飙车。每天晚上，他总是泡在各色舞厅里，不到深夜不会回家，而且每次都是醉醺醺的。

老布什看儿子如此不济，多次谆谆教导，但是，小布什总把父亲的话当作耳旁风，依然故我。

直到有一天，一个很特别的姑娘出现在他面前，她的美丽和纯洁一下打动了"花花公子"小布什。在这位姑娘的影响之下，小布什警醒了，他慢慢克制住自己的放浪行为，奋发努力，投入政界。经过一番奋斗，他终于成就了自己的辉煌，登上了总统宝座。

托马斯·曼告诫人们："控制感情的冲动，而不是屈从于它，人才有可能得到心灵上的安宁。"

没有自控力的人是可怕的，不但他的思想会肆意泛滥，行为更会如此。有人喝酒成瘾、上网成瘾等，无一不是缺乏自制力的表现。

一个失去自控能力的人是不会得到命运的眷顾与垂青的。

那些以为自制就会失去自由的人，对"自由"与"自制"的意义显然还没有深刻的领会。因为自我控制不是要以失去自由为代价，恰恰是为了保证自由最大限度内的实现。

一位骑师精心训练了一匹好马，所以骑起来得心应手。只要他把马鞭子一扬，那马儿就乖乖地听他支配，而且骑师说的话马儿句句都明白。

骑师认为用言语指令就可以驾驭住了，缰绳是多余的。有一天，他骑马外出时，就把缰绳给解掉了。

马儿在原野上驰骋，开始还不算太快，仰着头抖动着马鬃，雄赳赳地高视阔步，仿佛要叫他的主人高兴。但当它知道什么约束都已经解除了的时候，就越发大胆了，它再也不听主人的叱责，愈来愈快地飞驰在辽阔的原野上。

不幸的骑师，如今毫无办法控制他的马了，他用颤抖的手想把缰绳重新套上马头，但已经无法办到。失去羁控的马儿撒开四蹄，一路狂奔着，竟把骑师摔下马来。而它还是疯狂地往前冲，像一阵风似的，路也不看，方向也不辨，一股劲儿冲下深谷，摔了个粉身碎骨。

"我可怜的好马呀，"骑师好不伤心，悲痛地大叫道，"是我一手造就你的灾难。如果我不冒冒失失地解掉你的缰绳，你就不会不听我的话，就不会把我摔下来，你也绝不会落得这样凄惨的下场。"

追求自由是无可非议的，但我们不能放任自流。一点也不加以限制的自由，本身就潜藏着无穷的害处与危险，严重的时候，就像脱缰的马儿一样难以控制。世界上不存在绝对的自由，真正意义上的自由，是"带着镣铐跳舞"。

给情绪一个自制的阀门，我们自然会做到挥洒自如，赢得卓越的人生。

控制自我是能力的体现

20世纪60年代早期的美国，有一位很有才华、曾经做过大学校长的人，竞选美国中西部某州的议会议员。此人资历很高，又精明能干、博学多识，非常有希望赢得选举的胜利。

但是，一个很小的谎言散布开来：3年前，在该州首府举行的一次教育大会上，他跟一位年轻的女教师"有那么一点暧昧的行为"。这其实是一个弥天大谎，而这位候选人不能控制自己的情绪，他对此感到非常愤怒，并尽力想要为自己辩解。

由于按捺不住对这一恶毒谣言的怒火，在以后的每次集会中，他都要站起来极力澄清事实，证明自己的清白。

其实，大部分选民根本没有听到或过多地注意这件事，但是，现在人们却越来越相信有那么一回事了。公众们振振有词地反问："如果你真是无辜的，为什么要为自己百般狡辩呢？"

如此火上加油，这位候选人的情绪变得更坏，他气急败坏、声嘶力竭地在各种场合为自己辩解，以此谴责谣言的传播者。然而，这更使人们对谣言确信不疑。最悲哀的是，连他的太太也开始相信谣言了，夫妻之间的亲密关系消失殆尽。

最后，他在选举中败北，从此一蹶不振。

控制自我情绪是一种重要的能力，也是一种难能可贵的艺术。一个不懂得控制自我的人，只会任由情绪的发展，使自己有如一头失控的野兽，一旦不小心闯到熙熙攘攘的人群中，则会伤人伤己。

人是群居的动物，不可能总是一个人独处，因此，一旦情绪失控，必将波及他人。控制自我绝对是种必须具备的能力。

传说中有一个"仇恨袋"，谁越对它施力，它就胀得越大，以至最后堵死我们生存的空间。你打我一拳，我必定想方设法还你两脚，即使是好汉不吃眼前亏，也必当日后补上——大多数人都会这样想。这样做只能使对抗升级而无助于解决问题，更别说是谁对谁错了。

1754年，身为上校的华盛顿率领部下驻防亚历山大市。当时正值弗吉尼亚州议会选举议员，有一个名叫威廉·佩恩的人反对华盛顿所支持的候选人。据说，华盛顿与佩恩就选举问题展开激烈争论，说了一些冒犯佩恩的话。佩恩火冒三丈，一拳将华盛顿打倒在地。当华盛顿的部下跑上来要教训佩恩时，华盛顿急忙阻止了他们，并劝说他们返回营地。

第二天一早，华盛顿就托人带给佩恩一张便条，约他到一家小酒馆见面。佩恩料定必有一场决斗，做好准备后赶到酒馆。令他惊讶的是，等候他的不是手枪而是美酒。

华盛顿站起身来，伸出手迎接他。华盛顿说："佩恩先生，昨天确实是我不对，我不可以那样说，不过你已然采取行动挽回了面子。如果你认为到此可以解决的话，请握住我的手，让我们交个朋友。"从此以后，佩恩成为华盛顿的一个狂热崇拜者。

我们在钦佩伟人的同时，也要认识到控制自我的重要性。许多伟人之所以能够名垂千古，与他们的从容豁达、宠辱不惊有很大的关系。而芸芸众生也许更多的是任由情绪的发泄，没有利用好控制自我的作用。

一个成功的人必定是有良好控制能力的人，控制自我不是说不发泄情绪，也不是不发脾气，过度压抑会适得其反。良好的控制自我就是不要凡事都情绪化，任由情绪发展，而是要适度控制，这是一种能力的体现。

第一章 意志力的本能：
人生来就能抵制奶酪蛋糕的诱惑

第一节

意志力不只是一个传说

人与人之间、强者与弱者之间、大人物与小人物之间最大的差异，就在于其意志的力量，即所向无敌的决心。一旦确立了一个目标，就要坚持到底，不在奋斗中成功，便在奋斗中死亡。具备这样的品质，你就能在世界上做成任何事情。

——伯克斯顿

意志力是蕴藏在人体内的神秘力量

每个人的体内都有一股"神"赐的、无所不能的力量在沉睡——意志力。意志力是不能形容、不能解释的，它似乎不存在于普通的感官中，而隐藏在心灵深处。凭借这种力量，你就能实现你的梦想，成为你想成为的人物。

意志力是自我引导的力量

著名哲学家罗素曾说："古往今来，对于成功秘诀的谈论实在是太多了。其实，成功并没有什么秘诀。成功的声音一直在芸芸众生的耳边萦绕，只是没有人理会她罢了。而她反复述说的就是一个词——意志力。任何一个人，只要听见了她的声音并且用心去体会，就会获得足够的能量去攀越生命的巅峰。这几年来，我一直在努力致力于一项事业——试图在美国人的思想中植入这样一种观念：只要给予意志力以支配生命的自由，那么我们就会勇往直前。"

意志是人最重要的心理素质，是成功者最不可缺少的"精神钙质"。那么意志力究竟是怎样的一个含义呢？

我们不急于给意志力下一个抽象的定义，不妨先看看著名的世界冠军威尔玛的成长经历，从中我们会对意志力的内涵有深切的领悟。

1940年6月23日，在美国一个贫困的铁路工人家庭，一位黑人妇女生下了她一生中的第20个孩子，这是个女孩，取名为威尔玛·鲁道夫。

4岁那年，威尔玛不幸同时患上了双侧肺肺炎和猩红热。在那个年代，肺炎和猩红热都是致命的疾病。母亲每天抱着小威尔玛到处求医，医生们都摇头说难治，她以为这个孩子保不住了。然而，这个瘦小的孩子居然挺了过来。威尔玛勉强捡回来一条命，但是由于猩红热引发了小儿麻痹症，她的左腿残疾了。从此，幼小的威尔玛不得不靠拐杖来行走。看到邻居家的孩子追逐奔跑时，威尔玛的心中蒙上了一团阴影，她沮丧极了。

在她生命中那段灰暗的日子里，经历了太多苦难的母亲却不断地鼓励她，希望她相信自己并能超越自己。虽然有一大堆孩子，母亲还是把许多心血倾注在这个不幸的小女儿身上。母亲的鼓励带给了威尔玛希望的阳光，威尔玛曾经对母亲说："我的心中有个梦，不知道能不能实现。"母亲问威尔玛她的梦想是什么。威尔玛坚定地说："我想比邻居家的孩子跑得还快！"

母亲虽然一直不断地鼓励她，可此时还是忍不住哭了，她知道孩子的这个梦想将永远难以实现，除非奇迹出现。

在威尔玛5岁那年，一天，母亲听说城里有位善良的医生免费为穷人家的孩子治病。母亲便把女儿抱进手推车，推着她走了3天，来到城里的那家医院。母亲满怀希望地恳求医生帮助自己的孩子。医生仔细地为威尔玛做了检查，然后进到里屋。医生出来的时候拿了一副拐杖。母亲对医生说："我们已经有拐杖了。我希望她能靠自己的腿走路，而不是借助拐杖。"医生说："你的孩子患的是严重的小儿麻痹症，只有借助拐杖才能行走。"

坚强的母亲没有放弃希望，她从朋友那里打听到一种治疗小儿麻痹症的简易方法，那就是为患肢泡热水和按摩。母亲每天坚持为威尔玛按摩，并号召家里的人一有空就为威尔玛按摩。母亲还不断地打听治疗小儿麻痹症的偏方，买来各种各样的草药为威尔玛涂抹。

奇迹终于出现了！威尔玛9岁那年的一天，她扔掉拐杖站了起来。母亲一把抱住自己的孩子，泪如雨下。4年的辛苦和期盼终于有了回报！

11岁之前，威尔玛还是不能正常行走，她每天穿着一双特制的钉鞋练习走路。开始时，她在母亲和兄弟姐妹的帮助下一小步一小步地行走，渐渐地就能穿着钉鞋独自行走了。11岁那年的夏天，威尔玛看见几个哥哥在院子里打篮球，她一时看得入了迷，看得自己心里也痒痒的，就脱下笨重的钉鞋，赤脚去和哥哥们玩篮球。一个哥哥大叫起来："威尔玛会走路了！"那天威尔玛可开心了，赤脚在院子里走个不停，仿佛要把几年里没有走过的路全补回来似的。全家人都集中在院子里看威尔玛赤脚走路，他们觉得威尔玛走路比世界上其他任何节目都好看。

13岁那年，威尔玛决定参加中学举办的短跑比赛。学校的老师和同学都知道她曾经得过小儿麻痹症，直到此时腿脚还不是很利索，便都好心地劝她放弃比赛。威尔玛决意要参加比赛，老师只好通知她母亲，希望母亲能好好劝劝她。然而，母亲却说："她的腿已经好了。让她参加吧，我相信她能超越自己。"事实证明母亲的话是正确的。

比赛那天，母亲也到学校为威尔玛加油。威尔玛靠着惊人的毅力一举夺得100米和200米短跑的冠军，震惊了校园，老师和同学们也对她刮目相看。从此，威尔玛爱上了短跑运动，想尽办法参加一切短跑比赛，并总能获得不错的名次。同学们不知道威尔玛曾经不太灵便的腿为什么一下子变得那么神奇，只有母亲知道女儿成功背后的艰辛。坚强而倔强的女儿为了实现比邻居家的孩子跑得还快的梦想，每天早上坚持练习短跑，直练到小腿发胀、酸痛也不放弃。

在1956年的奥运会上，16岁的威尔玛参加了4×100米的短跑接力赛，并和队友一起获得了铜牌。1960年，威尔玛在美国田径锦标赛上以22秒9的成绩创造了200米的世界纪录。在当年举行的罗马奥运会上，威尔玛迎来了她体育生涯中辉煌的巅峰。她参加了100米、200米和4×100米接力比赛，每场必胜，接连获得了3块奥运金牌。

是什么力量让一个从小就左腿残疾的小孩闯过命运的低谷，并最终成长为震惊世界的田径冠军？答案就是：她不屈不挠的人生之路上闪耀着两个大字——意志。

意志是人自觉地确定目的，并根据目的调节支配自身的行动，克服困难，去实现预定目标的心理过程，是人的主观能动性的突出表现形式。

作为一种普遍的"心智功能"，意志力是为人所熟知的东西，我们每天都能感受到它的存在。尽管不同的人对于意志力的源泉，对于意志力如何影响人，以及意志力的积极作用和局限性有着不同的看法，但大家都认同这样的看法：意志力本身是人类精神领域一个不可或缺的组成部分，甚至在我们每个人的生命中，意志力都发挥着超乎寻常的重要作用。

有人认为，意志力是"一种有意识的心理功能，其作用尤其体现在经过深思熟虑的行动上"。但意志力一定是"有意识"作用的结果吗？许多看似无意识的举动，可能正是一个人意志力的体现；而另外一些脱离人的意志力指引的行为却肯定是有意识的。人的一切有意识的行动都是经过考虑的，因为即便这一行动是在瞬间做出的，思考的因素仍然在其中发生着作用。所以说，意志力是自我引导的力量。

作为一种自我引导的精神力量，意志力是引导我们成功的伟大力量。如果你拥有强大的意志力，那么你全身的能量都可以在它的召唤下聚合起来，从而实现你的成功愿望。

意志力的自由性

意志力是自我引导的精神力量,意志力在人的生活中发挥着巨大的作用。无论是就人的认知能力的发展来说,还是就人的情感能力的发展来说,意志都具有主导性的地位和功能。意志是人的主观能动性的集中体现。人,靠着巨大的意志力量塑造着自我,改造着自然和社会,创造着人间奇迹。

然而,当我们赞叹意志的力量如此神奇的时候,这是不是说人可以想怎样就可以怎样,想干什么就可以干什么,想怎么干就可以怎么干呢?一句话,人的意志是否无所不能?在心理学上,这些问题的实质是:人的意志是不是自由的?人究竟有没有意志自由?

对此,哲学史上有过两种极端的见解,相互争论了很久。

一种观点叫作"意志虚无论"。这种观点把意志视为对物质的一种机械的、消极的反应,它只承认必然性,并把这种必然性仅仅归结为机械必然性,完全否定人的意志的能动作用,认为人的行为完全是由外界刺激决定的,人的意志根本不起任何作用。

这种观点显然是错误的,随便举一个例子就可以看出它的错误。比如周末晚上,我们既可以出门访友,去舞厅跳舞,也可以在家里看电视、听音乐。事实上,人的行动具有高度的自主性。就是说,就一定条件下的具体行动而言,它确实是被人的主观意愿所左右的。在同样的情境下,人可以产生不同的行动动机,确立不同的目的,制订不同的行动计划。可见,人的行动不是机械地、被动地单纯由外部情境所决定,它必定受个人内部意志状态的调节,而这种调节证明了人具有某种程度的意志自由。

另一种观点叫"唯意志论"。唯意志论主张意志是世界的本源和人的真正本质,意志统辖理性,它由强调意志的非实体性、活动性而强调个人的能动性、创造性和不受任何约束的绝对的自由。"唯意志论"的代表人物是德国哲学家叔本华。

他认为，自在之物是现象（表象）的本质和内核，是可知的。不过，理性只能认识现象，主体只有通过直观才能领悟到自在之物。这个主体就是我的意志即自身直接存在的意志，它不是"我思"，而是"我要"，是一种神秘的欲求"活动"。我的身体就是我的意志的客体化或成为表象的意志，因此与我的意志所宣泄的各种主要欲望相契合，例如，我要吃，所以身体就有了牙齿、胃、食管等客体化形式。

在叔本华的生活意志论领域内，意志具有"自在性""自主性""自由性""完整性"。在他看来，意志不是从属于理性的，它不是理性的一个环节。实际上，意志是自在之物，是一切客体和现象存在的根据。

与意志的自在性、盲目性一致的是意志的自由。叔本华强调，意志作为自在之物，不受根据律的约束，"服从根据律的只是意志的现象，而不是意志本身；在这种意义上说，意志就要算是无根据的了""意志本身根本就是自由的，完全是自决的；对于它是没有什么法度的"。人绝不能为意志立法。在叔本华看来，意志是完整的、不可分的，它作为世界的本质无处不在，现象各异的事物在本质上都是同一意志的显现，不能说各种人或物可以按层次高低有区别地分享意志。他强调，意志是人的真正存在，人的理性是完全服从意志的。他说："意志是第一性的，最原始的；认识只是后来附加的，是作为意志现象的工具而隶属于意志现象的。因此，每一个人都是由于他的意志而是他，而他的性格也是最原始的，因为欲求是他的本质的基地。"

唯意志论尽管包含不少合理因素，但它把意志的非理性特征绝对化，认为意志至上，意志高于并统辖理性，否定人们可以通过感觉经验和理性思维认识现实的世界，甚至认为人的这些以主客二分为特征的认识形式，以及由这些认识形式构成的科学、概念、理论反而成为达到现实世界的障碍。在它看来，为了把握实在，必须借助于超出主客对立范围的本能、冲动、直觉，而感觉、概念等最多只能充当意志、本能、冲动的工具。

那么，辩证唯物主义又是怎样看待意志的自由问题的呢？

辩证唯物主义认为，意志自由与实践是辩证关联的。一方面，实践是意志自由的基础，意志自由只有通过具体的实践活动，不断地克服各种限制才能够历史地实现，它是个历史过程，有着具体的社会时空特征；另一方面，意志作为实践的一个要素对实践起着引导、规范作用，意志自由程度的提高会转而促进实践的发展。

人们在实现自己意志的过程中，如果不受任何因素的限制，那么，他或她就是绝对自由的，但这种状况在现实生活中不可能存在。人们在实现自己的意志的过程中，总是要受到这样或那样因素的制约，由此也决定了人们的意志不可能是绝对自由的。

一般的，一定历史时期的生产力发展水平，是影响人们实现其意志的最重要的因素。生产力发展水平代表着人们认识自然和改造自然的能力，而人们的生存意志和发展意志都是受自然界制约的。如果生产力发展水平低下，人们就会经常受到自然灾害等的威胁、伤害，人们就会生活于不自由的状态。生产力的发展，一方面增强了人们抵御自然灾害的能力，使人们免受或少受饥饿、自然灾害等的威胁和伤害；另一方面也使观念、精神方面的自由，更含有人通过合理的意志努力实现生存自由、实践自由之意；"我在自由地实现自由"更是强调人要通过自己的自主意志自觉自愿地实现自己的自由。因此，从实践意志论的角度看，就是强调要反思人的意志在自己生存中的地位和作用，强调要通过合理的意志努力确立适当的生存实践目标和实践方案，并进而适时、适度地调节实践过程，自觉、自愿、自主地实现自己的既定目的。

所谓意志自由，绝不是想怎么样就可以怎么样，想干什么就可以干什么，想怎么干就可以怎么干，而是在认识、掌握和运用客观规律的前提下，发挥主观能动性，不断地完善自我，不断地变革现实。如果一个人的言行违背了自然和社会发展的客观规律，就必然要碰壁，就不会有什么意志的自由。只有使自己的言行符合客观规律，才能有真正的意志自由。

最后我们还应认识到，人的意志自由既然是有条件的，是历史的产物，那么，随着人类历史的发展，随着社会和自然条件的日益改善，人的主观意志将获得越来越大的自由。正如恩格斯所说："最初的，从动物界分离出来的人，在一切本质方面是和动物本身一样不自由的；但是文化上的每一个进步，都是迈向自由的一步。"从开始懂得使用火和石头工具的那一天起，人类就向自由迈进了第一步。昨天的神话，今天已经变成现实；今天的幻想，有可能是明天的现实。对客观规律的认识越多，越能运用客观规律，人类的意志也就越自由。

意志力是人类特有的

意志力是人脑的特有产物，只有人类才有意志力。正因为有了强大的意志力，才有了埃及宏伟的金字塔，才有了耶路撒冷巍峨的庙堂；正因为有了强大的意志力，人们才战胜了道路上的各种障碍，开辟了肥沃的疆土。

意志力是人脑的特有产物

意志是人脑所独有的产物，是人的意识的能动作用的表现，是自觉地确定目的并根据目的来支配和调节自己的行动、克服各种困难、实现目的的心理活动。

人的行动主要是有意识、有目的的行动。在从事各种实践活动时，人通常总是根据对客观规律的认识，先在头脑里确定行动的目的，然后根据目的选择方法，组织行动，施加影响于客观现实，最后达到目的。在这些行动过程中，人不仅意识到自己的需要和目的，还以此调节自己的行动以实现预定的目的。意志就是在这样的实际行动中表现出来的。

人在认识客观事物规律性的基础上，通过自己的行为改变客观世界来满足自己的要求，实现自己的意志。意志和认识过程、情感过程、行为过程有着密切关系，认识过程是意志产生的前提，意志调节认识过程。情感可以成为意志的动力，意志对情感起控制作用。行动是意志的反映，意志则对行动起调节作用。

在这个世界上，只有人类具有意志。

人比动物高明之处在于：人不只是为了生存，更需生产、生活。人类能认识自然的本质和规律性，能依据这种对自然的本质和规律性的认识，按照自己的目的去利用、支配和改造自然。动物虽然也作用于环境，有些高等动物甚至仿佛有某种带目的性的行为，但是从根本上说，动物的行为不能达到自觉意识的水平。尽管有些动物的动作可能十分精巧，但它们却不可能意识到自己行为的目的和后果。因此动物的行为是盲目的。

正如马克思所说的："蜜蜂建筑蜂房的本领使人间的许多建筑师感到惭愧。但是，最蹩脚的建筑师从一开始就比最灵巧的蜜蜂高明的地方，是他在用蜂蜡建筑蜂房以前，已经在自己的头脑中把它建成了。劳动过程结束时得到的结果，在这个过程开始时就已经在劳动者的表象中存在着，即已经观念地存在着。他不仅使自然物发生形式变化，同时他还在自然物中实现自己的目的，这个目的是他所知道的，是作为规律规定着他的活动的方式和方法的，他必须使他的意志服从这个目的。"

马克思认为，在生物的进化过程中，不同的生命体都形成了其特殊的需要和独特的"有选择的"反应能力；人的意志则是与人的需要相关的一种特殊的选择、调控能力。恩格斯指出："不言而喻，我们并不想否认，动物是有能力做出有计划的、经过事先考虑的行动的……在动物中，随着神经系统的发展，做出有意识有计划的行动的能力也相应的发展起来了，而在哺乳动物中则达到了相当高的阶段。"动物特别是高等动物的这种"有意识有计划的行动的能力"可以视为人的意志的潜在或"萌芽的形式"。人作为生命有机体的最高形式，其生存与发展也必须以基本需要得到满足为前提。与动物的本能需要相比较，人的需要本质上形成并发展于社会实践，它具有丰富性和超越性。马克思把人的需要称作"天然必然性"，或人的"内在的必然性"，他指出，具有众多需要的人，"同时就是需要有完整的人的生命表现的人，在这样的人身上，他自己的实现表现为内在的必然性、表现为需要"。人的需要通过社会关系表现而为利益，"人们奋斗所争取的一切，都同他们的利益有关"。与动物只能基于本能的需要、欲望而活动不同，正常的人的活动不仅有需要、愿望，而且具有"有目的的意志"。

作为有意志、有意识的社会存在物，人能够自觉地为自己的生命活动设定目的，并努力以观念方式和实践方式来掌握世界以实现自己的既定目的。正是通过这种对行动的支配或调节，自觉的目的才能得以实现。动物没有意志，它们只能消极地顺应周围环境，成为自然的奴隶；人有了意志，就能够积极地改造外部世界，从而有可能成为现实的主人。

人类的行为源于意志力

人类的行为倚仗于意志力。

每个人的体内都有一股上帝一般无所不能的力量在沉睡——意志力。这种力量可以让你成为你想成为的人物、得到你想得到的一切、实现你正为之努力的梦想，它就在你的体内，全靠你去运用。当然，你必须学会怎样去做，但第一要素是必须认识到你拥有这种力量。

医学博士威廉·汉纳·汤姆森在其所著的《大脑与性格》中说道："意志是人的最高领袖，意志是各种命令的发布者。当这些命令被完全执行时，意志的指导作用对世上每个人的价值将无法估量。一个人的精神如果总受意志控制，他将根据精神而不是条件反射来思考，从而使人的生活具有明确的目的性。如果一个人总是根据其人生目的而行事，丝毫没有创新，那又有谁敢去试探一下这种人的力量呢？"

"总而言之，世人终会明白，我们不能因为一个人所拥有的肤浅想法而维护或责难于他。首先应有正确的意志力，一旦人的思维领会其意志，其行为就会随之步入正轨；如果意志有悖常理，即使通晓真理，对人也毫无益处。

"人之所以成为万物之灵，是因为人拥有特殊的责任感，而让人产生强烈责任感的正是其意志。有些人刚开始似乎优势明显，聪明过人，有机会受到教育，有很高的社会地位，但其中能走得很远、攀得很高的人为数并不多。他们一个接一个地变得步履蹒跚，害怕被人超越。而那些最终超越他们的人刚开始并不被世人看好，很少有人想到他们能超越那些具有明显优势的人。因为他们看起来并不聪慧过人，综合素质也远远落后于那些人。意志的力量可以解释这一切。在人的生命过程中，再也没有什么比意志力具有更强大的精神力量了！"

在实践过程中，人固然要受到外部世界的制约，具有受动性；但是，人为了追求自己的对象，实现自己的目的，满足自己的愿望和需要，又总是力图从自身方面去支配和控制这些影响和刺激，并有一种能够实现这种支配和控制的信念、决心与信心。在这种情况下，就会促使主体产生一种意志努力和意志作用。人的意志作用于具体实践的各个环节，并最终通过实践结果得以外化、对象化。换言之，意志在实践中的作用是通过实践活动中目的、手段和结果的反馈调控过程而实现的。

首先，制定实践目的。马克思指出，生产实践活动是"以与一定的需求相应的方式占有自然物质的有目的的活动"，主体在制定指导自己实践活动的实践目的时，其所确立的目的必须反映符合于人们自己本性的需求，包含着人们在对自己有用的形式和规定上掌握客体的要求。在实践目的中，必须把这种需求作为人们自己内在的尺度观念运用到对象上去。实践目的的确立必须通过"意志努力"才能形成，而意志对于实践目的的确定主要起两方面的作用：一是意志调节主体以最高的效率捕捉新的信息。由于人脑所获初始信息往往是杂乱、无序的，为了全面地把握客体信息及主体自身需要，主体就需要通过意志来调节保持神经网络、脑皮质及主体的感受器官在追踪信息过程中的专一性和耐受性。二是意志直接控制着实践目的确立的活动的发动和停止，强化主体对实践目的的理解。

其次，确立实践方案。实践方案的确立，是主体在制定了自己的实践目的之后，为了确保这一目的的顺利、高效、合理地实现，对客观事物的各种矛盾、各个侧面继续进行认真的调查、分析和研究，并对各种可供选择的方案认真地权衡其利弊得失、反复思考之后才完成的。

意志调节使主体的生理系统给予制订实践方案的精神活动以充足的能量或动力保证。制订实践方案是一种创造性的、综合性的、具体的思维过程，要克服在此过程中的困难，并促使主体活动合乎主体目的，意志调节是必不可少的。

意志调节促使主体自觉克服内外干扰，有效地抑制反常情绪的发生和持续，为制订实践方案活动的持续进行创造一种平衡的心理条件和良好的精神状态。并且，促使主体把实践目的转化为坚定的信念，保证由实践目的的确立活动向实践方案的制订活动的过渡和转换，并激励主体努力追求更高层次的目的。

再次，调控实践过程。意志通过对人的多层次需要的自我意识，从中选择出当前最基本、最迫切的某种需要，由此出发确定必要的实践对象；进而意志又通过对主体能力的自我评价，从若干与主体当前需要相符合的客观事物中，选择出与主体能力相当或大致相当的实践对象。

在这个过程中，意志总是要受到人的各种需要、情感等内在因素，以及对象、环境等外在因素的影响。意志通过对主体内部精神世界的自我意识与自我评价，努力维护那些具有优良品质的情感等内在要素，并使之在强度上与主体当前实践活动所需要的唤醒水平相适应；另一方面，意志又压抑或排除那些干扰或妨碍当前实践活动的消极情感或外界的消极因素，以趋利避害、兴利除弊，保证、促进实践活动的持续、深入发展。

最后，检验实践结果。人们为了充分认识实践结果及其意义，并通过实践结果反思实践目的和过程，通过意志进行实践评价是非常必要的。

主体通过意志对实践的效果、效能、效率进行验证，一般就能获得对于实践目的、实践过程的再认识，并进而建立起完善的运行机制。意志则是这种机制中不可或缺的中枢。主体依照一定的目的和方案进行现实的实践活动时，往往会遭遇一些"意外"的情况甚至困难、障碍，从而引发实践偏差或错误，造成实践过程失控或实践结果背离预期目的等现象。

在这种情况下，则要求主体排除众多不利影响和刺激的干扰；以高度的意志力，通过发动或抑制某些欲望、愿望、动机、兴趣、情感等使之为达到某一目的服务，支配自己的行动使之符合目的的要求。当遭遇困难时，主体毅然直面困难，勇往直前；当价值目标发生冲突时，为了更为重要的需要、利益或更为高尚的目的，主体自觉地控制自己相对次要的利益和需要，甚至做出一定的牺牲。意志渗透于主体的一切对象性活动之中，它以主体的客观需要为基础，以主体对客体与自身的价值关系的认识为条件，直接控制着主体活动的发动与停止，促使人自觉地发挥主观能动性，遵循客观规律去改造主客观的世界。

意志力的差异决定人的差异

人与人之间，成功者与失败者之间，弱者与强者之间，最大的差异，往往并不是能力、素质、教育等方面的差异，而是在于意志的差异。正是因为意志比较薄弱，才会有那么多弱者、失败者，而那些意志坚强的人才是少数的成功者。

英国议员福韦尔·柏克斯顿说："随着年龄的增长，我越来越体会到，人与人之间、弱者与强者之间、大人物与小人物之间，最大的差异就在于意志的力量，即所向无敌的决心。一个目标一旦确立，那么，不在奋斗中死亡，就要在奋斗中成功。具备了这种品质，你就能做成在这个世界上可以做的任何事情。否则，不管你具有怎样的才华，不管你身处怎样的环境，不管你拥有怎样的机遇，你都不能使一个两脚动物成为一个真正的人。"

杜邦公司创始人伊雷尔的哥哥维克多可以说是一表人才，他能说会道，仪表堂堂。他是一个社交明星，给每个人留下的第一印象都是完美的。但是熟悉他的人知道，他仅仅是个奢华浮躁的公子哥儿，没有坚强的意志力。如果派他外出考察，他回来后拿不出多少有价值的商业情报，却能绘声绘色地描述旅途中的美味佳肴和美女。伊雷尔做火药买卖时，维克多在纽约给他做代理。然而，在花天酒地的生活中，维克多挥金如土，并最终导致了公司的破产。

伊雷尔则是截然相反的人。他身材不高，相貌平平，但在学习和工作中有股百折不挠的坚韧劲。小时候在法国，家境还很宽裕的时候，他受拉瓦锡的影响，对化学着了迷。那时候他父亲皮埃尔是路易十六王朝的商业总监，兼有贵族身份，谁也想不到这个家庭在未来的法国大革命中会险遭灭顶之灾。拉瓦锡和皮埃尔谈论化学知识的时候，小伊雷尔总是稳稳当当地坐在旁边，竖起耳朵听着，他对"肥料爆炸"的事尤其感兴趣。拉瓦锡喜欢这个安安静静的孩子，并把他带到自己主管的皇家火药厂玩，教他配制当时世界上质量最好的火药。这为他将来重振家业奠定了基础。

若干年后，他们全家人逃脱法国大革命的血雨腥风，漂洋过海来到美国。他的父亲在新大陆上尝试过7种商业计划——倒卖土地、货运、走私黄金……全都失败了。在全家人垂头丧气的时候，年轻的伊雷尔苦苦思索着振兴家业的良策。他认识到，目前战火连绵，盗匪猖獗，从事商品流通业有很大的风险，与其这样，倒不如创办自己的实业。但是有什么可以生产的呢？这个问题萦绕在他脑海里，就连游玩时他也在想。有一天，他与美国陆军上校路易斯·特萨德到郊外打猎，他的枪哑了3次，而上校的枪一扣扳机就响。上校说："你应该用英国的火药粉，美国的太差劲。"一句话使伊雷尔茅塞顿开。他想：在战乱期间，世界上最需要的不就是火药吗？在这方面，我是有优势的，向拉瓦锡学到的知识，会让我成为美国最好的火药商。后来，他就凭着百折不挠的毅力，克服了许多困难，把火药厂办了起来，办成了举世闻名的杜邦公司。

由此可见，天才、运气、机会、智慧和态度是成功的关键因素。除了机会和运气之外，上面这些因素在人生征程中的确重要。但是，仅具备一些或者所有这些因素，而没有坚强的意志，并不能保证成功。那些取得辉煌成就的人都有一个共同特征，即目标明确、不屈不挠、坚持到底、不达目的绝不罢休。

在人生的道路上，出发时装备精良的人不在少数，这些人有着过人的天资、有机会接受良好的教育、有社会地位——这一切本该使他们平步青云。但是，这些人往往一个接一个地落在了后面，为那些智力、教育和地位远不如他们的人所超越了，而那些赶超他们的人在出发时往往从未想到自己能超过这些装备如此精良的人。那么，这是为什么呢？个人意志力的差异解释了这一切。没有强大的意志力，即使有着最优秀的智力、最高深的教育和最有利的机会，那又有什么用呢？

从通俗的意义来讲，意志力的发展对于一个人的成功有举足轻重的作用。没人能够预测意志的力量到底有多大，和创造力一样，意志力根植于人类伟大的内在力量的源泉之中，这是人人都有的一种来源于自我的力量。

这种坚忍不拔的毅力非常重要，如果没有坚强的意志和顽强的毅力，在如今这个充满着各种诱惑的社会中还能有什么机会呢？想要在竞争激烈的环境中脱颖而出，就必须成为一个果敢而有坚定信念的人。

通过考察一个人的意志力，可以判断他是否拥有发展潜力，是否具备足够坚强的意志，能否坚忍地面对一切困难。而且，人们都会信任一个坚忍不拔、意志坚定的人。不管他做什么事情，还没有做到一半，人们就知道他一定会赢。因为每一个认识他的人都知道，他一定会善始善终。人们知道他是一个把前进路上的绊脚石作为自己上升阶梯的人；他是一个从不惧怕失败的人；他是一个从不惧怕批评的人；他是一个永远坚持目标，永不偏航，无论面对什么样的狂风暴雨都镇定自若的人。

意志力的三重角色

意志力永远是自我引导的精神力量。对于任何一个健康的人来说，意志力都扮演着三种重要的角色：强大的意志力是身体的主人，正确的意志力是心智功能的统帅，完善的意志力是个人道德的导师。

意志力是身体的主人

强大的意志力是身体的主人，它总是借助于各种欲望或理念指挥着我们的身躯，它可以引导一个人的身体去完成许多难以想象的事业。

卡耐基小时候是一个自卑、忧郁的少年，他苍白瘦弱，笨嘴拙腮，无论是他身上的破夹克，还是两只出奇大的耳朵，以及小时因意外失去的食指，都成为同学们嘲笑他的理由。

一次，卡耐基再也无法忍受同学们的嘲笑了，他哭着跑回家里："妈妈，我不想上学了，他们都嘲笑我，嘲笑我的衣服、我的耳朵、我的手指……"

母亲静静地看了他几分钟，缓缓说道："你为什么不想办法在其他方面超过他们，让他们因佩服而尊敬你呢？"

母亲的话启发了卡耐基，他不再自怨自艾，而是开始在学校寻找机会出人头地。他发现：学校的演讲比赛非常吸引人，胜利者的名字不但广为人知，而且还往往被视为学校的英雄人物，这是一个超越别人的最好的机会。确定目标之后，卡耐基开始不懈地努力。卡耐基从小木讷口拙，为了能够流利地朗读，他常常在口中含上两块小的鹅卵石，然后高声朗读演讲稿，读了几遍后，才将鹅卵石取出来，之后再诵读，发现舌头轻松多了。

一次把石头取出来的时候，他发现石头上有红色的血迹，舌头也有点辣痛，原来，石头把舌头磨破了，然而他依然持之以恒地练习。

半年后，满怀信心的卡耐基参加了演讲比赛，却以失败而告终。以后，他又陆续参加了12次演讲比赛，仍是屡战屡败。最后一次比赛失败后，卡耐基觉得自己所有的美好梦想都破灭了，他开始怀疑自己，心情压抑，意志消沉。那段时间，他常常在河畔徘徊，想一死了之，但很快他又振作精神，开始重新面对生活。

河水没有夺走他的生命，河畔却成了他的演讲训练场。他经常在河畔一边踱步，一边背诵演讲词，并不时地做一些手势和面部表情训练。卡耐基为再次迎接挑战做着准备。

功夫不负有心人。1906年，他获得了勒伯第青年演说家奖。从此，在演讲的舞台上，卡耐基一路攀升，成了世界演讲大师。

作为身体的主人，意志力对于躯体的支配作用常常可以从对身体的控制行为中发挥出来。强大的意志力可以促成良好的行为习惯，这就是意志力对人体的支配作用的证据。尽管对一些人来说，某一种习惯可能已经成为自然而然的行为了，但这常常是意志力持久地发挥作用的结果，一旦你失去意志力的作用，习惯就会慢慢消失；而且意志力还可能引导着我们的某种行为，使其不断地固化为习惯——尽管人们很多时候意识不到这一点。

比如，歌手对自己的气息能够控制自如，是他训练有素的表现；钢琴师娴熟的指法，其实也是他坚持不懈练习的结果；技艺精湛的骑士能在各种条件险恶的情境下很好地控制自己的肢体，是因为他的大脑已经能对各种境况做出快速的、恰当的反应；雄辩的演说家能让自己的感受迅速通过肢体语言表达出来，也是同样的道理。

在所有的这些例子中，都是意志力在发挥着作用，是指向某一特定目标的意志力，将具体的行动与意愿协调了起来，从而最终实现了这一目标。事实上，无论是哪一项技能，无论它有多么复杂，其中每一个具体的动作都离不开意志力的参与。它们都需要意志力来做出合乎要求的解释和指导。因而，尽管人们可能并不会自觉地意识到意志力的统领作用，但意志力确实是身体的统帅，并掌握着人生的至高权力。

此外，意志力对身体的支配还可以通过压抑自我来创造奇迹。自豪和骄傲可以使人克制住疼痛的呻吟，爱会让身患绝症的人强忍住泪水，甚至在一些足以令人发狂的情况下，受到刺激的神经也可以被意志力牢牢地控制住。此外，在你全身心投入做一件事时，可以不顾肚子对饥饿的抗议，当你沉浸在阅读中时，如果你的意志力足够强大的话，外界的声响就仿佛被隔绝在耳膜之外。在某些非常特殊的情况下，人的一些非常明显的倾向也可以被改变，甚至变得完全不同，这同样是来自意志力的巨大作用。另外，人为了坚持自己的观点，不背叛自己的信仰，甚至可以付出很大的代价，这也是意志力在起作用。

意志力是心智的统帅

正确的意志力是心智的统帅。

最能说明这个问题的就是注意力的集中，而注意力的集中正是意志力作用的结果。在集中注意力时，思想就会将它的能量集中在一个物体或者一组物体上。比如把两本书放在眼前，我们可以大致领略两本书的文字，但当我们集中注意力，用心去感受其中一本书的内容时，那么，我们真的就只会关注那本书，而另外一本书由于意志力的作用而被忽略了。这个例子还可以很好地说明意志力可以引起人的抽象思维。人的思维在某种单一的行为中所显示出来的专注程度和力度，往往体现了意志力持久作用的结果。从这一点来说，意志力的强弱就体现在"集中注意力"的强弱上，或者说意志力的强弱表现在思考过程中，表现在人的自我控制能力的大小上。

古今中外，很多杰出的人物都具有这种强大的意志力，以至于他们在专注于自己的思想时，能够对周围的一切置若罔闻。

一天中午，贝多芬走进一家餐馆吃饭。当时餐馆里生意兴隆，侍者们忙得不可开交。一位侍者把贝多芬引领到座位后，就忙着去招呼其他客人了。于是贝多芬正好利用等待的空隙继续思考还没有完成的乐曲。

时间一分一秒地过去，贝多芬用手指轻轻地敲弹着餐桌的边沿，回想着几天来一直在构思的那首曲子。渐渐地，餐馆里的嘈杂声被贝多芬心中流淌的音乐所取代。他沉浸在自己的思绪里，仿佛又置身于家中的那架钢琴前，黑白琴键在他眼前闪烁着迷人的光芒。他舒缓地抬起手腕，弹下去……优美的音乐马上流淌开来，贝多芬感受着乐曲中一切微小的细节，有哪一处需要修改，他就马上拿起笔，在乐谱上标注……很快，几天来一直进展得不是很顺利的乐曲，竟然完美地呈现出来了！

"太好了！"贝多芬兴奋地欢呼起来。这时，他才发现自己竟然还坐在餐馆里，手下弹奏着的不是钢琴，而是铺着雪白桌布的餐桌。餐馆里的人都被他突然的大喊吓了一跳，人们诧异地看着他，以为他精神不正常。

侍者也立刻注意到了这位被冷落很久的客人，他以为贝多芬要大发雷霆，赶紧一边大声道歉，一边抓起菜单走过来："对不起，对不起，先生，我这就为您……"

"没关系，一共多少钱？请您快点给我结账！"贝多芬打断侍者的话，说道。他迫不及待地要赶回家去把刚刚构思好的乐曲记录下来。

"啊？"侍者大吃一惊，说，"可是，先生，您还没有吃呢！"

"哦？真的吗？我怎么觉得饱了呢？"贝多芬笑着说，"看来，音乐还能解除我的饥饿呢！"

许多废寝忘食投身于事业的科学家、艺术家一样，贝多芬几乎把全部身心都投入到他所热爱的音乐事业中，所以才写出了震撼人心的《命运交响曲》《悲怆奏鸣曲》等一系列世界音乐史上的经典之作。这也向世人有力地证明了一点：只有排除干扰，将精力完全专注于一件事情上，才会产生伟大的思想结晶。

意志的力量同样还显著地表现在记忆这一行为上。在"记忆"的过程中，意志力常常会用其能量给人的精神"充电"。但一些事实也会由于兴趣本身的巨大影响，而铭刻在人的大脑中。正如人们所认为的那样，在受教育的过程中，大脑格外需要意志力的激励。小和尚念经般的反复诵读功课是什么也学不到的。注意力、集中的思维和兴趣的有益影响都必须积极地参与到记忆过程中去，这样才能保证工作和学习的高效率。

注意力高度集中时，智力和体力活动都极度紧张，无关的运动都停止了，身体的各个部分都处于静止状态，甚至有时抬起的手都忘了放下，呼吸变得轻微缓慢，吸气短促而呼气延长，常常还发生呼吸暂时停止的现象（即屏息），心脏跳动加速，牙关紧咬等。一般说来，注意力高度集中只能是短时间的。此时所记住的东西，往往能记很长的时间，甚至一辈子不忘。

生活中，也许有的人天生就拥有良好的记忆能力，然而真正持久、清晰的记忆力却必须依赖于意志力的驱动和坚持不懈的努力；需要人们有意识地、自觉地训练大脑，保持记忆的连续性和准确性。

记忆的最初是利用形象记住事物，记忆力与想象力紧密相连。就是说，在头脑中好像有个电影银幕，当看到文字或听到话语的时候，要立刻在这个银幕上描绘出形象来。只要经常练习，养成这种习惯，那么看到或听到的事物的形象，就能在很短的时间里映现在头脑中，因而就容易留下记忆。

当脑海中浮现形象的时候，最关键的一点，就是尽可能把它们换成具体的物品。例如，从香烟这个词想象出自己常吸的某品牌香烟的形象；要是领带，就想象出一条有着时兴花样的领带的形象；如果是围巾，就想象出你所喜爱的经常围着围巾的形象。

记忆总是与想象紧密联系在一起的。若大脑对于过去只是一片空白，则无法拼凑出想象的图像。想象有着一系列奇妙的特性，如强制性、目的性和控制力。

我们头脑中有时冒出的各种念头尽管新颖得令人叫绝，但是或多或少有些模糊和令人迷惑。然而，这种脑海中的丰富联想必须要靠意志力的积极作用，必须进行不懈的磨炼才能够培养起来。

持续的思考和不懈的实践，会使得一个人在脑海里对事物的看法、对事物联系的观察、对各种事物的关系，形成更为生动可信的印象。如果一个人无法在这些方面做得很出色，通常是由于意志力没有引导好自己的思想能力，使其对事物的分析达到具体入微的境地。在强有力的意志的驱使下，人能想起一大堆的事实、各种各样的事物及其相应的规律、一大群的人、一个地区的概貌，甚至能够想起曾经有过的快乐幻想，以及很多很多对现实生活和理想世界的观念与设想。

自古至今，每个人的想象力都是非常丰富的。

文学的发展离不开作家的想象。可以说，没有想象就没有艺术，没有文学。艺术的生命根源于艺术家的想象力。想象是人类精神财富的一部分，整个人类的文明进程都离不开想象。想象能"十分强烈地促进人类发展的伟大天赋"。不仅在艺术领域，其他的社会科学领域诸如哲学、宗教领域，都需要想象。就是在自然科学领域里，想象也同样是科学家进行科学研究所必需的一种素质。正是由于人类具有奇特的想象力，才有了今天绚烂多彩的文明社会。

由此可见，意志力统率着人的心智，人在意志力的推动下创造着辉煌的文明。当意志力无比强大的时候，人能不断取得胜利；当意志力衰败之时，生活也将毫无生气。

意志力是道德的导师

完善的意志力是个人道德的导师。

罗曼·罗兰说："没有伟大的品格，就没有伟大的人，甚至也没有伟大的艺术家，伟大的行动者。"品格是导引一个人行动的航标，拥有良好的品质，我们才不至于在人性的丛林中迷失方向。对此，邓肯说："有德行的人之所以有德行，只不过受到的诱惑不足而已；这不是因为他们生活单调刻板，而是因为他们专心致志奔向一个目标而无暇旁顾。"的确如此，每个人都需要构筑一个清晰和自信的道德价值观体系。它将使你战胜可能经历的道德失落，并消除你摇摆不定的沮丧心情。它能把你支离破碎的生活连成一体，是你走向未来的指路明灯。

道德的本质是什么？人类对此进行了种种探讨，如柏拉图的"善的理念"，康德的"善的意志"之说，都记载着先人对道德本质探索的痕迹。我国宋代的儒学者也曾企图用一个代表封建伦常的"理"去直接解释道德现象的内在本质，认为人的心中只要有了"理"，其行为就一定是符合当时的道德秩序的。按照马克思和恩格斯的论述，道德是一种以正确理解的利益为道德基础的社会行为公约，它强调个人利益服从全人类利益，它以精神观念的形式存在于人们的思想活动中。这就是说，道德的前提是对整体幸福、对社会利益的追求，而不是对个人利益的追求。它强调个人对社会利益的服从和自我牺牲。因此，道德是人类理性意识的一种升华。

道德认识，就是对一定社会的道德行为准则及其执行意义的认识。道德认识过程是一个复杂的长期过程。它包括对道德概念和原则的理解，信念或观念的形成与巩固，以及运用这些观念去进行道德判断、分析情境、评定是非善恶等。道德认识的结果应导致道德观念的确定。

个人对道德观念和方法有了一个综合的了解，但这并不说明他是一个有道德的人。怎么会出现这种情况呢？这就像人们具有系统的批判思考能力，然而在实际生活中却不运用它们一样，因此，人们能掌握道德理论，却不一定能在生活之中具体地运用它。为了在生活中，使你自己达到更高的道德境界，你需要用意志力约束自己的行为，努力过一种有道德的生活。

本杰明·富兰克林小时候很喜欢钓鱼。他把大部分闲暇时间都花在了那个磨坊附近的池塘旁边。

一天，大家都站在泥塘里，本杰明对伙伴们说："站在这里太难受了。"

"就是嘛！"别的男孩子也说，"如果能换个地方多好啊！"

在泥塘附近的干地上，有许多用来建造新房地基的大石块。本杰明爬到石堆高处。"喂！"他说，"我有一个办法。站在那烂泥塘里太难受了，泥浆都快淹没到我的膝盖了，你们也一样吧！我建议大家来建一个小小的码头。看到这些石块没有？它们都是工人们用来建房子的。我们把这些石块搬到水边，建一个码头。大家说怎样？我们要不要这样做？"

"要！要！"大家齐声大喊，"就这样定了吧！"

于是，他们像蚂蚁那样两三个人一起搬一块石头。最后，他们终于把所有的石块都搬来了，建成了一个小小的码头。

第二天，当工人们来做工时，惊奇地发现所有的石块都不翼而飞了。工头仔细地看了看地面，发现了许多小脚印，有的光着脚，有的穿着鞋，沿着这些脚印，他们很快就找到了失踪的石块。

"嘿，我明白是怎么回事了。"工头说，"那些小坏蛋，他们偷石头来建了一个小码头。"

他们立即跑到地方法官那儿去报告。法官下令把那些偷石头的家伙带进来。

幸好，失物的主人比工头仁慈一点，他是一位绅士，他本人十分尊敬本杰明的父亲。而且孩子们在这整个事件中体现出来的气魄也让他觉得非常有趣。因此，他轻易地放了他们。

但是，这些孩子们却要受到来自他们父母的教训和惩罚。在那个悲伤的夜晚，许多荆条都被打断了。至于本杰明，他更害怕父亲的训斥，而不是鞭打。事实上，他父亲的确是愤怒了。"本杰明，过来！"富兰克林先生用他那一贯低沉而严厉的声音命令道。本杰明走到父亲的面前。"本杰明，"父亲问，"你为什么要去动别人的东西？"

"唉，爸爸！"本杰明抬起了先前低垂的头，正视着父亲的眼睛，"要是我仅仅是为了自己，我绝不会那么做。但是，我们建码头是为了大家都方便。如果把那些石头用来建房子，只有房子的主人才能使用，而建成码头却能为许多人服务。"

"孩子，"富兰克林严肃地说，"你的做法对公众造成的损害比对石头主人的伤害更大。我的确相信，人类的所有苦难，无论是个人的还是公众的，都来源于人们忽视了一个真理，那就是罪恶只能产生罪恶。正当的目的只能通过正当的手段去达到。"

本杰明·富兰克林一生都无法忘记他和父亲的那次谈话。在他以后的人生道路上，他始终实践着父亲教给他的道理。实际上，他后来成了美国有史以来最杰出的政治家和外交官之一。

应该说，本杰明·富兰克林是幸运的，他的父亲告诉了他一个不平凡的道理：一个人只有真正为公众的利益担当起自己应有的使命时，他才能不断激励自己的意志，勇往直前，他的所作所为才会变得伟大而值得称颂。

的确如此，完善的意志力是个人道德的导师。虽然，对于意志力的真正磨砺不可能离开高尚的品质和正直的观念——我们至少知道，忽视对良好道德的培养可能不会影响一个人造就强大的意志力，但若没有高层次的道德情操上的要求，则不可能培养出完善的意志力。意志力的最高境界就是一种合乎高尚道德要求而又强大的意志力。

"美德是对它自己的奖赏"这句格言包含了丰富的真理内涵，它是苏格拉底在其思考中提出的观点。他认为行恶"将危害和腐蚀我们自己，正义的行动将使我们得到升华，非正义的行动将把我们摧毁。"作为一个自由的人，你通过你的意志和你进行的选择，创造着你自己，就像雕塑家通过无数次的雕刻而塑造形象一样。如果你把自己创造成了一个有道德的人，那么，也就意味着你把自己创造成了一个有德行和有价值的人。但是，如果你不选择把你自己创造成一个有道德的人，那么，你就会逐渐变得腐化和堕落。你失去了你的道德情感，成为道德上的无知者和盲人，你将会逐渐被精神的疾病所蹂躏和摧残。

意志力的三个要素

意志力不仅能激活人类大脑休眠着的潜力，还能将所有保存着的气力和精力集中到要完成的任务上。并且它能以一种强大的力量感染它周围的人，迫使他们对它关注，承认它的存在。在人与人的竞争中，有着最坚强意志的人将获得胜利。

有明确的目的

人的意志活动总具有明确的目的。所谓明确的目的，就是能清晰地意识到主体行动的过程及其结果。明确的目的性是人类行为不同于动物行为的一项最本质的特征。马克思说，人类为了"在自然物中实现自己的目的"，除了从事劳动的那些器官紧张之外，还需要有心理上的紧张，即"还需要有作为注意力表现出来的意志"。这说明，只有人类有目的的活动，才能在自然界打上自己意志的印记，而动物则不能做到这一点。

目的性是人所独有的。由于具有目的性，意志既可以推动人去从事达到目的所必需的行动，也可以制止与目的相矛盾的愿望和行动。比如，一个人已经确定利用业余时间复习功课的目的，这就使他在这一段时间内专心致志地学习，同时又要克制自己不受无关的诱惑的干扰，不去从事无关的活动。

目的性是意志的鲜明特征。在实际生活中，人的意志在实践的基础上把需要、愿望、梦想、动机、兴趣、情感等的内容综合为"目的"。目的总是指向一定的客体，并以一定的客观现实为依据。但直接的客观现实无法满足主体的需要，主体所提出的目的不论是何种性质、何种类型，都表现为要建立一种或实现一种客观世界中当下还没有的东西。目的表明人对客观世界的不满足，在它当中鲜明地体现着主观与客观、理想与现实的矛盾。目的是人的意识对客体的超前改造，是主体把自己的内在尺度运用于客体，对客体自在形式的一种批判性、否定性反映。人的意志不仅确定活动的目的，而且使之向一定持续性的行动转化。意志还能通过调节内在精神活动，使之为达到既定目的服务，支配行动以使之符合目的的要求。

迈克尔·戴尔是美国第四大个人计算机生产商。他29岁便成为富豪，既不是靠继承遗产，也不是靠中彩，而是坚持梦想的结果。

迈克尔是在得克萨斯州的休斯敦市长大的，有一兄一弟，父亲亚历山大是一位畸齿矫正医生，母亲罗兰是证券经纪人。迈克尔在少年时期就勤奋好学。十来岁就开始了赚钱生涯——在集邮杂志上刊登广告，出售邮票。后来，他用赚来的2000美元买了一台个人计算机。然后，他把计算机拆开，仔细研究它的构造及运作并多次安装成功。

迈克尔读高中时，找到了一份为报商征集新订户的工作。他推想新婚的人最有可能成为订户，于是雇朋友为他抄录新近结婚夫妇的姓名和地址。他将这些资料输入计算机，然后向每一对新婚夫妻发出一封有私人签名的信，允诺赠阅报纸两星期。这次他赚了18万美元，买了一辆德国宝马牌汽车。汽车推销员看到这个17岁的年轻人竟然用现金付账，惊愕得瞠目结舌。

大学期间，迈克尔·戴尔经常听到同学们谈论想买计算机，但由于售价太高，许多人买不起。戴尔心想："经销商的经营成本并不高，为什么要让他们赚那么丰厚的利润呢？为什么不由制造商直接卖给用户呢？"戴尔知道，万国商用机器公司规定，经销商每月必须提取一定数额的个人计算机，而多数经销商都无法把货全部卖掉。他也知道，如果存货积压太多，经销商的损失将很大。于是，他按成本价购得经销商的存货，然后在宿舍里加装配件，改进计算机的性能。这些经过改良的计算机十分受欢迎。戴尔见到市场的需求巨大，于是在当地刊登广告，以零售价的八五折推出他那些改装过的计算机。不久，许多商业机构、医生诊所和律师事务所都成了他的顾客。

由于戴尔一边上学一边创业，父母一直担心他的学习成绩会受到影响。父亲劝他说："如果你想创业，等你获得学位之后再说吧。"戴尔当时答应了，可是一回到奥斯汀，他就觉得如果听父亲的话，就是在放弃一个一生难遇的机会。"我认为我绝不能错过这个机会。"于是他又开始销售计算机，每月能赚5万多美元。戴尔坦白地告诉父母："我决定退学，自己开公司。""你的梦想到底是什么？"父亲问道。"和万国商用机器公司竞争。"戴尔说。和万国商用机器公司竞争？他父母大吃一惊，觉得他太自不量力了。但无论他们怎样劝说，戴尔始终不放弃自己的梦想。终于，他们达成了协议：他可以在暑假期间试办一家计算机公司，如果办得不成功，到9月就要回学校去读书。

得到父母的允许后，戴尔拿出全部积蓄创办了戴尔计算机公司，当时他19岁。他以每月续约一次的方式租了一个只有一间房的办事处，雇用了一名28岁的经理，负责处理财务和行政工作。在广告方面，他在一只空盒子底儿上画了戴尔计算机公司第一张广告的草图。朋友按草图重绘后拿到报馆去刊登。戴尔仍然专门直销经他改装的万国商用机器公司的个人计算机。第一个月营业额便达到18万美元，第二个月26.5万美元，一年间，平均每月售出个人计算机1000台。积极推行直销、按客户要求装配计算机、提供退货还钱以及对失灵计算机"保证翌日登门修理"的服务举措，为戴尔公司赢得了广阔的市场。大学毕业的时候，迈克尔·戴尔的公司每年营业额已达7000万美元。以后，戴尔停止出售改装计算机，转为自行设计、生产和销售自己的计算机。

如今，戴尔计算机公司在全球16个国家设有附属公司，每年收入超过数十亿美元，有雇员约5500名。戴尔个人的财产，估计在2.5亿到3亿美元之间。

假如戴尔不是从一开始就对自己的行为有明确的目的性，并坚持不懈地付出努力，显然他是不可能成为当今世界最年轻的富豪的。

马克思指出，"专属于人的劳动"一个重要特征就是具有"有目的的意志"。在人们的活动中，目的的提出，首先意味着人们对自身需要有了明确的意识，同时意味着人们对客观事物及其规律有了一定的认识。目的具有一定的主观性，但这并不意味着人在实践之前就不能提出相对合理的实践目的。这是因为，人的任何一次具体实践都以过去实践的经验为前提，人的需要是在过去改造世界的基础上形成的，同时，在这一过程中，人们也积累了关于某类客观对象的本质和规律的知识。

由此可知，意志与知识、思想联系密切，并总是受它们的影响，无论是知识、思想，还是意志，其产生的社会基础都是社会实践。作为人的价值关系和需要的现实形式，意志并非一种主观随意的东西。特别是，目的本身是否具有现实性、可实现性，意志是否真正把握了目的并能保证其实现，目的和意志本身都无法做出解答，这必须依赖社会实践。

在实践过程中，任何"有目的的意志"都必然受到来自客观世界和主体需要等多方面的检验、调节和制约，它们不可能是绝对自由、毫无约束的。人的意志自由的限度最终是由人类实践的内在矛盾和发展水平决定的。

自觉地采取行动

意志活动必须是有目的的活动，然而有目的的行动又并非都是意志行动，意志行动还必须是自觉性的行为。所谓自觉性，就是指人在活动前，就能对活动的本体意义和社会意义有清晰、明确的目的。

一个具有充分自觉性的人，能根据对客观事物发展规律的认识，自觉地确定行动的目的，有步骤地采取有效的行动方法，从而减少行动的盲目性，加强自己的主观能动性。

下面让我们从"清华神厨"张立勇的故事中来共同体会意志的自觉性。

被媒体誉为"清华神厨"的张立勇念高中时因贫困而辍学，开始了漫漫打工路。他先到广州打工，数年后，到清华大学第十五食堂做厨师。为了学习英语，他给自己制定了一张"残酷"的时间表，他的生活就以这张表为准则，一切都服从于它。

他的时间表是这样的：6点必须起床，6点15分到6点30分出去跑步，6点30分到7点背英语，7点到7点10分或者7点15分刷牙、洗脸，然后出发到食堂，7点30分上班；午饭时间控制在7分钟之内，剩下的8分钟背英语；中午1

点钟听英语广播；晚上8点下班，学习英语到12点，深夜12点45分到1点15分收听英语广播。

他称这个时间表是"永不动摇的时间表"。

为了学习，他往往到夜里两三点钟才休息，累的时候，定好的闹铃声听不到，上班就会迟到并挨领导的批评。为了能早起床，他就多买了一个闹钟，再加上朋友送的一个，上班就不会迟到了。闹钟保证了他的时间表不发生变化，保证了他的学习计划。

就是这张"永不动摇的时间表"，让惰性没有了可乘之机。

张立勇白天上班的时候很辛苦，几乎没有自由时间。但他认为时间就像是海绵，一挤就有了，日积月累便会积攒很多时间。食堂的工作很紧张，中间休息的时间很短，按规定，在给学生卖饭之前，内部有15分钟时间先吃饭。然而，张立勇却是用7分钟吃饭，在节约下来的8分钟里，就躲在食堂碗柜后面背英语。常常是同事在碗柜这一边吃饭，他在另一边背英语。

为了学习，张立勇饱受着很大的精神压力，有时候是他的父母生病了，有时候是遭到同事笑话。每个人都有惰性和依赖性，太累的时候，他也想着偷懒，但是他有很强的理智和自控能力。他在床头写上"克己""行胜于言""挑战自我"等警句，时时提醒自己："你不能偷懒，至少你目前不能偷懒，你不能喝酒，你不能谈女朋友，你没有时间打牌，你还没有资格享受。"他以各种方式时刻提醒自己。

这张"永不动摇的时间表"更是对一个人毅力和耐心的考验。

张立勇一边工作一边学习，休息时间很少，经常犯困，晚上8点下班后赶到教室，坐下来就想睡觉。但是，无论身体和精神有多累，他要求自己必须实现自己制定的学习目标。假定一天该看完10页，结果难以控制，趴在桌上睡着了，1页也没看完。面对这种状况，他就打满一杯热气腾腾的开水。别人的水一般是凉了再喝，而他是趁热喝，开水烫得全身打个激灵，舌头痛得不行，然而睡意却马上就消失了。这种执行方式几近于"残酷"，却是超强毅力的体现。

张立勇每天的学习任务都很明确，有的时候他必须要战胜自己的身体。人都是有惰性的，也特别容易自我放松，如果稍微松懈一下，就会浪费很多时间，学习的连贯性和学习计划就会遭到破坏。古人云："明日复明日，明日何其多，我生待明日，万事成蹉跎。"这大概是最好的警示诗了。他告诫自己，越是在困难的时候越要想办法坚持下来。否则，所有的努力都会化成泡影。

张立勇就是这样永不动摇地学习，十年磨炼，终于学有所成。这张"永不动摇的时间表"改变了他的命运。张立勇在清华大学食堂工作了8年，坚持自学英语，通过了国家英语四、六级考试，托福考了630分，被清华大学学生尊称为"馒头神"，被媒体誉为"清华神厨"。

综观古今，惰性是与成功失之交臂的原因。惰性，使人的才华被埋没，使人的潜能被扼杀，使人的希望变得虚无缥缈。如果一个人一生为惰性所控制，那他只有忍受"南柯一梦"的失落，很难有大的作为。只有克服惰性，才能取得更大的成功。

张立勇意识到用知识改变命运的重要性，并以"永不动摇的时间表"督促自己，战胜惰性，并最终成就了自己的梦想，这就体现了一个人的意志的自觉性。

古今中外，凡是在事业上有所成就、有所建树的人，都具有自觉的、坚强的意志力。而一个缺乏自觉性的人，他在意志方面，就会表现出这样两种不良品质：一是受暗示性；一是独断性。前者极易轻信别人，易受外界的干扰，轻易改变自己原来的决定；后者经常顽固地拒绝别人的劝告或意见，甚至不顾现实情况的变化，固执己见，独断专行。

克服遇到的困难

意志力只有在困难的克服之中才能得到体现，不与克服困难相联系的行动，不是意志活动。

意志的强度与克服困难的大小、多少成正比例关系。在一定的条件下，意志越坚强，就越能克服更多更大的困难；反之，意志越软弱，就只能克服较少较小的困难，甚至于不能克服任务困难。同样，克服的困难越多越大，则意志就会锻炼得越坚强；反之，克服的困难越少越小，则意志就会变得越软弱。这就好比攀登高峰，在攀登险峰的过程中，每跨越一个困难，我们的意志就得到一次磨炼。

在行动中遇到的困难多种多样，归结起来不外两大类：一类是内部困难。内部困难是指主体的心理和生理方面的障碍，包括对所做决定的正确性产生怀疑，相反的要求和愿望的干扰，消极情绪，信心不足，犹豫不决的态度，缺乏知识和经验，能力有限，身体健康状况不好等。另一类是外部困难。外部困难主要指外界条件的障碍，包括来自家庭、社会和他人的阻挠，缺乏必要的工作条件和工具，自然环境的不利，社会环境的局限等。

在实际活动中，内部困难与外部困难是彼此影响、相互联系的。首先，内部困难往往是由外部困难引起的，内部困难一经产生，反过来又使得外部困难更加难以克服。比如，在执行决定时由于预先没有估计到的突发事件引起了新的困难，于是内心中就可能产生对执行决定不利的想法，从而不积极想办法去克服困难，外部困难也就越发显得困难了。其次，外部困难总是通过它引发的内部困难而起作用。就是说，同一种客观条件下的同一情况的出现，对甲可能构成困难，对乙可能根本说不上困难。

我们平时所说的克服困难，往往偏重指外部困难，而忽略内部困难。其实在内外困难中内部困难是个关键因素，内部困难的克服对完成意志行动更为重要。因而所谓克服困难，事实上克服恐惧、胆怯、犹豫、退缩等内部困难才是首要的。

另外，针对每个人在困难面前的表现情况来看，意志又可被划分为意志坚强型及意志懦弱型。

坚强型的本质特性，就是不怕困难、知难而进；就是敢于迎接困难，敢于克服困难。属于这种类型的人，其对待困难的态度是："困难像弹簧，你强它就弱，你弱它就强。"坚强型的人，往往都具有很强的韧性，很强的忍耐力。他们能忍受一般人无法忍受的痛苦、经得起一般人不能经受的考验。

懦弱型的本质特征，就是害怕困难，知难而退。属于这种类型的人，其对待困难的态度是：惊慌失措、畏首畏尾。这种人缺乏韧性，毫无忍耐力。无论是肉体上的痛苦，或精神上的折磨，他们都一概无法忍受。他们只能在顺境中生活，不能在逆境中奋斗。

在现实生活中，我们所见到的大多数人，有的是坚强性多于懦弱性；有的是懦弱性多于坚强性；有的是坚强性与懦弱性基本相当。纯粹的坚强型或懦弱型的人是不多见的。

每一个人在奋斗中都会遇到各种困难、挫折和失败，不同的心态，是成功者与普通人的区别。

任何成功者的早期经历都能印证温德尔·菲利普斯的至理名言："失败是成功之母。"

许多人最终迈向成功，都是在经历了无数次失败之后。不曾失败者不会成功。

1978年10月15日，当了福特公司整整8年总裁的艾科卡，突然被公司老板亨利·福特解雇了。原来亨利·福特是个专横武断的人，他嫉妒艾科卡日益增长的声望和权力，害怕他会夺走他家族的利益。艾科卡仿佛一下子从天堂被踢下地狱，他尝尽了挫折、失败以及世态炎凉的滋味。在厄运面前，艾科卡毫不气馁，转入另一个濒临破产的大汽车公司——克莱斯勒公司，以顽强的意志去迎接挑战。当时的克莱斯勒公司负债累累，就任董事长的艾科卡首先重建公司的管理系统，他辞退了35名不称职者，招聘和提升了许多充满活力、极有才干的年轻人。不料当时世界的能源危机突然袭来，汽车销售大幅度下降，在这种严峻的形式下，艾科卡快刀斩乱麻，裁员9万人，精简管理层。同时，艾科卡多方游说，努力争取政府贷款。在那段艰难的日子里，艾科卡身负巨大的压力和工作重荷，一星期跑几次华盛顿，一天发疯似的开上8~10个会。终于，美国的参、众两院通过了政府向克莱斯勒公司提供15亿美元贷款的决定。1982年，乌云消散，克莱斯勒公司复兴了。次年，公司的纯利便达到9亿多美元。经过艰苦的努力，艾科尔又一次赢来了事业的辉煌，他用意志战胜了命运。

或许你的往事不堪回首；或许你没有取得期望的成功；或许你失去了至爱亲朋，失去了企业，甚至住房；或许你因病不能工作，意外事故剥夺你行动的能力，然而，即使面对这一切的不幸，你也不能屈服。你或许会说，你经历过太多的失败，再努力也没有用，你几乎不可能取得成功。然而，这意味着你还没有从失败的打击中站立起来，就又受到了新的打击。这简直毫无道理！

只要永不屈服，就不会真正失败。不管失败过多少次，不管时间早晚，成功总是可能的。

对于一个没有失掉勇气、意志、自尊和自信的人来说，就不会有失败，他最终定是一个胜利者。

如果你是一位强者，如果你有足够的勇气和毅力，失败只会唤醒你的雄心，让你更强大。

意志力在行动中的表现

每一点进步都来之不易，任何伟大的成就也不是唾手可得的。许多成功人士的一生，就是坚定执着、顽强拼搏的一生。对于想成就一番大事的人来说，意志是最好的助推器。谁能不退缩地进行一次又一次地尝试，谁就能一步步地接近成功。

动机冲突中的意志

动机是激励、引导人们进行某种活动，维持、调节已有活动，并促使该活动朝向一定目标开展的内在原因或内部力量。

人的任何活动都总是从一定的动机出发，并指向一定的目的。动机是活动的原因，目的是活动所追求的结果。

动机与目的具有不可分割的关系，有动机必有与之相伴随的目的，反之亦然。没有无目的的动机，也没有无动机的目的。

然而，动机与目的的关系又是错综复杂的。动机与目的的关系，正像原因与结果的关系一样，不是一对一的关系，即一个动机只针对一个目的。实际的情况是，有些活动的动机只有一个，而可以有若干局部的或阶段性的具体目的；同样，有些活动只有一个总的目的，而也可以有若干局部的或阶段性的具体动机。这是一种情况。另一种情况是，在同一个人或不同的人身上，同样的动机可以体现在不同目的的活动中；同样，在同一活动的目的之下，也可以包含不同的动机。

动机是行动的直接原因，在一个人的行动中，往往并不是只有一种动机在发生作用，而是常常具有两个以上的目标，而这些目标不可能同时实现，因而促使了意志行动中的目标冲突或动机斗争。例如，填报大学志愿时报了理科就不能报文科，如果一个人既喜爱文科又想报理科，冲突就出现了。冲突可能由于理智的原因引起，也可能由于情绪的原因引起。但是，一旦冲突出现，就总伴随着某种情绪状态，如紧张、焦躁、烦恼、心神不定等。当问题特别重要，而可供选择的各种方案又都具有充分的理由时，这种特殊的冲突状态就会更深刻、更持久。

动机冲突的情况是很复杂的，从类型来说，动机冲突可分为两大类：

一类是由外在条件激发而来的动机，可称为外在动机。以学习动机来说，如父母的奖励、教师的表扬、同学们的尊重，都可能成为激发学习动机的条件。但这种外在动机的内驱力小，维持的时间也不长。

一类是由内部心理因素转化而来的动机，可称为内在动机。能转化为动机的心理因素很多，如需要、愿望、兴趣、情感、信念、理想、世界观等，在一定的条件下，都可以成为推动人们进行活动的内在力量，从而转化为活动的内在动机。这种内在动机的内驱力大，维持的时间也较长。

外在动机与内在动机之间，是可以交替转化的。人们在实际活动中，有时是外在动机起作用，有时是内在动机起作用，轮换交替，这是一种情况。另一种情况是，当一个人在某种外在动机的推动下进行活动时，渐渐地对活动产生了兴趣，于是便在兴趣的推动下继续进行活动，这样外在动机便转化成为内在动机了；同样，当一个人在某种内在动机的推动下进行活动时，由于做出成绩获得奖励，于是又在奖励的推动下继续进行活动，这样内在动机便转化为外在动机了。应当指出，两种动机的交替不一定能够转化，两种动机的转化一定能够交替。

以上我们说的是动机冲突从类型上可分为外在动机和内在动机。然而，如果从形式上看，动机冲突又可分为双趋冲突、双避冲突、趋避冲突、多重趋避冲突4大类型。

（1）双趋冲突。所谓双趋冲突，系指一个人同时具有两个同样强度的动机，而他迫于情势只能满足其中的某一个，必须舍弃另一个，于是便造成了难以取舍的冲突心理。例如，两部好看的电影只能看其中的一部；同时得到两个出国深造的机会只能选择其中的一个；两个同样有吸引力的工作岗位而不可兼得，等等。

（2）双避冲突。所谓双避冲突，系指一个人在两个具有威胁性的目标面前，必须接受其中的一个始能避开另一个。在此种情况下，他就必然会陷入左右为难的双避冲突的境地。例如，一个人害怕开刀做手术，但只有开刀才能保全生命；在此种情势下，他不得不忍受开刀的痛苦，以避开病魔对自己生命的威胁。

（3）趋避冲突。这种冲突是在同一物体对人们既有吸引力，又有排斥力的情况下产生的。在这种情况下，人们在接近的同时，又故意回避它，从而引起内心的冲突。例如，孩子跟随爸爸、妈妈外出，但同时又怕受到约束；学生愿意选修一些新的难度较大的课程，但又担心考试失败；外出旅游是件有吸引力的事情，但因耗费时间太多而不愿意去，这些情况下引起的冲突都是接近—回避型冲突。

（4）多重趋避冲突。在实际生活中，人们的接近—回避型冲突，常常出现一种更复杂的形式，即人们面对着两个或两个以上的目标，而每个目标又分别具有吸引和排斥两方面的作用。人们无法简单地选择一个目标，而回避或拒绝另一个目标，必须进行多重的选择。由此引起的冲突叫多重接近—回避型冲突。例如，现在各用人单位都提倡人员流动。当一个人看到某大城市招聘职工时，可能引起接近—回避型冲突。他想到去那儿工作的许多好处，如工资收入多、住房条件好等，但又担心去一个新的城市生活不习惯，子女教育问题难以解决。如果留在原单位工作，工资和住房条件差些，但工作和生活环境早已习惯，也比较安定，子女升学的条件也较好等。由于对各种利弊、得失的考虑，产生了多重接近—回避型冲突。

另外，从内容上来看，动机冲突可分为原则性的和非原则性的。凡是涉及个人期望与社会道德标准、法律相矛盾的动机冲突，属于原则性的动机冲突，往往会引起激烈的思想斗争。凡是不与社会道德标准相矛盾，仅属个人兴趣爱好方面的动机冲突，属于非原则性的动机冲突，通常不会引起激烈的思想斗争。

在动机冲突时怎样来衡量一个人的意志品质呢？对于原则性的动机冲突，意志坚强者能坚定不移地使自己的行动服从于社会道德标准、服从于集体的和国家的需要；而对于非原则性的动机冲突他也能根据当时的需要果断取舍。如果一个人遇到原则性的动机冲突时不能使自己的行动服从于社会道德标准，或者对待非原则性的动机冲突经常犹豫不决、摇摆不定，那就是意志薄弱的表现。

就动机冲突来说，最能考验一个人的意志的是双趋冲突。因为生活中比较难于处理的就是双趋冲突。在双趋冲突中，两种都想得到的东西如果有好坏之分，人的动机冲突还是比较好办。而事实上往往是想得到的都是挺美好、挺有用的东西，这时的动机冲突解决起来才更为困难。但是，现实就是这样，鱼和熊掌兼得的时候是不多的，人们面对那么多美好的东西常常不能同时拥有，必须有所放弃。放弃的东西并不就是坏东西。在好坏之间，人是较容易放弃一面的，困难的就是面对的都是美好的东西，放弃哪个都似乎"于心不忍"，难以抉择，这是对一个人意志的最好考验。

目标确定中的意志

如果说动机是激励人去行动的原因，那么，目的则是行动所要达到的结果。

在许多场合，人都不是只有一种目的，而是同时具有两种或多种目的。这些目的可能相互冲突，相互矛盾。相互对立的目的也会引起心理冲突，只有进行认真的斟酌权衡，从中进行选择，才能确定好行动目的。因此说，目的的确定也不是一件容易的事，也需要意志力的帮助与支持。

卢西亚诺·帕瓦罗蒂出生在一个普通的意大利家庭，他的父亲是一个平凡的面包师，同时还是一个狂热的歌唱爱好者。当帕瓦罗蒂还是个孩子时，他就开始教帕瓦罗蒂学习唱歌。

"孩子，从现在开始你就要刻苦练习，培养嗓子的功底，只有这样，将来才能成为一个出色的歌唱家。"父亲时常这样鼓励帕瓦罗蒂。

后来，帕瓦罗蒂渐渐长大，歌唱才华也越发显露出来。于是父亲带着他来到蒙得纳市，找到当时十分有名的专业歌手阿利戈·波拉，请他收帕瓦罗蒂做学生。阿利戈·波拉在听帕瓦罗蒂的试唱时，听出了帕瓦罗蒂罕见的高音才华，立刻答应收他为徒。那时，帕瓦罗蒂还在一所师范学院上学，学习成绩十分优异。

在毕业时，帕瓦罗蒂彷徨了，接下来的路该怎么走？按部就班当一名音乐教师，还是应当为成为歌唱家而奋力一搏？他找到父亲，征求意见。

父亲盯着他看了好一阵，然后回答说："卢西亚诺，如果你想同时坐两把椅子，你只会掉到两把椅子之间的地上。在生活中，你应该选定一把椅子。"

经过痛苦的思考之后，帕瓦罗蒂终于做出了选择——选择歌唱作为他一生为之奋斗的事业。

对帕瓦罗蒂来说，更艰难的是选择之后的努力，是种种无法预知的困难；是面对无法预知的前程时内心的迷茫与焦灼；是独自承担努力过程中一次次的挫折与失败，以及努力了也未必如愿以偿的未卜的前程。经过7年的刻苦学习，帕瓦罗蒂才第一次正式登台演出。此后又用了7年的时间，他才得以进入大都会歌剧院。14年间，帕瓦罗蒂顶住了一次次失败所带来的莫大痛苦，他不断地鼓励自己：坚持到底！

终于，凭借着浑厚而明亮的歌喉和足以划破长空的高音C，凭借着坚持不懈的努力，帕瓦罗蒂征服了全世界。

当教师和当歌唱家，是为了从事歌唱事业这个同一动机下的不同目的。帕瓦罗蒂在二者之间艰难地做出抉择，最终以成为歌唱家为自己的奋斗目标，表现出了良好的意志品质。

在下述两种情况下，目的的确定都需要较大的意志努力。

一种情况是，在并存的目的中，如果每种目的都有吸引人之处，或者说它们对于个人来说都是必要的，但由于主客观条件所限，只能实现其一。在这种情况下，各种不同目的之间就会发生冲突，进行选择就会出现困难。不同目的越是同等重要，个人对于每种目的所抱的态度越接近，选择的困难就越大。这种情况下就需要靠意志努力做出果断的选择。

另一种情况是，在多种并存的目的中，有一种目的对个人有益，使个人的需要能得到满足，而另一种目的对个人来说无关紧要，也引不起人的兴趣，但它对社会却是有益的。这时，在目的的选择上困难更大，需要更大的意志努力才能克服内部障碍。也正是在这种情况下，更明显地表现出一个人的意志品质。一个意志坚强的人，能够使自己的意志服从客观需要，服从具有社会意义的目的。

有时候，可供选择的多种目的，可能彼此之间并无冲突。它们对人的活动都有一定的激励作用，但它们却有远近和从属之别，这就需要根据情况做出合理的抉择。

在目的的确定中，还需要区分两种目的。一个是有效的目的，即经过自己或依靠群体的努力能够实现的目的；一个是无效的目的，即经过自己的努力乃至群体的努力而无法实现的目的。目的的有效性与无效性也是相对的。比如，想像鸟儿一样飞翔于蓝天，对于古代人来说是一种无效的目的，而对于科技发达的今天的人来说则是一种有效的目的。再比如，想凭个人的主观意愿将社会建成丰衣足食、国富民强的盛世局面是无效的，但如果努力的方式符合历史发展的规律，又能把它化为众人的力量，就会产生积极的效果。当然，有些目的如果违背客观规律，比如希望长生不老，像神话中的神仙那样呼风唤雨，不刻苦学习就能"学富五车，才高八斗"等，终归是无效的。然而，现实中每每有这样一种人，他们由于缺乏实践经验，缺乏对客观规律及自身力量的全面而深刻的认识，加上富于幻想，常常会产生一些无效的目的。尽管这种目的也推动他们去行动，但往往耗费了大量的时间和精力仍难以实现，其结果是挫伤意志力。因而，我们在确定目的时，应特别注意目的的有效性。

执行计划时的意志

在计划的执行过程中，人的意志是在两种情况下得以体现的。一种情况是，在采取决定阶段所确立的目的和计划是合理的，是符合实际情况的，只是在行动中遇到这样那样的困难，这时克服重重困难，坚决执行预定计划，是意志坚强的表现。另一种情况是，人在实践活动中发现，在采取决定阶段所确定的目的和计划是不切实际的，那么，在行动中及时放弃或修正先前的不切实际的目的和计划，执行新的计划，也是意志坚强的表现，不能把这看作是意志软弱。相反，在计划的执行中，轻易地放弃预定的符合实际情况的合理的目的和计划，是意志薄弱的表现；而固执地坚持不符合实际情况的预定的目的和计划，也是意志薄弱的表现。

在古今中外的历史上，大凡有所成就、有所建树的人，都能够排除万难，坚忍不拔地执行预定计划，他们"生命不息，奋斗不止"的精神，为我们树立了光辉的典范。

我国著名画家、书法篆刻家齐白石先生自27岁开始学画之日起，便笔耕不辍。在他近70年的作画生涯中，仅有两次共计十几天间断过作画。

一次是他63岁时生了一场大病，病得七天七夜人事不省；一次是他64岁时，母亲去世，他太过伤心而无法作画。除了这十几天之外，齐白石没有一天将画笔闲置过。即使由于意外原因，致使当天不能作画，第二天他也会千方百计地补上。

齐白石85岁那年，有一天，风雨大作，乌云低沉地笼罩着大地，齐白石的兴致被这抑郁的天气搅得十分低落，打不起一丝精神来，每每拿起画笔便被窗外的风声雨声搅得心烦意乱。无奈之下，他只好放下画笔，放弃这一天的"工作"。

第二天，齐白石自睡梦中醒来，看到窗外明媚的阳光，顿觉神清气爽。于是，他马上来到书房，挥毫泼墨，每画一笔都觉得如有神助，一连画了4张条幅居然一点都不觉得累。看到自己的劳动成果，齐白石也觉得十分满意，他拈了拈胡须，想："谁说我老了，这4幅条幅我可是一气呵成的啊！"虽是如此想，但毕竟有几分壮士暮年的感慨，已经85岁了，时间对自己来说太宝贵了。想到此，他立刻想到昨天因风雨而误的"工作"，于是决定再画一幅，把昨天漏掉的一并补上。

时间不知不觉已是中午，家人见齐白石还在书房作画，不敢打扰，就在书房外静静地等待他与大家一起吃午饭，而饭已经热了好几次了。

齐白石老人用心地画完那幅画后，在上面题道：

>昨日风雨大作，心绪不宁，不曾作画，今朝特此补之，不教一日闲过。

齐白石先生"不教一日闲过"的精神给世人留下了深刻的印象。

在生命漫长的海岸线上，我们可以看见许多搁浅在岩石或暗礁上的船只，它们建造得很完美，而且装备得也不错，但就是无力航行。我们看到有些人的生命之舟搁浅在岸边，破败不堪，原因就在于，他们缺乏一种坚决执行预定计划的意志力。

因此，在事业的路途中，你只有充分发挥自己的天赋和本能，才能找到一条连接成功的通天大道。一个下定决心就不再动摇的人，无形之中能给人一种最可靠的保证，他做起事来一定肯于负责，一定有成功的希望。因此，我们做任何事，事先应固定一个尽善的主意，一旦主意打定之后，就千万不能再犹豫了，应该遵照已经定好的计划，坚持下去，不达目的绝不罢休。

战胜困难时的意志

人的一生中不可能一帆风顺，不遇艰难险阻。问题是，有的人在面临困难时，无所畏惧，百折不挠，将困难视为生活的一种考验，并从中锻炼自己的意志力；而有些人在遇到困难时，首先就会畏惧退缩，并且抱怨，他们把困难当作一种无法逾越的障碍，没有克服困难的意志力。一个不成熟的人总是把自己与众不同的地方看成是缺陷、是障碍，然后期望自己能享受特别的待遇。成熟的人则不然，他们会先认清自己的特别之处，然后决定是继续保持，还是应加以改进。

面对困难的态度十分重要。困难就像纸老虎，如果你害怕它，畏缩不前，不敢正视，它就会吃掉你；但是，如果你毫不畏惧，敢于正视，它就会落荒而逃。对于懦弱和犹豫的人来说，困难是可怕的，你越犹豫，困难就越发可怕，越发不可逾越；但当你无所畏惧时，困难将会消失。

一个人除非学会清除前进路上的绊脚石，不惜一切代价去克服成功路上的障碍，否则他将一事无成。通往成功路上的最大障碍就是自己。自私自利、贪图享乐是所有进步的阻碍，懦弱、怀疑和恐惧是最大的敌人。警惕你的弱点，征服自己，就会征服一切。

人生充满了各种各样的困境，比如，贫穷，自身缺陷等。

美国总统赫伯特·胡佛是爱荷华一个铁匠的儿子，后来又成了孤儿；IBM的董事长托马斯·沃森，年轻时曾担任过簿记员，每星期只赚两美元。但是贫穷并没有成为他们成功的障碍。他们把所有的精力都用在工作上面，因此根本没有时间去自怜。

罗伯·路易·史蒂文森由于不愿向身体的缺陷屈服，因此他的文学作品更精彩、更丰厚。他一生多病，却不愿让疾病影响他自己的生活和工作。与他交往的人，都认为他十分开朗、有精力，并且他所写的每一行文字也充分流露出这种精神。

埃及著名文学家塔哈·侯赛因，号称"阿拉伯文学之柱"，他代表了20世纪30年代以来阿拉伯文学的新方向。但就是这样一位伟大的文豪，竟是一位双目失明的人。塔哈由于患眼疾，在三四岁时就双目失明。但性格倔强的小塔哈，没有向命运屈服，他以惊人的毅力，顽强地闯出了一条光明之路。他刻苦认真地学习，课余时间从不荒废。他经常到邻居中间，学习来自民间的淳朴、生动的语言。他听别人朗诵诗歌，就默默在心里记下，并请别人帮助自己朗读。这一切为他进入大学进一步深造打下了坚实的基础。塔哈凭着自己的努力，进入了著名的埃及大学，毕业时获得了埃及历史上第一个博士学位，得到国王的亲准，到法国巴黎留学，后又在法国获得了博士学位。

塔哈通过个人不懈的努力和奋斗，为阿拉伯文学宝库留下了不朽的伟大诗篇。

爱尔兰著名作家、诗人斯蒂·布朗一生中用左脚趾写成了5部巨著，其间的艰辛不言而喻。布朗生下来就全身瘫痪，头、身体、四肢不能动弹，不会说话，长到5岁还不会走路。但5岁的小布朗会用左脚趾夹着粉笔在地上乱画了。在母亲的耐心教导下，布朗学会了26个字母，并对文学产生了浓厚的兴趣。

布朗努力克服因身体残疾带来的不便，用超出常人的毅力，进行刻苦顽强的磨炼，学会了用左脚打字、画画，也开始了作文和写诗。他写作时，自己坐在高椅上，把打字机放在地上，用左脚上纸、下纸、打字、整理稿纸。经过艰苦的努力，他终于创作出了大量的优秀文学作品。尤其是他的自传体小说《生不逢辰》面世后，轰动了世界文坛，被译成了15种文字，广泛流传，并且拍成电影，鼓舞着世界人民。这位一生都在与病魔做着顽强斗争的伟大诗人和作家，在他短暂的一生中，一直都在写作。直到最后他完成了小说《锦绣前程》，更为我们留下了宝贵的精神财富。

这些事例都告诉我们，困难并不能成为借口。贝多芬说过"我要扼住命运的咽喉"，命运其实就掌握在自己手中。只要凭着坚强的意志力，就一定能够克服困难，成就伟业。向困难屈服的人必定一事无成。很多人不明白这一点，一个人的成就与他战胜困难的能力成正比。他战胜的困难越多，取得的成就越大。

成就平平的人往往是善于发现困难的天才，善于在每一项任务中都看到困难。他们莫名其妙地担心，使自己丧尽勇气。一旦开始行动，就开始寻找困难，时时刻刻等待困难出现。当然，最终他们发现了困难，并且为困难所击败。他把一个小困难想象得比登天还难，一味悲观叹息，直到失去克服困难的机会，一次又一次陷入恶性循环，终将一事无成。

意志坚定、行动积极、决策果断、目标明确的人能排除万难，勇敢地向着自己的目标前进，去争取胜利。成就大业的人，面对困难时从不犹豫徘徊，从不怀疑是否能克服困难，他们总是能紧紧抓住自己的目标，做坚持不懈的努力。对他们来说，暂时的困难微不足道。

第二节

意志力可以培养吗

只有通过夜以继日、坚持不懈的努力,我们才能培养出坚强的意志力,它可以面对一切困难的挑战。这种自我训练的过程是循序渐进的,而最终使意志力达到较高境界所需的时间也因人而异。但是,培养这种坚强的意志力所花费的血汗和代价,与这种意志力对我们的人生所具有的巨大价值相比,又是多么的微不足道。

意志力训练提升个人素质

一个有心修炼和提升自己意志力的人,将获得无比巨大的力量,这种力量不仅能够完全地控制一个人的精神世界,而且能够引导人的心智达到前所未有的高度——此时,一个人从未设想能拥有的智能、天赋或能力都变成了现实。

人需要培养意志力

意志力对于人的发展至关重要,人需要培养自己的意志力。

我们可以通过有意识地运用各种激励方法和教育而使意志力得到锻炼和加强,并且还可以通过完成每个具体行为目标来培养意志力。强大的愿望潜藏在每个人的内心深处,但是在受到召唤之前,它默默地沉睡在那里,人们忽视了它的存在。正因为如此,对个人意志力的科学训练总会产生奇迹。

生活中,许多人的意志力都亟待加强,然而令人不可思议的是,很少有作品对这个问题进行专门论述。在现代教育体系中，人们很少重视对意志力的培养这一问题。在关于教育学和心理学的著作中，时常有文章指出意志力培养的重要性，但是关于个人该如何培养意志力的论述，却显得苍白无力，言之甚少。培养意志力的重要性确实非同寻常，因为它往往能够决定一个人的命运，甚至它的影响要超过智力的影响。

一个铁块的最佳用途是什么？第一个人是个技艺不纯熟的铁匠，而且没有要提高技艺的雄心壮志。在他的眼中，这个铁块的最佳用途莫过于把它制成马掌，他为此竟还自鸣得意。他认为这个粗铁块每千克只值四五分钱，所以不值得花太多的时间和精力去加工它。他强健的肌肉和三脚猫的技术已经把这块铁的价值从1元提高到10元了，对此他已经很满意了。

此时，来了一个磨刀匠，他受过一点更好的训练，有一点雄心和更高一点的眼光，他对铁匠说："这就是你在那块铁里见到的一切吗？给我一块铁，我来告诉你，头脑、技艺和辛劳能把它变成什么。"他对这块粗铁看得更深些，他研究过很多锻冶的工序，他有工具，有压磨抛光的轮子，有烧制的炉子。于是，铁被熔化掉，碳化成钢，然后被取出来，经过锻冶，被加热到白热状态，然后投入冷水或石油中以增强韧度，最后细致耐心地进行压磨抛光。当所有这些都完成之后，奇迹出现了，他竟然制成了价值2000元的刀片。铁匠惊讶万分，因为自己只能做出价值仅10元的粗制马掌。经过提炼加工，这块铁的价值已被大大提高了。

另一个工匠看了磨刀匠的出色成果后说："如果依你的技术做不出更好的产品，那么能做成刀片也已经相当不错了。但是你应该明白这块铁的价值你连一半都还没挖掘出来，它还有更好的用途。我研究过铁，知道它里面藏着什么，知道能用它做出什么来。"

与前两个工匠相比，这个匠人的技艺更精湛，眼光也更犀利，他受过更好的训练，有更高的理想和更坚韧的意志力，他能更深入地看到这块铁的分子——不再囿于马掌和刀片。他用显微镜般精确的双眼把生铁变成了最精致的绣花针。他已使磨刀匠的产品的价值翻了数倍，他认为他已经榨尽了这块铁的价值。当然，制作肉眼看不见的针头需要有比制造刀片更精细的工序和更高超的技艺。

但是，这时又来了一个技艺更高超的工匠，他的头脑更灵活，手艺更精湛，更有耐心，而且受过顶级训练，他对马掌、刀片、绣花针不屑一顾，他用这块铁做成了精细的钟表发条。别的工匠只能看到价值仅几千元的刀片或绣花针，他那双犀利的眼睛却看到了价值10万元的产品。

也许你会认为故事应该结束了，然而，故事还没有结束，又一个更出色的工匠出现了。他告诉我们，这块生铁还没有物尽其用，他可以让这块铁造出更有价值的东西。在他的眼里，即使钟表发条也算不上上乘之作。他知道用这种生铁可以制成一种弹性物质，而一般粗通冶金学的人是无能为力的。他知道，如果锻铁时再细心些，它就不会再坚硬锋利，而会变成一种特殊的金属，富含许多新的品质。

这个工匠用一种犀利的、几近明察秋毫的眼光看出，钟表发条的每一道制作工序还可以改进；每一个加工步骤还能更完善；金属质地还可以精益求精，它的每一条纤维、每一个纹理都能做得更完善。于是，他采用了许多精加工和细致锻冶的工序，成功地把他的产品变成了几乎看不见的精细的游丝线圈。一番艰苦劳作之后，他梦想成真，把仅值1元的铁块变成了价值100万元的产品，同样重量的黄金的价格都比不上它。

但是，铁块的价值还没有完全被发掘，还有一个工人，他的工艺水平已是登峰造极。他拿来一块钢，精雕细刻之后所呈现出的东西使钟表发条和游丝线圈都黯然失色。待他的工作完成之后，你见到了几个牙医常用来勾出最细微牙神经的精致钩状物。1千克这种柔细的带钩钢丝，如果能收集到的话，要比黄金贵几百倍。

此刻，你一定会对铁块的潜力产生新的认识吧。当铁块被当作废铁被孤零零地扔弃在垃圾堆里时，你是否曾经思量过它有着未被开发的巨大的价值？其实，故事中的铁块就是你自己，故事中的工匠也是你自己。一个人要成为有多大价值的人才，取决于你对自己的锻造。一块质地粗糙的铁块经过千锤百炼之后，会变得更硬更纯更有韧性，成为非常有价值的可用之材。而一个由肉体、思想、道德和精神力量完美结合在一起的人，同样经过千锤百炼之后，他又会产生多么大的价值呢？你也要学工匠把你自己这块材料加工成器，自觉地接受生活中各种痛苦的考验，生活中逆境的打击、贫困与痛苦中的挣扎、灾难与丧失之痛的刺激、艰苦环境的压迫、忧患焦虑的折磨、令人心寒的冷嘲热讽、经年累月枯燥的教育求索和纪律约束带来的劳累，你经受住并与之斗争，你在各种挑战中，独具匠心、锲而不舍地锻造自己，最终，生活的各种磨砺只会促使你更强大，更魅力非凡，更超凡脱俗。

那些逃避考验与磨难的人是懦夫，是庸人，是无药可救的失败者。一块铁经过日晒雨淋就会生锈，变得毫无价值；人的意志也一样，如果不经常努力去完善它、考验它、增强它的韧性，它也会腐蚀掉。

做一个像马掌一样普通的铁块并不是难事，但是要提高人生这个产品的价值就绝非等闲之事了。很多人都认为自己的天赋低劣，不如别人。但只要你愿意，通过耐心苦干、学习和斗争，就可以把自己从粗笨的马掌千锤百炼成精细的游丝。只要持之以恒、坚忍不拔，就可以把原材料的价值提升至令人难以置信的程度。

操控你的意志力

一个有着坚强意志力的人，便有无穷的力量。不论做什么事都要有坚强的意志，应当坚信任何事情只有付出极大的努力才能获得成功。

人的意志力有着极大的力量，它能克服一切困难，不论所经历的时间有多长，付出的代价有多大，无坚不摧的意志力终能帮助人们到达成功的彼岸。

一个能控制自己意志力的人，也就拥有了自我引导的伟大力量。这种巨大的力量可以实现他的期待，完成他的目标。如果他的意志力坚固得跟钻石一样，并以这种意志力引导自己朝着目标前进，那么他所面对的一切困难，都会迎刃而解。

如果你见到一个年轻人，他用斩钉截铁的态度去实施他的计划，而丝毫没有"如果""或者""但是""可能"的念头，那么这样的年轻人，就拥有了强大的意志力，成功也必定会属于他。

凡有明确目标、并能照着既定程序去做的人，便能坚定自己的意志力，而这种意志力足以支撑他的成功。

人人都应该去争取理想的自由，因为只有自由地张扬自己的理想，才能创造出宏大、完美的成就。如果一个人不去争取理想的自由，不以实现最高人生目的为要务，那么不论他多么尽心尽职，多么发奋努力，他的一生也不会有大的成就。

如果一个人无法控制自己的意志力，那么他就很难获得持之以恒的信心，也就失去了发明与创造的可能性。有许多年轻人最初很热心于他们自己的事业，但是由于缺乏意志力与恒心，竟然在一夜之间就放弃了自己原有的事业，而去进行别的事业。他们常常对自己所处的位置、所拥有的才能表示怀疑。他们不知道他们的才能怎样加以利用才会最有价值。面对困难，他们常常感到灰心，甚至是沮丧。当他们听到某人成就了某项事业，他们便开始埋怨自己，为何自己不也去做同样的事业，而不检讨自己由于意志力不坚定，浪费了多少成就事业的机会。

可以肯定地说，如果一个人经常放弃他一贯期待的目标，经常松懈自己的意志力，他就绝不会成为一个成功者。

要使自己的生命具有特殊意义，要与众不同，就要做高尚的事情。无论历时多么久远，无论面临多少艰难曲折，绝不可放弃成功的志向和希望。

任何想要获得成功的人都必须谨记下面的格言：有志者，事竟成，破釜沉舟，百二秦关终属楚；苦心人，天不负，卧薪尝胆，三千越甲可吞吴。

"噢，好样的，那些有着强健意志的人们！"丁尼生这样写道，所有时代和每个国家的诗人们都曾唱颂过同样的赞歌。丁尼生说出了人类对这一意志力的崇敬和爱慕。他还说道："充满了活力的意志，你将永恒，而那些没有你的人只能为你震惊。"

人类的意志是一件很奇怪、很微妙、无法触摸，但非常真实的东西，它与每个人最深处的自我有着紧密的联系。

人类的意志是一种活生生的力量，和电、磁或其他任何自然的力量一样。意志和能量、引力一样真实。从原子到人，愿望和意志都是存在的，首先是做某事的欲望，然后是要做成它的意志。这是一个不变的法则，存在于所有不同形状、不同级别的事物之中，不管是有生命的，还是无生命的。

对于知道如何运用意志力的人来说，没有什么是不可能的，只要他的意志足够强健。意志力在很大程度上取决于一个人是否相信自己的能力，或者说行动取决于信心。在正常情况下，一般人不相信自己有独立的意志。只有当出现了新的、出乎意料的要求，当有必要运用意志的时候，许多人才意识到他们有这样一种东西叫作意志。对许多人来说，甚至连这样的情况也不会发生。

意志不是固执。有着坚强意志的人知道何时撤退也知道何时进攻，他从不站在原地。如果条件允许他会后退一步，但后退只是为了下一次更好的开始，因为他总有一个明确的目标在心头。当意志让他前进时，他会像一艘强劲的汽船一样迎头赶上，强大而有力，不会为任何事而停下来。这一种精神状态在慈善家兼作家霍华德的引文中有最好的描述。

"他决心的力量是如此之大，只有在某些特别的情况下才有所表现。如果这不是某种习惯的行为的话，这一种力量会看起来太过强烈、鲁莽，但是因其并不是断断续续的行为，它才具有了某种沉静的力量。它不会超过平静坚定的界限，更不会煽动起混乱。那是一种强烈的平静，由于人类精神控制着它不会更强烈，由于个人的性格它也不会更平静，而是在其中达成一种统一。"

他相信所有个人力量的基础存在于意志，如果有人想在这个世界上取得任何成就的话，他就必须有坚强的意志。要有坚强的意志，最好的办法就是意识到你缺少意志力，然后不停地对自己说："我可以、我将做成这件事。"反复诵读从最好的文学作品中摘录出来的有关意志力的部分，一点一点在你内心建立起一种不可阻挡的力量，它将能克服想把你从你生命目标拉开的任何诱惑。

有志于在经济上取得成功的人应该有一种特质，也就是一种心理特质，即"我能做到，我将做到"的心理状态。这一特质是两种重要因素的组合。第一是相信自己的能力、力量，这将给人以信心，从而在心理上为意志力的出现铺平道路。第二是坚定自己的意志，当你将所有的力量、决心倾入其中，说"我将做到"的时候，你的意志就会变成一种强大的动态力量，扫清前进道路上的所有障碍。

这一意志力的外现不仅能激活人类大脑休眠着的潜力，还能将所有保存着的气力、精神集中到要完成的任务上。事实上，意志力所能做到的比这还要多，它能以一种强大的力量感染它周围的人，迫使他们对它关注，承认它的存在。在人与人的竞争中有着最坚强意志的人将获得胜利。竞争可能很短，也可能很长，但结局总是一样的：有着坚强意志力的人将获胜。但苏醒的意志力所能做的还不只这些，它还可以隔着很远的距离把人吸引到拥有强烈意志力的人身边。在自然法则的作用下，事物会被推进一个强大意志力构成的中心。环顾你的四周，你会看到有着强大意志力的人建起了一个强大的磁场，伸向四面八方，影响着一个又一个人，吸引着其他的人加入那一意志掀起的运动里。他们能建起巨大的意志的旋涡或是旋风，远近的人都能感受得到。而且事实上所有有着强大意志力的人都不同程度地这样做了，只是依据他们意志力的大小而有所不同。

意志力训练的基本原则

一支普通的竹子，若不历经千雕万琢的艰辛，怎能成为一支演奏悠扬音乐的笛子？一个人的成长，若非经历无数次的磨砺，又哪能培养出坚韧的意志和健全的性情！

注意力是意志力提升的先决条件

要想对意志力进行科学的训练，就必须以注意力的训练作为开端。注意力是精神发展的动力之一。注意力是我们获取精神生活的原始素材，是最普通的探索工具。然而，能充分注意到自己的感觉、又能很好地利用自己感觉器官的人确实是太少了。这是被人们忽视的一大领域。

注意力是有目的地将心理活动长时间地集中于某一事物或某些事物上的能力，它是智商的重要构成部分。成功者往往具有更好的注意力，对人生和事业更专注、更执着。良好的注意力首先表现在注意力的范围上，即注意力在同一时间内所能清楚地抓住对象的数量，也就是在同一时间里能同时注意到多少问题的出现。善于控制自己的注意力，这样它就能根据我们的需要，具有一定的指向性、集中性和稳定性，继而提高我们的智能水平。注意力的集中与稳定是深入认识客观事物、提高工作效率的必要条件。

然而，我们生活在一个丰富多彩、纷繁复杂的世界上，各种对感官刺激的物质纷至沓来，让我们目不暇接。它分散了我们的注意力，妨碍了大脑皮质优势兴奋中心的形成和稳定，从而影响了我们对某一特定事物清楚、深入地认识。因此，我们必须加强注意力的调控能力。

从前，有个棋艺大师名叫弈秋。为了不让弈秋高超的棋艺失传，人们为他挑选了两个小孩子做徒弟。这两个小家伙都聪明得很，无论学什么都是一学就会，老百姓对这两个孩子寄予了很大的希望。

在学棋的过程中，一个孩子专心致志，一心一意地学，弈秋老师所讲的每一句话，他都牢记在心。另一个孩子却整天三心二意，漫不经心的，他把老师的话全当成耳旁风。一天，他又在胡思乱想，想象着天上飞来一群天鹅，自己立即拉弓射箭，好几只天鹅"扑啦啦"落下来，啊！好肥的天鹅呀！是烤着吃好，还是煮着吃好呢？他心里盘算着，嘴里流出了口水，心也早就飞到了天空中……

就这样日复一日，年复一年，结果是，在同一个老师的教导下，学出了一个超越弈秋的著名棋圣和一个一无所长的庸人。

歌德这样说："你最适合站在哪里，你就应该站在哪里。"这句话可以作为对那些三心二意者的最好忠告。

无论是谁，如果不趁年富力强的黄金时代去养成善于集中精力的好习惯，那么他以后一定不会有什么大成就。世界上最大的浪费，就是把一个人宝贵的精力无谓地分散到许多不同的事情上。一个人的时间有限、能力有限、资源有限，想要样样都精、门门都通，绝不可能办到，如果你想在任何一个方面做出什么成就，就一定要牢记这条法则。

那些富有经验的园丁往往习惯把树木上许多能开花结实的枝条剪去，一般人都觉得很可惜。但是，园丁们知道，为了使树木能茁壮成长，为了让以后的果实结得更饱满，就必须要忍痛将这些旁枝剪去。若要保留这些枝条，那么将来的总收成肯定要减少无数倍。人也是这样，人若过多地分散了自己的精力，就会"浮光掠影"，一无所长。人只有将注意力集中于一个点，并不断地努力下去，才能最终有所收获。

那么，我们该如何培养自己的专注力呢？

（1）提高参加活动（工作或学习）的自觉性，明确活动的目的和任务。如果一个人对自己所从事的活动的社会意义与个人意义有明确的认识，对这一活动的具体目的与任务有明确的了解，那他就一定能提高注意力集中的水平，使自己专心致志、聚精会神地去从事这一活动。

（2）选择清除头脑中分散注意力、产生压力的想法，使自己完全沉浸于此时此刻，集中注意力于一些平静和赋予能力的工作上，以便专心于所必须解决的问题，清晰的思考，富有创造力，做一些有质量的决定，较大程度地提高自身的效率。

（3）增强兴趣，激发情感，使自己津津有味、乐不知疲地进行活动。注意力与兴趣、情感的关系非常密切，一个对自己所从事的活动具有浓厚兴趣和热烈情感的人，他在活动时就一定能全神贯注、专心致志。

（4）一次只专心地做一件事，全身心投入并积极地希望它成功，这样你的心里就不会感到精疲力竭。不要让你的思维转到别的事情、别的需要或别的想法上去。专心于你已经决定去做的那个重要项目，放弃其他所有的事。

你可以把你需要做的事想象成是一大排抽屉中的一个小抽屉。你的工作只是一次拉开一个抽屉，令人满意地完成抽屉内的工作，然后将抽屉推回去。不要总想着所有的抽屉，将精力集中于你已经打开的那个抽屉。一旦你把一个抽屉推回去了，就不要再去想它，这样，你就不会因为干扰而分心了。

（5）养成深入思考的习惯。一个肯开动脑筋、积极思考的人，他就会为活动所吸引，从而使自己沉湎于活动之中；反之，一个浅尝辄止、懒于思考的人，他在活动中，就会如蜻蜓点水，无法使自己的注意力保持高度的集中。因此，我们为了引起并保持专心的注意状态，就必须使自己养成深入思考的习惯。

（6）保持身体健康，使自己有足够的活力和精力去进行活动。我国著名数学家张素诚说："要做到专心，就要身体好。身体不好，常想找医生看病，就专心不了。"

（7）注意适时休息。研究表明，如果人们在一天中经常得到能够缓解压力的休息，那么我们的工作效率将会高得多。事实上，我们必须通过休息来加快速度和改进自己的工作。同时，通过转移我们的注意力，能使我们从旧框框中解脱出来，解放我们成就事业的创造力。

重新控制思维的一种方法是停止工作，让大脑得到休息。

一旦你感到大脑有点僵化，不能很好地思考问题或不能集中注意力时，停止你手中的工作，让大脑得到片刻休息。站起来，走一会儿，喝杯水，跟别人交谈几句，呼吸一些新鲜空气，或者躲到一个安静的地方，参加一项与你的工作毫不相同的活动，让你的大脑完全沉浸在轻松有趣的活动之中。这么做能打断精神压力慢慢地积聚起来的危险过程，缓和大脑的紧张程度，恢复你大脑的思考能力。

运用自我激励的力量

　　自我激励，即激发自己，鼓励自己，自己激发自己的动机，充实动力源，使自己的精神振作起来。自我激励之所以能够培养意志力，在于自我激励能够激发你成功的信心与欲望，从而使你具备一往无前的动机。

　　自我激励是激励的一种。有没有激励，人朝目标前进的动力是很不一样的。美国心理学家詹姆士的研究表明，一个没有受到激励的人，仅能发挥其能力的20%～30%，而当他受到激励时，其能力可以发挥出90%，相当于前者的3～4倍。可见，自我激励不仅对培养意志力，而且对开发潜能也大有影响。

　　在现代社会中，学会自我激励是很重要的，这是因为剧变的社会既为人们创造了大量的发展机会，也为人们设置了种种的"陷阱"。当人们处于顺境时，一般容易兴高采烈，甚至忘乎所以；而当人们陷于逆境时，往往不知所措、消极悲观。想干一番事业，干出一点成绩来，就会有许多意想不到的事情发生。挫折、打击会突然降临到你的头上，流言蜚语、造谣中伤会接踵而来，如果碰到一些很会耍心计、玩权术的顶头上司，那么难堪的小鞋、莫名其妙的打击，就会一个接一个。此时，尤其需要自励，使自己保持一颗平常心，重新取得心理平衡，使精神振作起来，保持自己旺盛的斗志。

　　对于那些意志力不是很强，稍有一点"风吹草动"、稍稍遭到失败就无法忍受的人，特别需要使用自我激励这种辅助手段来培养意志力。

　　那么，怎样运用自我激励来培养意志力呢？

首先，必须学会正确认识自己。古人曰："君子不患人之不己知，患不自知也。"认识自己就是认识自己的长处和短处，不将长处当短处，不将短处当长处，绝不护短，绝不自己原谅自己。只有知道了自己遭到失败、挫折的原因在哪儿，才会有的放矢地重新起步，也才有可能培养你的意志力。

怎样认识自己的短处呢？认真反省是一个关键。

自我激励的重要因素是要自己看得起自己。许多人有这样一个毛病：风平浪静时，自是、自爱甚至自负得不得了，而一遇到问题，就妄自菲薄、自暴自弃、消极颓废，有时甚至还想用一些激化矛盾的方式进行对抗。为什么会这样？其实就是因为自己的内心过于自卑、容易自馁，认为自己这也不行那也不行，什么都干不了。因此一定要自尊，要采取切实的措施自己帮助自己，这是自我激励得以实现的重要手段。也就是说，在遇到挫折失败之后，在认真吸取教训的基础上，重新设定奋斗目标，采取一些切实可行的措施，拟定可行性的计划，用一点一点的成功来激励自己，用社会的承认来增强信心，脚踏实地，一步一步前进。

只要你认真地抱着希望，"我希望自己能成功"，或是"我希望自己成为首屈一指的人"，你就一定能找到成功的方法，这就是"贾金斯法则"。

贾金斯博士说："睡眠之前留在脑海中的知识或意识，会成为潜意识，深刻地留在自己的脑海中，并可转化成行动力。"

这个原则经常被我们应用在生活之中。例如，明天要去旅行，必须早上5点钟起床，可是家里又没有闹钟，在这种情况之下，怀着一颗忐忑不安的心入睡，生怕自己睡过了头。结果，早上果然5点钟准时起床。在我们的日常生活中，这种靠着潜意识控制自己生理时钟的例子，一年总有几次。

再例如，有些人每晚临睡前一定要看一点书，这就是利用心理学上的记忆原则来增强记忆。如果你认为自己的意志薄弱，那就对自己说："我一定可以加强自己的意志。"例如，你看到一位很有希望的顾客，你就假想自己很成功地和这位顾客签约的情景。只要你有信心，这种自信心就能让你成为很有魅力的人。这样，每晚就寝前想一次，你就能锻炼意志力。

但是，运用这个方法时要注意下面几点。

（1）做好睡眠的准备之后再上床。

（2）声音不可太大。不要一边听收音机，一边行动。

（3）读书或自我期许之后就睡觉。

（4）上了床之后就不要再下床做别的事。

现在就剩下实行了。不，应该说是持续地实行。首先要让自己具有清楚的意志，然后不断地实行，这样你就能够不断地进行自我激励，你的人生就能逐渐步向成功之路。

另外，自我暗示也是一种典型的自我激励的方法，是培养意志力的很好的辅助手段。

所谓"人若败之，必先自败"。许多具有真才实学的人终其一生却少有所成，其原因在于他们深为令人泄气的自我暗示所害。无论他们想开始做什么事，他们总是胡思乱想着可能招致的失败，他们总是想象着失败之后随之而来的羞辱，一直到他们完全丧失意志力和创造力为止。

对一个人来说，可能发生的最坏的事情莫过于他的脑子里总认为自己生来就是个不幸的人，命运之神总是跟他过不去。其实，在我们自己的思想王国之外，根本就没有什么命运女神。我们就是自己的命运女神，我们自己控制、主宰着自己的命运。

在每个地方，尽管都有一些人抱怨他们的环境不好，他们没有机会施展自己的才华，但是，就是在相同的条件下，有一些人却设法取得了成功，使自己脱颖而出，天下闻名。这两种人最大的区别就在于自我暗示的不同，前者始终抱着必败的心态，而后者则始终坚信自己会成功。

成功是不可能来自于自认为失败的自我暗示的，就好像玫瑰是不可能来自于长满蓟草的土壤一样。当一个人非常担心失败或贫困时，当他总是想着可能会失败或贫困时，他的潜意识里就会形成这种失败思想的印象，因而，他就会使自己处于越来越不利的地位。换句话说，他的思想、他的心态使得他试图做成的事情变得不可能了。

我们的不幸，或是我们自己认为的所谓"残酷的命运"，其实与我们的自我暗示有莫大的关系。我们经常看到有些能力并不十分突出的人却干得非常不错，而我们自己的境况反不如他们，甚至一败涂地，我们往往认为有某种神秘的力量在帮他们，而在我们身上总有某种东西在拖我们的后腿。但实际上是我们的思想、我们的心态出了问题。

可以这么说，我们面临的问题便是我们根本不知道该如何提高自己。我们对自己不够严格，我们对自己的要求不够高。我们应该期待自己有更加光辉灿烂的未来，应该认为自己是具有超凡潜质的卓越人物。总之，我们一定要对自己有很高的评价。

无论别人如何评价你的能力，你绝不能怀疑自己能成就一番事业的能力，你应对自己能成为杰出人物怀有充分的信心。而运用自我暗示，能够很成功地增强你的信心。

个人的自我暗示中蕴藏着一笔很大的财富，蕴藏着一笔极大的资本。你在立身行事时，要不断地暗示自己一定会成功，会获得发展、进步。光是这种发展的声音，光是这种积极进取的声音，光是这种能有所成就的声音，光是这种在社会中举足轻重的声音，就足以激起你无限的潜力。

与情绪的影响力相比，自我暗示更能掌握情绪的控制——尤其不会受到消极想法所左右。当然，在心情平静时，情绪很容易控制；但是当你心情恶劣、充满不安的感觉时，情绪就很难做有效地控制——除非你经由持续的练习和训练！而在自我暗示的状态下，你才有能力练习控制情绪。再者，由于情绪在追求理想时所扮演的角色十分重要，因此学会情绪的控制，在你个人的事业上，将产生重大的影响力。

有这样一段故事：

一位从纽约到芝加哥的人看了一下他的手表，然后告诉他芝加哥的朋友说已经12点了，其实表上的时间要比芝加哥的时间早一个小时。但这位在芝加哥的人没有想到芝加哥和纽约之间的时差，听说已经12点了，就对这位纽约客人说他已经饿了，他要去吃中午饭。

这个故事很有趣，同时也告诉我们自我暗示的作用。只要你给自己一个暗示，那么你的行为就将遵循这一暗示的指导。

一位年轻的歌手受邀参加试唱会，她一直期盼能有这个机会，但是她过去已经参加过3次了，每次都因为害怕失败，最终败得很惨。这位年轻的女士嗓子很好，但是，过去她一直对自己说："轮到我演唱的时候，便担心观众也许会不喜欢我。我会努力，但是我心中充满了畏惧和忧虑不安。"这样消极的自我暗示肯定不能帮助她演唱成功。

她以下面的方法克服了这种消极的自我暗示。她把自己关在房中，一天3次，舒服地坐在一张太师椅中，放松她的身体，闭上她的眼睛，尽可能使她的心灵和身体平静下来。因为身体停止活动，可以形成心智的不抵抗，而使心智更容易去接受暗示。然后她对自己说："我唱得很好，我泰然自若，沉着安详，有信心而镇静。"以此来反击畏惧的提示。她每次都带着感情，缓慢而静静地重复说上5～10次。她每天必定"坐"3次，再加上睡前的一次。一个星期过去以后，她真的完全泰然自若、充满了信心。当试唱会来临的时候，她唱得好极了。

许多抱怨自己脾气暴躁的人，被证明极易接受自我提示，而且能够获得很好的效果。办法是，大约花1个月的时间，每天早晨、中午和晚上临睡之前，对自己说下面的话："从今以后，我将变得更具有幽默感。每天我将变得更可爱，更容易谅解别人。从现在起，我将要成为周围人愉悦和友善的中心，我以幽默感染他们。这种快乐、欢愉和幸福的心情，日渐成为我正常而自然的心志状态。我时时心存感恩。"

和自我激励一样，自我暗示可以给自我以信心，同时暗示的内容本身就是你前进的动力与方向，所以自我暗示可以让你鼓起勇气，一往无前，由此你获得了战胜自我，特别是战胜内心恐惧感的强大意志力。

严格地进行自我修炼

生物学上有一个很著名的实验，被称为"温水效应"：

如果你把一只青蛙扔进开水里，它因突然受到巨大的痛苦刺激，便会用力一搏，跃出水面，置之死地而后生；但如果你把它放在一盆凉水里，并使水逐渐升温，由于青蛙慢慢适应了那惬意的温水，所以达到一定热度时，青蛙并不会再跃出水面，它就在这舒适之中被烫死了。

实验告诉人们一个极浅显的道理：让你感到舒适满足的东西，往往正是导致你失败的原因。青蛙如此，人又何尝不是这样？正所谓"忧劳可以兴国，逸豫可以亡身"。舒适的生活往往使人丧失毅力以及应对挫折的能力。当危机突然来临，人们往往就会不堪一击。因此，我们无论在何种情况下，都应保持一种危机意识，并自觉地磨炼自己的意志力。

战国时期著名纵横家苏秦第一次游说失败后回到家里，一副狼狈的样子，一家人很不高兴，都看不起他。在家人的责怪下，苏秦非常难过。他想：我就这么没出息吗？出外游说、宣传我的主张，人家为什么不接受呢？那一定是自己没有把书读好，没有把道理讲清楚。于是他暗暗下决心，要把兵法研习好。

白天，他跟兄弟一起劳动，晚上就刻苦学习，直到深夜。夜深人静时，他读着读着就疲倦了，总想睡觉，眼皮特别沉重，怎么也睁不开。为了治瞌睡，他找来一把锥子，当困劲上来的时候，就用锥子往大腿上一刺，血流出来了，疼痛难忍，但人也不再瞌睡了。精神振作起来，他又继续读书。

苏秦就这样苦读了一年多，掌握了姜太公的兵法，他还研究了各诸侯国的特点以及它们之间的利害冲突。他又研究了各诸侯的心理，以便于游说他们的时候，自己的意见、主张能被采纳。

后来，他的才华终于得到了大家的认可，六国诸侯正式订立合纵的盟约，大家一致推苏秦为"纵约长"，把六国的相印都交给他，让他专门管理联盟的事。

苏秦"合纵"的成功来自于他的真才实学。但这种真才实学不付出努力是很难取得的。尽管苏秦当时已有家室，年龄也不算小了，但他能够发愤图强，克服万难，并不惜用"锥刺股"的方法来刺激自己保持一颗清醒的头脑去学习，他严格要求自己的精神，实在值得大家学习。

生活中，拥有坚强意志的人，并不是天生就具有强大的意志力的，而是经过严格修炼而来的。锻炼意志必须讲究三严：严肃、严格、严厉。首先，对锻炼意志必须怀着严肃的态度。同时还必须严格要求自己，如果对自己放松要求，一味放纵自己，意志锻炼又从何谈起呢？再者，要严厉地对待自己，一旦意志薄弱，要严厉地惩罚自己。只有做到"三严"，才能真正锻炼出钢铁般的意志。

没有严格要求，就不可能有意志的锻炼和铸造。任何一项培养意志的练习和锻炼，都要以严格要求为前提。没有严格要求，即使进行锻炼，其效果也会大打折扣。那些"下次再努力吧""明天再也不这样了"的借口，都是培养意志的大敌。

原女排教练袁伟民在训练女排时就有个"狠"劲。平时，他非常关心、爱护女排队员，待她们和蔼、亲切，对她们的生活关心备至。可一上了训练场，他的要求便非常严格。女队员累得浑身出汗如水洗一般，他又扔过去一个球，"继续练"；女队员累得趴在地上起不来了，他又扔过去一个球，"还得练"。他知道，不这样练是练不出世界冠军的，也正是凭着这股狠劲，我们的女排姑娘们才在世界运动赛场上取得了骄人的成绩。

意志力锻炼要秉持严格的原则，并在实际行动中坚持下去。

因为在意志力的锻炼过程中，常有与既定目的不符合的、具有诱惑力事物的吸引，这就要求我们学会控制自己的感情，排除主客观因素的干扰，目不旁顾，使自己的行动按照预定方向和轨道坚持到底。而任何见异思迁、半途而废的行为，都只会使意志力锻炼前功尽弃，徒劳无功。

当然，我们对意志力的培养也不必一味强调"苦练"，而要把"苦练"与"趣味"结合起来，才能激发出更大的热情，将意志力锻炼坚持下去，并取得良好的效果。

训练效果源自合理的安排

训练的效果在很大程度上取决于合理的活动安排。这就要求不仅要有科学系统的训练，还要注意休息，做到劳逸结合。

意志力训练要循序渐进

意志力训练应按照意志发展的特点，针对不同的年龄阶段，在循序渐进的过程中使意志得到锻炼。

任何良好的意志品质的形成，都不是一朝一夕的事，总有一个逐步发展、逐渐巩固的过程。因此，意志力的锻炼不可能一蹴而就。另外，各年龄阶段的人，都有各自阶段的生理心理特点，也就是在意志发展上呈现出不同的年龄特征。意志的年龄特征是分阶段的，各阶段是相互衔接由低到高逐步发展的。这也决定了意志培养要循序渐进。

因此，我们应当针对自己的年龄特征、个性特性和意志发展的阶段，选择相应的锻炼方式。应保持意志锻炼的活动的难易适中，太容易了不能达到锻炼意志的目的；太难了，则不仅有损于身心健康，还会降低自信心。按照循序渐进原则，难度应逐步增高，就像爬坡一样，一步步地向高处攀爬。

有这样一个两只虫子的故事。

第一只虫子跋山涉水，终于来到一株苹果树下。它抬头看见树上长满了红红的、可口的苹果，馋得口水直流。当它看到其他虫子往上爬时，自己也就着急地跟着往上爬。但它没有目的，也没有终点，更不知自己到底想要哪一个苹果，也没想过怎样去摘取苹果。它的最后结局呢？也许找到了一个大苹果，幸福地生活着；也可能在树叶中迷了路，一无所获。

第二只虫子可不是一只普通的虫，它做事有自己的规划。它知道自己要什么苹果，也知道苹果是怎么长大的。因此它没有忘记带着望远镜观察苹果，它的目标并不是一个大苹果，而是一朵含苞待放的苹果花。它计算着自己的行程，估计当它到达的时候，这朵花正好长成一个成熟的大苹果，它就能得到自己满意的苹果了。结果它如愿以偿，得到了一个又大又甜的苹果，从此过着幸福快乐的日子。

遵循"循序渐进"法则锻炼意志，可以从身边的小事做起。例如，早上闹钟响了，却不愿意起床，这时你要命令自己立即起来。这就是对自己懒惰的挑战，去赢得对自己的一个小小的胜利，增强信心。这样，从生活中的小事着手，循序渐进，久而久之，你的意志就会变得非常坚强。

实行全面综合的系统性训练

一个人良好意志品质的形成，是与其知识技能、道德品质以及健康体魄的发展分不开的。坚持系统性原则，就是把意志锻炼与日常的学习生活有机地联系起来，不能单纯地进行所谓意志锻炼，而是把意志锻炼作为德智体全面发展的有机组织部分。

首先，一个人的意志发展与其思维和语言的发展有密切关系。运用思维和语言的力量，可以对意志产生一种激励作用，加强语言和思维训练，这对意志的发展是大有裨益的。

其次，良好的意志品质与一个人的道德品质密切相关。一个人若想树立远大而崇高的抱负，能使个人行为服从于社会道德准则，才是意志坚强的人。而且，人的有些意志行动，本身就是道德行为，从这个角度说，道德意志又是一个人品德的有机成分。

最后，意志锻炼与身体锻炼相互联系。我们看到的事实是，在相似条件下，体魄健全的人往往更能保持坚强的毅力，并将行动坚持到底。锻炼身体的过程也是锤炼意志的过程。

制订出科学有序的计划

计划要前紧后松，先难后易。首先，计划应分阶段进行。一个长达一个月的计划，分成四周进行，每周分别明确任务、明确目标，非常便于检查进度。阶段数以三至五个为宜，如果每个阶段里的时间都很长，大阶段里可以套小阶段，每个阶段总结一下计划完成情况，提前的可以小庆祝一下，拖后了则要尽快弥补。"周"和"月"这两个单位实在是很好用的，不过也要见机行事。

其次，计划要有修改和弥补的余地，并且这个余地不能影响计划整体的实现进度。如果你的时间紧，就要自己加把劲，把计划制订得更紧一点，好留一点时间在最后一两天，复习完了还能看看有没有什么遗漏。工作更是如此，要有了解全局的能力。

注意劳逸结合

当紧张地行动了一段时间之后，可以听一些使你放松的音乐，或从事一些别的轻松有趣的活动，这有助于你保持一种积极的、富有成效的心理状态。当你休息一阵再继续努力，你会发现你干起来更有劲头，精力也更充沛了。

意志力提高的基本方法

水滴可以穿石，绳锯可以断木。如果三心二意，哪怕是天才，也势必一事无成；只有仰仗坚忍不拔的意志力，日积月累，才能看到梦想成真之日。勤快的人能笑到最后，耐跑的马才会脱颖而出。

用认知引导意志力

为什么把"用认知引导意志力"作为意志力锻炼的一个基本方法？让我

们先来看看下面这则人物故事。

　　巴尔扎克的父母一心想让巴尔扎克在法律界出人头地，于是在巴尔扎克中学毕业后，他们便强迫巴尔扎克到巴黎的一所大学学习法律，并让巴尔扎克早早地去律师事务所实习。可是，巴尔扎克对法律这在当时又有名声又赚钱的专业并不感兴趣，他真正喜欢的是文学，他希望能用自己的笔描绘人世百态，鞭笞社会的丑恶现象。尤其是在律师事务所实习期间饱览了巴黎社会种种腐朽不堪的面貌后，他更加坚定了做一个文人的决心。

　　巴尔扎克的父母见儿子决心已定，也不好强行阻挡，便跟巴尔扎克签订了一份协议：必须在两年内成名，否则就要服从父母的安排，继续攻读法律。巴尔扎克的父母虽然表面上与儿子签订了协议，却对巴尔扎克的生活费用一扣再扣，让这位过惯了好日子的年轻人不得不放下架子，住到贫民窟的阁楼去。他们认为这样，巴尔扎克尝到苦头后，就会知难而退了。可是，巴尔扎克是一个意志坚定的人，他执着地追求着理想，他在半饥半饱的状态下夜以继日地创作。半年过后，巴尔扎克饱含心血和激情的处女作——诗体悲剧《克伦威尔》脱稿了，可是，上演后观众的全盘否定，给这位满怀期望的青年当头一击！

　　首战失利的巴尔扎克一边顶着家中的压力，一边承受着自尊心的敲打。另外，这时他想从印刷出版业中赚一笔钱的梦想也破灭了，而且还身负巨额债务。处在这样的关头，是退缩，还是坚持？巴尔扎克很快从困境中抬起头来，毅然在拿破仑像的立脚点写下了那句著名的座右铭：我要用笔完成他用剑未能完成的事业。

　　就这样，饱尝磨难的巴尔扎克凭借着坚忍不拔的斗志，踏上了严肃的、真正意义上的文学道路。从19世纪30年代到19世纪50年代这段时间里，巴尔扎克每天工作18个小时。贫穷、饥饿、债务、孤独一直围绕着他、纠缠着他，但这些全被他抛到九霄云外，他全身心地投入到写作中。随着一部部反映社会现实的气势恢宏的经典巨著的问世，巴尔扎克终于成为举世瞩目的伟大文学家。

巴尔扎克顽强的意志源于什么？源于对真理的认识和追求。

由巴尔扎克的事迹，我们可以看出意志与认知过程密切相关，意志的产生是以认知活动为前提的。

（1）意志的自觉目的性取决于认知活动。人的任何目的都不是凭空产生的，它是人认知活动的结果。人只有认识了客观世界的运行规律，认识了自身的需要和客观规律之间的关系，才能自觉地提出和确定切合实际的行动目的。

（2）意志过程的调节依赖于认知。在意志行动过程中，要随时认识形势的不断变化，分析主客观条件，根据新的认识调节自己的行动，以矫正偏差，加速意志行动的过程，以最终实现目的。

（3）实现目的的方法也只有通过认知活动才能形成。目的的实现，必须有一定的方式和方法以及有关步骤等才行，这些方法也只有在认知活动中才能掌握。人的认知越丰富越深入，选择的方式和方法也就越合理。人为了确定目的，为了选择方法和步骤，必须要依据相关的认识，从实际情况出发，拟订合理有效的活动方案，编制切实可行的行动计划，并对这一切进行反复的权衡和斟酌。

（4）困难的克服也与认知有关。人只有对困难的性质有了清楚的了解，并具备了相应的知识，才有可能采取相应的办法去克服它。如果对困难的性质没有清楚透彻的认知，头脑中没有相应的方案，人们对困难的克服只能是盲目的，因而也就很难收到应有的效果。

既然人的意志是在认知基础上产生的，所以在意志锻炼中，我们就理所当然地应以认知引导作为首先的基本方法。

我们应该怎样运用认知引导法来锻炼意志呢？

（1）增加自己的科学文化知识。人只有掌握知识、运用知识，才能认识客观规律，有效地影响客观世界，充分实现意志的能动作用，从而形成良好的意志品质。相反，愚昧无知的人，满足于现有的一丁点儿肤浅认识，他们看不到自己的责任与使命，没有上进的意识与动力，他们很容易安于现状，不思进取。

所以，我们应该多读书，认识世界，认识人生，增强才干，增强力量，成为意志坚强的人。要切记，人改造客观世界的能力，是与人对客观世界的认识程度成正比的。

（2）形成科学的世界观。世界观是人的认知活动的定向工具，是人的行为的最高调节器。用科学的世界观武装自己，是锻炼自己具有良好的意志品质的基本条件。因为只有树立科学的世界观，才能正确地确立自己的行动目的，并对思想和行为做出实事求是的正确评价，明辨是非、善恶和荣辱。只有树立起科学的世界观，才能具有高度的责任感和使命感，才能在行动中自觉地遵照社会的发展规律，激励自己强大的意志力，去做出有利于社会发展的事情来。

（3）掌握有关意志锻炼的专门知识。掌握专门的意志锻炼的知识，有助于引导自己积极主动地锻炼意志。

比如可以阅读一些人物传记，获得意志锻炼的感性知识，或是掌握意志力的相关理论知识。这些理性和感性的知识，都会提高我们意志锻炼的效果。

用情感激励意志力

情感是人对客观事物是否符合自己的需要而产生的态度体验。就是说，情感是由客观事物与我们需要的关系决定的。在活动中，人的需要得到满足，就产生肯定的情感，从而对人的行为产生激励作用。强烈而深刻的感情可以给人以巨大的意志力量，从而推动人去克服前路上的一切困难。

宋代大将军李卫，一次带兵杀赴疆场，不料自己的军队势单力薄，他们寡不敌众，被敌军围困在一座小山顶上。

李卫眼见大家士气低落，心想怎么作战呢？于是有一天，将军集合所有将士，在一座寺庙前面，告诉他们："各位部将，我们今天就要出阵了，究竟打胜仗还是败仗？我们请求神明帮我们做决定吧。我这里有9枚铜钱，把它们丢到地下，如果都是正面朝上，表示神明指示此战必定胜利；如果反面朝上，就表示这场战斗将会失败。"

听了这番话，部将与士兵虔诚祈祷磕头礼拜，求神明指示。

将军将铜钱朝空中丢掷，结果，所有铜钱都是正面朝上，大家一看非常欢喜振奋，认为是神明指示这场战斗必定胜利。

于是，每个士兵都士气高昂、信心十足，他们奋勇作战，果真突出重围，打了胜仗。班师回朝后，有部将就对李卫说，真感谢神明指示我们今天打了胜仗。这时李卫才据实以告："不必感谢神明，其实应该感谢这9枚铜钱。"他把身边的这9枚铜钱掏出来给部将看，才发现原来所有铜钱的两面都是正面。

在这场战斗中，聪明的将军巧妙地运用了铜钱来鼓舞战士们必胜的士气，靠着这股强大的激情，他们最终赢得了战斗的胜利。

应该怎样利用情感激励法来锻炼意志呢？

注意培养自己的高级情感需要

（1）培养理智感。理智感是人在智力活动过程中认识、探求或维护真理的需要是否获得满足，而产生的情感体验。这种情感在人的认知活动中有着巨大作用。没有这种理智感的参与，就不可能使认知得到深入。理智感是认知活动的强大动力，它激励人积极地从事各种智力活动，并激发出强大的意志力去克服活动中的困难。

（2）培养道德感。道德感是由道德生活的需要与道德观点是否得到满足而产生的内心体验。道德感从社会生活的各个方面表现出来。它表现在对待祖国、集体、人与人的关系上，也表现在工作、事业、学习等诸方面。杜甫云："会当凌绝顶，一览众山小。"说的就是一种远大的道德情感。古往今来，众多为人类做出重大贡献的英雄豪杰，在他们身上，无不凝聚着这些崇高的道德感。正是这些高尚炽烈的情感，推动他们为理想做出了艰苦卓绝的努力。

（3）培养美感。美感是由审美的需要是否获得满足而产生的情感体验。美感绝不是仅仅有助于人的艺术鉴赏，美感对人的社会生活及其社会行为也具有积极作用。

比如：爬山、游泳、打球，可以强健我们的筋骨，锻炼我们的意志；看戏、看电影、游览参观，可以活跃我们的精神，开阔我们的视野；吟诗、读书、绘画，可以丰富我们的知识，陶冶我们的情操；雄浑豪放的音乐，使人精神振奋，斗志昂扬，意气风发；轻松愉快的曲调，能使人心旷神怡；棋类活动、扑克游戏对人的智力、耐心、判断力的发展都有促进作用，等等。一个人的业余生活越丰富多彩，生活就越充实和愉快。喜悠悠、乐陶陶、美滋滋的愉快心境，常产生于自己所喜爱的业余活动之中。越是烦闷、困苦之时，越需要有益身心的健康情趣和娱乐。充满情趣的生活，能使我们更感到生活的美好，感到生活充满阳光，从而更加热爱生活，振奋斗志。革命导师马克思、恩格斯、列宁，在把毕生精力献给人类解放事业的同时，生活情趣也都是十分广泛而高雅的。他们都喜欢诗歌、小说，爱好下棋。马克思是一位跳棋能手，恩格斯则是一位高明的骑手，假日里经常骑马跨越壕沟和篱笆。列宁的国际象棋棋艺能与名家对弈。那些在科学上有重大建树的伟大科学家们，也并非整天埋在书堆里。爱因斯坦爱好拉小提琴，喜欢划船。居里夫人爱好旅行、游泳、骑自行车。巴甫洛夫喜欢读小说、集邮、画画、种花。我国科学家钱三强喜欢读古典文学、唱歌、打乒乓球和篮球。苏步青爱好写诗，喜欢音乐、戏曲和欣赏舞蹈。华罗庚喜欢写诗填词，等等。充满美感的业余生活，不仅不会瓦解人的斗志，相反，能够活跃人们的情绪，调节神经系统，使人的精力更充沛，性格更健康而坚强，因而，对于人生是十分有利的。

从情感的两极性来激发意志力

情感的一个基本性质是它的两极性,如满意与不满、快乐与痛苦、狂欢与盛怒等,一面是肯定的态度体验,一面是否定的态度体验,这就是两极性。从意志的激发来说,两极的情感即肯定的情感与否定的情感,都能具有激励作用。

公元前494年,吴王夫差为给父亲报仇,亲自带领人马攻打越国。越国连吃败仗,抵挡不住,遂向吴王求和,答应向吴国称臣。勾践夫妇留在吴国伺候吴王,为吴王当马夫,忍辱负重,委曲求全,终使吴王放他回国。回国后,越王立志报仇雪恨,睡在柴草上。为了磨炼自己的意志,他在身边放一苦胆,每天尝一口。在他的感召下,众大臣励精图治,使越国很快富强起来,终于灭了吴国。

首先,肯定的情感可以起"增力"作用。如自信会使人精神焕发,干劲倍增,也就增强了克服困难的勇气和力量。其次,否定的情感有时也具有"增力"作用。如不满、愤怒、痛苦等,常常极大地激发出人的力量,促使人不畏艰险,不惧困难,奋发图强。因此,我们尤其应注意通过情感两极的体验来激发意志力量。

注意提高情感的效能

我们已经明确,人类的情感是有其效能的。但是,这并不是说任何人的任何一种具体情感体验,都有实际的足够效能。不同情感的效能有高低差别。高效能的情感体验,可以激励人的行动,鼓舞士气,增强信心,排除困难,给人一种动力;低效能的情感体验,往往只是陶醉或沉溺其中,不能把情感转化为行动的力量,没有激励作用。比如郁郁寡欢、灰心丧气就是低效能的情感体验,并不能对意志行动有推动作用。因此,应克服消极情感,学会由情感走向行动,使情感具有激励作用。

为了在自己的内心激发出一种积极向上的情感,你可以运用自我沟通的力量。

一旦你开始从事一件事情时,你就不妨对自己说:"现在,我做这件事是最恰当不过了，我必定会取得成功。"你在自我沟通时要不断地对自己说一些催人奋发、鼓舞人心，使人勇敢、坚毅起来的话语，这样，你就会惊异地发现，这种自我沟通会迅速地使你重新鼓起勇气，使你重新振作起来，使你重新拾起已经丢掉的意志力。

借用榜样督促自我

苏霍姆林斯基曾说过："世界是通过形象进入人的意识的。"榜样教育正是通过榜样的言论、行为、活动和事迹，把抽象的道德规范具体化、人格化，使受教育者看得见、摸得着、学得了。

榜样是无声的力量，是活的教科书，它具有生动、形象、具体的特点，其身上所体现出的好习惯是实实在在的。榜样具有很强的自律性，他们的美德既不是先天的，也不是在某种机遇中偶然形成的，而是在长期的社会实践中，通过自我修养、自我严格要求而锻炼出来的。他们的言行，往往亲切感人，很容易激起学习者思想感情上的共鸣，有较大的号召力，促使人们自觉地按榜样那样调节自己的言行，抵制外界不良诱因的干扰，坚持实践品德行为。可以说"先进人物本身就是一部催人奋进的教科书"，具有很强的说服力。

比尔小时候，一有机会就到湖中小岛上他家那小木屋旁钓鱼。

一天，他跟父亲在薄暮时去垂钓，他在鱼钩上挂上鱼饵，用卷轴钓鱼竿放钓。

鱼饵划破水面，在夕阳照射下，水面泛起一圈圈涟漪，随着月亮在湖面升起，涟漪化作波光粼粼。

渔竿弯折成弧形时，他知道一定是有大家伙上钩了。他父亲投以赞赏的目光，看着儿子戏弄那条鱼。

终于，他小心翼翼地把那条精疲力竭的鱼拖出水面。那是条他从未见过的大鲈鱼！

趁着月色，父子俩望着那条煞是神气漂亮的大鱼。它的腮不断张合。父亲看看手表，是晚上10点——离钓鲈鱼季节的时间还有两小时。

"孩子，你必须把这条鱼放掉。"他说。

"为什么？"儿子很不情愿地大嚷起来。

"还会有别的鱼的。"父亲说。

"但不会有这么大的。"儿子又嚷道。

他朝湖的四周看看，月光下没有渔舟，也没有钓客。他再望望父亲。

虽然没有人见到他们，也不可能有人知道这条鱼是什么时候钓到的。但儿子从父亲斩钉截铁的口气中知道，这个决定丝毫没有商量的余地。他只好慢吞吞地从大鲈鱼的唇上取出鱼钩，把鱼放进水中。

那鱼摆动着强劲有力的身子没入水里。小男孩心想：我这辈子休想再见到这么大的鱼了。

那是34年前的事。今天，比尔先生已成为一名卓有成就的建筑师。

果然不出所料，那次以后，他再也没钓到过像他几十年前那个晚上钓到的那么棒的大鱼了。可是，每当他想要放弃自己的原则的时候，他就会想起那天晚上，想起父亲坚决地让他放走的那条大鱼，他便有了坚守正义的力量。

榜样可以像一面镜子那样促使受教育者经常对照自己、检查自己，引起自愧和内疚，从而自觉地克服缺点，矫正自己的不良言行。

正因为榜样在家庭教育中具有如此重要的意义，所以从古至今的教育家无不对榜样示范法予以高度的重视。孔子在教育过程中就经常以尧、舜、管仲和周公等作为学生的榜样，要求学生"见贤思齐焉，见不贤而内自省也"。荀子也提出过"学莫便乎近其人"的主张。

面对榜样，我们可以采用"内省法"，剖析审视自己的言行，从而督促自己像榜样那样，保持顽强的意志力。

所谓"内省"，用今天的眼光来看，就是通过内心的自我检查、自我分析、自我解剖，用"旁观者"的眼光批判地看待和审视自己，找出自己的缺点，并且决心改正缺点。鲁迅说过："我的确时时解剖别人，然而更多的是更无情地解剖我自己。"这种自我解剖的办法就是一种内省的办法。

要在内心深处形成顽强的意志力，并非一件易事。这需要同自己心灵深处种种负面的念头进行顽强的斗争。罗曼·罗兰在他的《约翰·克利斯朵夫》中写道："人生是一场无休、无歇、无情的战斗，凡是要做个够得上称为人的人，都得时时刻刻同无形的敌人作战：本能中那些致人死命的力量，乱人心意的欲望，暧昧的念头，使你堕落、使你自行毁灭的念头，都是这一类的顽敌。"

对待这样的敌人，必须在心灵之中加以驱除。你在自己的内心设立一个"法庭"，自己充当着严格无情的"审判官"，与意志力的敌人作斗争。

当你体内的正面意念战胜了负面意念，并付诸持久坚定的行动时，你的意志力就会越来越强大了。

在实践活动中锻炼意志力

美国著名小说家杰克·伦敦，在谈到自己的成功经历时说："意志不是与生俱来的，而是在参与实践的斗争中磨炼出来。"

的确如此，人们的优良意志品质并不是主观上想要就能自然产生的，也不是闭门修养的方法所能奏效的，主要是靠在实践中培养。为了学会游泳，就必须下到水里去。为了培养良好的意志力，你就得置身于需要并能产生这种意志品质的实践之中。

我国学者自古就对实际锻炼给予了充分的重视。孔子特别重视"躬行"，主张凡事要躬行。荀子说："学至于行之而止矣。"墨子说："士虽有学而行为本焉。"朱熹更强调实践"洒扫、应对、进退之节"，认为实践是"爱亲、敬长、隆师、亲友之道"，是"修身、齐家、治国、平天下之本"。古代人讲究道德教育要"入乎耳，著乎心，布乎四体，形乎动静"。孟子有段名言："天将降大任于斯人也，必先苦其心志，劳其筋骨，饿其体肤，空乏其身，行拂乱其所为，所以动心忍性，增益其所不能。"这段话的大意是：要想让一个人挑起重担，必须让身心和意志受到磨难，让他的筋骨受些劳累，让他的肠胃挨些饥饿，让他的身体空虚困乏起来，让他做的事不能轻易达到目的，这是为了激励他的意志，磨炼他的耐性，增强他的各种能力。总之，就是让人们在艰苦磨炼的实践中培养艰苦奋斗、自强不息的精神和担当重任的本领。墨家也很重视实际锻炼，鼓励人在实践中磨炼自强不息的精神，墨子说："强必荣，不强必辱；强必富，不强必穷；强必饱，不强必饥……"

可见我国古代就有让孩子在实践中磨炼成才的传统。中华民族历来唾弃养尊处优、肩不能担、手不能提的"纨绔子弟"，鄙视生平无大志、碌碌无为的庸人。

通常说来，一个人的经历越是充满风浪，越能锻炼意志品质。平静的生活是使人安心的，但可惜的是，一潭死水的生活只是培养没出息者的温床，只能塑造出软弱、平庸之辈。在生活中，经历过大风大浪的磨炼，或在改革中经受了惊涛骇浪考验的人，意志往往是坚强的。而在生活中没有干什么大事业、没有经历过风浪考验的人，则常常表现得脆弱和软弱，遇到一点不大的挫折也能使他惊慌失措。波澜壮阔的伟大人生，要靠波澜壮阔的伟大实践来塑造。坚强无畏的意志，只会产生于久经生活磨炼和考验的那些人身上。

如果你要想培养自己坚毅果敢的意志力，你应该尽可能多让自己参与实践活动，无论是学习，做家务，还是社会活动，都可以磨炼你的意志。

不过，无论是在哪一种实际活动中磨炼意志，我们都应注意以下几点：

（1）明确恰当的要求。也就是要明确意志锻炼的目标，以激发锻炼的积极性。给自己提出的要求：一是应当合理；二是应当简短；三是应当坚决；四是应当有系统性和连贯性，呈渐进的阶梯式。这样可以推动自己步步向前。

（2）把握好任务的难度。太容易的活动没有锻炼意志的意义，太困难的活动也会挫伤意志锻炼的积极性。所谓把握好难度，就是说需要完成的任务，应该既是困难的，又是力所能及的。

（3）尽量自主解决困难。在活动中遇到困难时，可以接受帮助和指导，但不要让别人代替自己克服困难。

（4）了解活动的结果。心理学的研究告诉我们，在练习活动中，是否知道练习过程中每一步的结果，最后的效果是不一样的。知道结果的效果好。所以，我们的意志锻炼活动中，应该了解每次锻炼活动的结果，这有助于增强锻炼的自觉性和积极性，提高意志锻炼的效果。

（5）利用活动的群体效应。意志锻炼的各种活动，可以群体方式进行，在群体中，相互作用会影响活动者的意志力。

消除不良的意志力

如果一个人没有良好的意志品质，没有战胜不良意志力的决心，并在以后的生活中一以贯之的话，那么，这个人的内心，他周围的环境以及他的将来都会发生巨大的变化。

有时意志也与身体的其他器官一样会出现病态。意志之所以会染疾病，其原因在于人的身上出现了一些"不安定的因素"，或者是人经不住"安逸生活的诱惑。"产生这种现象的原因，既可能是身体方面的，也可能是精神或道德方面的。

对于意志力的疾病，我们可以这样描述："或多或少，甚至永久性的行为反常。"这不仅适用于一个人，而且也适用于正常情况下一个健全人的天性。一个人的意志力如果出现问题，那么他本来正常的个人活动也会发生紊乱。

下面我们了解一下常见的意志力薄弱的7种表现及克服方法。

大脑活动不受自己意志的支配

比如陷入梦幻当中，常常不由自主地想入非非等。全部大脑活动都高度集中在自己的臆想中，无法把自己的思绪转移到能够纠正自己臆想的现实中来。

治愈方法：通过保持健康、充实的生活，有意识地去实现每个计划。

三心二意，见异思迁

有些人在做事情时没有表现出丝毫的耐心，不能坐下来勤勤恳恳地工作一段时间，而总是从一种想法变到另一种想法，因为一时兴起或偶然的念头而放弃眼前的工作，不管这些想法是重大的计划还是偶然的小事。他们在自己的一生中从来没有固定的、始终如一的目标。

马克·吐温是举世皆知的美国著名作家，在他的作品中渗透着作家智慧的光芒，他的艺术人生无疑是成功的。

但马克·吐温也曾经有过失意的时候，当他看见出版商们由于出版发行了他的大量作品而赚了大钱时，他的心中很不平衡，心里总是想，为什么要将自己的作品交给别人，让别人去赚钱，这些钱我也可以赚。于是，他便开办了一家出版公司，当他涉足出版业时，他才恍然觉醒，原来商业与创作是截然不同的两回事。不久，他的公司便身陷困境，倒闭关门，接踵而来的则是债务危机，这笔债务直到1898年他才还清。

在此之前，他还曾投资开发过打字机，结果损失了5万美元。经过这一次之后，他彻底醒悟，原来这些都不是自己的长处，自己最适合的还是写作，他终于找对了自己的路。

当阳光洒落在我们身上时，我们只会感到温暖；而当它穿过凸透镜迎面而来时，却变得犀利不可逼视。一个用心不专的人往往一事无成；而当一个人把他所有的精力凝缩成一点时，他会成为一把所向披靡的利刃，战无不胜。

治愈方法：人的思想是了不起的，只要专注于某一项事业，就一定会做出连自己也感到吃惊的成绩。再脆弱的人，只要把全部精力集中倾注在唯一的目标上，必能有所成就。生活中最明智的事情是精神集中，最坏的事情就是精神涣散，用心不专是生活的大忌，一事无成常常就是用心不专的恶果。

优柔寡断

优柔寡断的毛病在许多人的血液中流淌，他们不敢决定种种事件，因为他们不知道，这决定的结果究竟是好是坏，是吉是凶。他们害怕，要是今天决定这样，或许明天会发现这个决定的错误，会后悔不及。这些习惯于犹豫的人，对于自己完全失却自信，所以在比较重要的事件面前，他们总没有办法决断。有些人本领很强，人格很好，但是因为有了寡断的习惯，他们一生也就给荒度了。

治愈方法：假使你有着优柔寡断的习惯或倾向，你应该立刻奋起消灭这个恶魔，因为它是足以破坏你的种种生命机会的。假使事件当前，需要你的决定，则你当在今天决定，不要留到明天。

在你要决定某一件事情以前，你固然应该将那件事情的各方面都顾及到；你固然应该将那件事郑重考虑；在下断语以前，你固然应该运用你的全部经验与理智为你指导。但是一经决定之后，你就应当让那个决定成为最后的，不应再有所顾忌，不应重新考虑。

练习敏捷、坚毅的决断，而成为一种习惯，你就会受益无穷。那时，你不但对你自己有自信，而且也能得到他人的信任。在起先，你的决断虽不免有错误；但是你从此中得到的经验和益处，足以补偿你蒙受的损失。

游移动摇的意愿

过去生活中有不胜枚举的失败例子，并且大多都是由于意志力的缺乏引起的。因为缺乏感情、欲望、想象力、记忆力或者分析能力而造成的意志力薄弱，在生活中司空见惯，但精力充沛的人往往不会犯这样的毛病。

治愈方法：不要让疑虑不安阻挡了你的努力，不要让它在起点就麻痹了你，使你不敢努力向前，甚至使你成为行动上的侏儒。让勇敢的自信伴随着你，把懦弱的怀疑赶走。

不要害怕承担责任。要立下决心，你一定可以承担任何正常职业生涯中的责任，你一定可以比前人完成得更出色。世界上最愚蠢的事情就是推卸眼前的责任，认为等到以后准备好了、条件成熟了再去承担才好。在需要你承担重大责任的时候，马上就去承担它，就是最好的准备。如果不习惯这样去做，即便等到条件具备之时，我们也不可能承担起重大的责任，不可能做好任何重要的事情。

固执

固执是指坚定的意志力其程度超过理智的界限。固执的人总是觉得自己对于眼前事务的看法是对的。他的弱点在于无法接受重新考虑的行为。他之所以这样专断，是因为他没有看到自己有必要进行进一步的研究或调查，而不是因为这个人本身有多么顽固。他认为，问题都已经解决完了，并且解决得非常好，他对自己太过自信了。

治愈方法：更多地重视别人的意见，认真细致地权衡利弊，发现自己的不足；一定要克服自己的骄傲情绪，向真正的智慧和事实的真相低头认输。

一意孤行

"一意孤行"既没有耐心，又没有理智或恻隐之心，它使人不顾一切地置身于某一行动当中，把别人的警告当耳边风，也完全不理会自己心底隐隐约约的疑惑和担心。冥顽不化，无所顾忌——这是意志力被自己狂热的欲望吞噬时的表现。

治愈方法：有意识地培养自己谦恭的习惯；经常回想过去的经验；一定要注意听取别人的劝告；深入地思考自己内心深处的信念；长期缓慢而细致入微地注意分析反对意见和反对的理由。

缺乏坚持不懈的精神

缺乏坚持不懈的执着精神，是因为在特定的某个方向，意志力似乎已经消耗殆尽，它就像过度劳累的肌肉，再也不能激发自己兴致勃勃的去采取行动。

治愈方法：尽可能地搜寻所有能够使你重新满怀热忱地投入工作的新动机，发现工作中的新乐趣，激励你的意志力重新发挥作用，说服自己坚持

第三节

驱动意志力的能量来自哪里

一生的成败，全系于意志力的强弱。具有坚强意志力的人，遇到任何艰难障碍，都能克服困难，消除障碍。但意志薄弱的人，一遇到挫折，便思求退缩，最终归于失败。实际生活中有许多青年，他们很希望上进，但是意志薄弱，没有坚强的决心，没有破釜沉舟的信念，一遇挫折，立即后退，所以终遭失败。

有意识地优化你的意志品质

人的意志力有着极大的力量，它能克服一切困难，不论所经历的时间有多长，付出的代价有多大，无坚不摧的意志力终将帮助人们到达成功的彼岸。

意志品质的基本内涵

意志品质，就是人在意志行动中表现出来的较为稳定鲜明的心理特征。我们平时说的"意志坚强""意志薄弱"，固然是就意志品质而言的，但这种区分过于笼统，没有揭示出意志品质的具体内涵。在心理学上一般认为，所谓"坚强"的意志品质，包括自觉性、果断性、自制性、坚持性等，而"薄弱"的意志品质，就是与上面几种相反的一些品质。

一个人，尤其是青年人，能否成才，与其意志品质有密切关系。独立、坚定、果断、自制是构成一个人的意志品质的四个基本因素。意志品质不是天生的，主要是靠后天的培养教育。良好的意志品质所折射的迷人的光辉不能不令我们深切地向往。下面，就让我们来进一步认识它们。

独立性

独立性是指个体倾向于独立自主地做出决定和采取行动，既不易受外界环境的影响，也不拒绝一切有益的意见和建议，在思想和行动上表现出既有原则性又有灵活性。

独立性强的人通常具有明确的行动目的，有坚定的立场和信仰，并以此来统率自己的言行。因此，独立性强的人一旦认识了自己行为的价值和社会意义，就能够自觉地使自己的行动服从于社会的要求，积极地采取行动，即使是在行动过程中碰到巨大的困难和阻碍，他们也会充分发挥自己的主观能动性，千方百计地去克服困难。但丁的名言："走自己的路，让别人去说吧！"就是对独立性这一意志品质的生动写照。

成功始于觉醒。这个觉醒就是确立自信自强意识，即认识到自己一定要成功，一定能成功。"慷慨丈夫志，可以耀锋芒。"（唐·孟郊诗句）这个志，就是自立和自强。刚毅似铁的信念，贞如翠柏的情操，坚如磐石的意志，硬如松竹的骨气，是自信自强者特有的风貌。

"自立者，天助也"，这是一条屡试不爽的格言，它早已在漫长的人类历史进程中被无数人的经验所证实。自立的精神是个人真正的发展与进步的动力和根源，它体现在众多的生活领域，成为国家兴旺强大的真正源泉。从效果上看，外在帮助只会使受助者走向衰弱，而自强自立则使自救者兴旺发达。

果断性

人们善于明辨是非，适时采取决定并执行决定，称为意志的果断性。一个具有真正的果断性的人，当客观情况需要立即做出决定时，他会毫不犹豫，及时采取果断措施，这是一种情况。另一种情况是，当客观情况需要延缓决定时，他又会深思熟虑，直到客观情况成熟时才采取相应的措施。

一个缺乏果断性的人，他在采取决定时，不是优柔寡断，就是草率从事。优柔寡断者，往往患得患失，踌躇不前；草率从事者，必然懒于思考，轻举妄动。很明显，这两种不良的意志品质，实际上都是意志薄弱的表现。

具有果断性品质的人能够对面临的情境迅速而准确地做出把握，进行全面而深刻地考虑，并当机立断地做出决策、投入行动；在情况发生意料中的或意料之外的变化时，又能够果敢地停止或改变决定以适应变化。由此可见，意志品质的果断性是以独立性为前提的，并具有较大的灵活性。人云亦云的人或者刚愎自用的人是无果断性可言的。

意志果断的人不贪心，不羡慕别人的成就，他会按自己的意志独立、迅速、准确地决策。他因为追求的目标单一，所以精力旺盛，一干到底。这样的人处事当断必断、敢作敢为，即使遇到突发事件，也能保持头脑冷静，正确处理。

威廉·沃特说："如果一个人永远徘徊于两件事之间，对自己先做哪一件犹豫不决，他将会一件事情都做不成。如果一个人原本做了决定，但在听到自己朋友的反对意见时犹豫动摇、举棋不定，那么，这样的人肯定是个性软弱、没有主见的人，他在任何事情上都只能是一无所成，无论是举足轻重的大事，还是微不足道的小事，概莫能外。他不是在一切事情上积极进取，而是宁愿在原地踏步，或者说干脆是倒退。古罗马诗人卢坎描写了一种具有恺撒式坚忍不拔精神的人，实际上，也只有这种人才能获得最后的成功——这种人首先会聪明地请教别人，与别人进行商议，然后果断地决策，再以毫不妥协的勇气来执行他的决策和意志，他从来不会被那些使得小人物们愁眉苦脸、望而却步的困难所吓倒——这样的人在任何一个行列里都会出类拔萃、鹤立鸡群。"

我们每个人在自己的一生中，有着种种的憧憬、种种的理想、种种的计划，如果我们能够将这一切的憧憬、理想与计划，迅速地加以执行，那么我们在事业上的成就不知道会有怎样的伟大。然而，人们往往有了好的计划后，不去迅速地执行，而是一味地拖延，以致让一开始充满热情的事情冷淡下去，使热情逐渐消失，使计划最后破灭。成功也就这样与我们失之交臂。

自制性

自制性是指人们在行动中善于控制自己的情绪，约束自己的言行。

它表现在意志行动的全过程中。在采取决定时，自制力表现为能够进行周密的思考，做出合理的决策，不为环境中各种诱因所左右；在执行决定时，则表现为克服各种内外的干扰，把决定贯彻执行到底。自制力还表现为对自己的情绪状态的调节，例如，在必要时能抑制激情、暴怒、愤慨、失望等。

与自制力相对立的意志品质是任性和怯懦。前者不能约束自己的行动；后者在行动时畏缩不前、惊慌失措。这都是意志薄弱的表现。

自我控制的能力是高贵品格的主要特征之一。能镇定且平静地注视一个人的眼睛，甚至在极端恼怒的情况下也不会有一丁点儿的脾气，这会让人产生一种其他东西所无法给予的力量。人们会感觉到，你总是自己的主人，你随时随地都能控制自己的思想和行动，这会给你品格的全面塑造带来一种尊严感和力量感，这种东西有助于品格的全面完善，而这是其他任何事物都做不到的。

坚定性

坚定性也叫顽强性。它表现为长时间坚信自己决定的合理性，并坚持不懈地为执行决定而努力。具有坚定性的人，能在困难面前不退缩，在压力面前不屈服，在引诱面前不动摇。所谓"富贵不能淫，贫贱不能移，威武不能屈"就是意志坚定的表现。这种人具有明确的行动方向，并且能坚定不移地朝着这个方向前进。

坚定性不同于执拗。后者以行动的盲目性为特征。执拗的人不能正视现实，不能根据已经发生变化的形势灵活地采取对策，也不能放弃那些明显不合理的决定。坚定性是和独立性相联系的，具有独立性的人不易为环境的因素所动摇；而执拗是和武断、受暗示相联系的。

意志上的坚韧性能够创造许多伟大的奇迹。它绝不后退，从不放弃，在其他能力都已屈服败走的时候，它还坚持着。甚至连"希望"都已离开战场时，它还能助你打许多胜仗。

在别人都已停止前进时，你仍然坚持；在别人都已失望而放弃时，你仍然进行，这是需要相当大的勇气的。使你得到比别人更理想的位置、更高的薪资，使你做到人上人的，正是这种忍耐的能力，它是一种不以喜怒好恶改变行动的能力。

金钱、职位和权势，都无法与卓越的精神力量和坚韧的品质相比较。

不管你的工作是什么，都要以一种顽强的决心坚持下去。咬紧牙关，对自己说："我能行。"让"坚持目标、矢志不渝"成为你的座右铭。当你内心听到这句话时，就会像战马听到军号一样有效。

"坚持下去，直到结果的出现。"卡莱尔说，"在所有的战斗中，如果你坚持下去，每一个战士都能靠着他的坚持而获得成功。从总体上来说，坚持和力量完全是一回事。"

每一点进步都来之不易，任何伟大的成就也都不是唾手可得的。许多著名作家的一生，就是坚定执着、顽强拼搏的一生。对于想成就一番大事的人来说，执着是最好的助推器。谁能不停止一次又一次地尝试，谁就能一次又一次地靠向成功。

良好意志品质促进成功

良好的意志品质对于人生有重大的作用，许多人之所以创造了辉煌的人生，正是由于他们具备了良好的意志品质。

古希腊的众多奴隶制国家中有一个叫作斯巴达的国家，斯巴达人在公元前8世纪只有9000户左右，却统治着被他们征服的25万多人的其他民族。

由于斯巴达人的残酷剥削和压迫，经常引起奴隶们的武装起义，这使斯巴达人一直过着备战的生活，并注重将自己的子女培养成能够奴役被征服者的武士。孩子生下来以后就要经受肉体的折磨，忍受饥渴、寒冷和痛楚的考验，以培养出应对艰难险阻的意志力。大冷天，他们让孩子在房顶上站立，经受凛冽的寒风的袭击；在炎日下，孩子则被要求相互追逐和格斗。斯巴达的孩子赤足行走，隆冬盛夏都只准穿同一件单薄的衣服，晚上则睡在由自己从河边拔来的芦苇上，吃的食物除了稀粥以外，别无他物。此外，孩子还经常遭受残酷的鞭挞，并且不准他因为疼痛而呼叫或哭泣。

斯巴达人以这种方式教养自己的孩子，为的是磨炼孩子的意志，使孩子从小就变得像钢铁一般坚强。这在当时，出于维护奴隶主的利益，这种教育方式是卓有成效的，造就了一大批吃苦耐劳、能征善战的武士。

由于良好的意志品质对个人的成功励志有很大作用，所以，中外心理学家们在鉴别天才儿童的标准中，意志品质占有重要位置。我国心理学家查子秀在《超常儿童心理学》一书中，介绍了一份结合我国学龄阶段超常儿童表现特点，编制而成的《超常儿童心理特点核查表》，供教师和家长识别超常儿童时参考。表中共列15条特点，其中，第3条是：注意力既广又比较集中，特别是对感兴趣的事物能保持比较长时间的集中注意力；第12条是：爱独立思考，独立判断，有主见，有时能发现书本中的矛盾；第13条是：有理想，有抱负，并能根据自己的优势或兴趣确定自学或研究课题；第14条是：有自信心，能比较正确地分析自己的情况和能力，并进行自我调节；第15条是：比较倔强，能排除干扰，克服困难，坚持完成任务。直接反映意志品质的标准，竟占15个标准的1/3。国外心理学家劳库克，在1957年曾设计了一个《天才儿童核记表》，建议教师用这个表来甄别天才儿童。在这个表中，他共列了20个指标，其中，第5个指标是：注意力范围很广且能集中，能坚持解决问题和具有追求的兴趣；第7个指标是：具备独立而有效的能力；第11个指标是：在智力活动上表现出首创精神和独创性。

这些指标都与意志品质有关。由这两份鉴别标准，我们可以看出意志品质对成功起着巨大的作用。

意志的基本品质是相互联系综合地表现在一个人身上的。比如说，如果没有果断性，就做不了决定，也就谈不上坚韧性；如果没有独立性，就不能明确地认识自己的行动目的，因而就无所坚持；如果没有自制性，就不能使自己的行动的主要目的压倒其他动机，当然也无法坚持。

另外，意志品质的发展是相互交错的。各方面的意志品质在一个人身上的发展，往往是不均衡、不一致的。比如，这个人的某些意志品质如独立性、坚韧性发展水平高些，而另一些意志品质如自制性、果断性发展水平却低些；而另外一个人则可能正好相反。

正因为人的意志品质的发展是相互联系又相互交错的，也就使人们的意志品质出现了种种差异，使人们的意志品质呈现出千差万别的个体风貌。虽然人的意志品质的个体风貌是千差万别的，但大致上不外两种倾向：一种是以积极的良好品质为基本倾向；一种是以消极的不良意志品质为基本倾向。这就是我们平常说的有的人意志坚强，有的人意志薄弱。

如果一个人的意志品质的表现在他身上呈现了稳定发展的特点，那么，这种意志品质的个人特点，就构成了他的性格的意志特征。这样，人的意志品质就对其一生的发展，在某种程度上有了决定意义。如果一个人以消极的不良意志品质为基本倾向，那么，他的人生多是失败的；如果一个人以积极的、良好的意志品质为基本倾向，那么，他的人生则多是成功的。

追求成功是一种有目的、有计划地克服困难的意志行动，人具备了良好的意志品质，就会有更大的成功概率。一个人的独立性越高，他所选择的事业就越有社会价值。加强独立性有助于坚持己见、自立自强，从而发挥人的智力因素和非智力因素的作用。果断性强的人能够审时度势把握机会，当机立断。具有果断意志的人，能够成人所不敢成之事，有张有弛，有作有为。成功之路往往是一条艰难之路，具有自制性和坚持性的人，才能不畏挫折，不怕失败，抵御各种诱惑和干扰，不屈不挠，坚持到底，从而实现人生的价值，获得成功的人生。

那么，良好的意志品质，究竟是通过什么途径来帮助我们获得成功的呢？

（1）良好的意志品质能从态度上提高人活动的积极性。具有良好意志品质的人，能深刻地认识自己学习和工作的目的，积极主动地行动，不需要别人督促。相反，意志品质不良的人，往往对学习和工作目的不明确，常常要在别人督促下才肯行动，他们行事过于被动，因此缺乏创造性和持久性。他们遇事敷衍了事，自然难以尽如人意。

（2）良好的意志品质能从效果上提高时间的利用率。具有良好意志品质的人，往往能克服生活中各种各样的干扰，更有效地利用时间，坚持执行既定的计划，克服懒惰松懈等不良习惯和消极情绪，积极主动地进行学习和工作。而意志品质不良的人，则往往得过且过、随波逐流，让大好时光白白浪费掉。

（3）良好的意志品质能从内容上保证活动的一贯性。一个人要想在学习和工作上取得一点成就，往往不是一朝一夕能办到的，必须持之以恒。具有良好意志品质的人，能按部就班、循序渐进地把自己的活动目的一以贯之。而意志品质不良的人往往朝三暮四、浮游摇摆，做事往往半途而废，结果必然一事无成。

既然良好的意志品质对我们人生有如此重要的影响，我们又怎能不努力让自己拥有良好的意志品质呢？

培养自我的独立性

善于驾驭自我命运的人，是最幸福的人。在生活的道路上，必须善于做出抉择：不要总是让别人推着走，不要总是听凭他人的摆布，而要善于驾驭自己的命运，调控自己的情感，做自我的主宰，做命运的主人。

独立自主方可做生活的主角

"在我的生活中，我就是主角。"这是台湾作家三毛的自信之言。

你是你命运的主人，你是你灵魂的舵手。

生命当自主，一个永远受制于人，被人或物"奴役"的人，绝享受不到创造之果的甘甜。人的发现和创造，需要一种坦然的、平静的、自由自在的心理状态。自主是创新的激素、催化剂。人生的悲哀，莫过于别人在替自己选择，这样，即成了别人操纵的机器，而失去自我。

人生一世，草生一秋。活就要活出个精彩，留也要留下个良迹。

我们要做生活的主角，不要将自己看作是生活的配角。要做生活的编导、主角，而不要让自己成为一个生活的观众。

我们要做自己命运的主宰。心理学家布伯曾用一则犹太牧师的故事阐述一个观点：凡失败者，皆不知自己为何；凡成功者，皆能非常清晰地认识他自己。失败者是一个无法对情境做出确定反应的人；而成功者，在人们眼中，必是一个确定可靠、值得信任、敏锐而实在的人。

成功者总是自主性极强的人，他总是自己担负起生命的责任，而绝不会让别人虚妄地驾驭自己。他们懂得必须坚持原则，同时也要有灵活运转的策略。他们善于把握时机，摸准"气候"，适时适度、有理有节。如有时需要"该出手时就出手"，积极奋进，有时则需收敛锋芒握紧拳头，静观事态；有时需要针锋相对，有时又需要互助友爱；有时需要融入群体，有时又需要潜心独处。人生中，有许多既对立又统一的东西，能辩证待之，方能取得人生的主动权。

善于驾驭自我命运的人，是最幸福的人。在生活道路上，必须善于做出抉择：不要总是让别人推着走，不要总是听凭他人摆布，而要勇于驾驭自己的命运，调控自己的情感，做自我的主宰，做命运的主人。

自主的人，能傲立于世，能力挫群雄，能开拓自己的天地，得到他人的认同。勇于驾驭自己的命运，学会控制自己，规范自己的情感，善于布局好自己的精力，自主地对待求学、就业、择友，这是成功的要义。要克服依赖性，不要总是任人摆布自己的命运，让别人推着前行。

走出自己的道路

如果你充分相信自己，你就具备了从事任何活动的信心与能力。只有你敢于探索那些陌生的领域，才可能体验到人生的各种乐趣。想想那些被称为"天才"的名人，那些生活中颇有作为的人，那些在政界和商界颇有影响力的人物，他们都具有一个共同的特性：从不回避未知事物。例如，富兰克林、贝多芬、萧伯纳、丘吉尔以及许多其他伟人，他们都是敢于探索未知的先驱者。与你一样，他们也都是普通的人，只不过是他们敢于走他人不敢走的路。

小泽征尔是世界著名交响音乐指挥家。在一次欧洲指挥大赛的决赛中，小泽征尔按照评委给他的乐谱指挥乐队演奏。指挥中，他发现有不和谐的地方。他以为是乐队演奏错了，就停下来重新指挥演奏。但还是不行，"是不是乐谱错了？"小泽征尔问评委们。在场的评委们都口气坚定地说乐谱没问题，"不和谐"是他的错觉。小泽征尔思考了一会儿，突然大吼一声："不，一定是乐谱错了！"话音刚落，评委们立刻报以热烈的掌声。原来，这是评委们精心设计的"圈套"。前两位参赛者虽然也发现了问题，但在遭到权威的否定后就不再坚持自己的判断，终遭淘汰。而小泽征尔不盲从权威，"认真"了，就不怕别人，哪怕是权威，他最终摘取了这次大赛的桂冠。

还有一个类似的故事：

在一家医院，一位大夫在给病人做完手术后，对在一旁第一次做助手的护士说："我们一共在患者体内放了11块棉球，都取出来了吧？"年轻的护士回答:"大夫,是12块棉球,还有一块没有取出来。"大夫生气地说:"我记得很清楚,是11块,不会错的。"护士低头又仔细数了数手中盘子里的棉球,然后抬起头,说:"大夫,是12块,还少1块。"这时大夫笑了,他挪开了脚,让护士看——地上有一块棉球,刚才他故意藏在了脚下。

也许你一直认为自己非常脆弱,经不起摔打,如果涉足一个完全陌生的领域,就会碰得头破血流,这是一种荒谬的观点,也是你对自己不具信心的表现。当你身处逆境时,你可以依靠自己战胜困难;当你遇到陌生事物、身处陌生环境时,你不会经不起考验,更不会一蹶不振。相反,如果消除生活中的一些单调的常规,倒会减少你精神崩溃、厌倦生活的可能。对生活感到厌倦,这会削弱一个人的意志并产生一种不健康的心理影响。一旦对生活失去了兴趣,你就可能首先在精神上垮掉。然而,如果你不断给自己的生活寻找一些未知的因素,你的生活就增添了许多色彩,你也会变得更加充实、上进。

"人生之路千万条,条条大道通罗马。"要走向成功,不妨大胆地多方位搜寻探索,不因恐惧失败而灰心丧志,也不因别人的指指点点而犹豫彷徨。不盲从,也不随俗,要走就走自己的路,一定能走出一条成功之路来。

抛开身边的拐杖

尽管依靠别人、跟从别人、追随别人,让别人去思考、去计划、去工作要省事得多,但是独立自主者还是会毅然决然地抛弃身边的每一根拐杖,独立思考,独立行动,做一个自立自助的人。他们认为:"一个身强体壮、背阔腰圆,重达70千克的年轻人竟然两手插在口袋里等着帮助,无疑是世上最令人恶心的一幕。"

人们经常持有的一个最大谬见,就是以为他们永远会从别人不断的帮助中获益。一味地依赖他人只会导致懦弱。没有什么比依靠他人的习惯更能破坏独立自主了。如果一个人依靠他人，就将永远坚强不起来，也不会有独创力。要么独立自主，要么埋葬雄心壮志，一辈子老老实实做个普通人。

坐在健身房里让别人替我们练习，是永远无法增强自己的肌肉力量的；越俎代庖地给孩子们创造一个优越的环境，好让他们不必艰苦奋斗，也永远无法让他们独立自主，成为一个真正的成功者。

爱默生说："坐在舒适软垫上的人容易睡去。"依靠他人，觉得总是会有人为我们做任何事，所以不必努力，这种想法对发挥自助自立和艰苦奋斗精神是致命的障碍！

日本著名企业家松下幸之助曾经说过这样一段话："狮子故意把自己的小狮子推到深谷，让它从危险中挣扎求生，这个气魄太大了。虽然这种作风太严格，然而，在这种严格的考验之下，小狮子在以后的生命过程中才不会泄气。在一次又一次地跌落山涧之后，它拼命地、认真地、一步步地爬起来。它自己从深谷爬起来的时候，才会体会到'不依靠别人，凭自己的力量前进'的可贵。狮子的雄壮，便是这样养成的。"

美国石油家族的老洛克菲勒，有一次带他的小孙子爬梯子玩，可当小孙子爬到不高不矮（不至于摔伤的高度）时，他原本扶着孙子的双手立即松开了，于是小孙子就滚了下来。这不是洛克菲勒的失手，更不是他在恶作剧，而是要小孙子的幼小心灵感受到：做什么事都要靠自己，就连亲爷爷的帮助有时也是靠不住的。意味可谓深长。

我们身边有不少人在观望、等待，其中很多人不知道等的是什么，却一直在等。他们隐约觉得，会有什么东西降临，会有些好运气，或是会有什么机会发生，或是会有某个人帮他们，这样他们就可以在没受过教育，没有充足的准备和资金的情况下为自己获得一个开端，或是继续前进。

有些人是在等着从父亲、富有的叔叔或是某个远亲那里弄到钱。有些人是在等那个被称为"运气""发迹"的神秘东西来帮他们一把。

从来没有某个等候帮助、等着别人拉扯一把、等着别人的钱财，或是等着运气降临的人能够真正成就大事。

人，要靠自己活着，而且必须靠自己活着，在人生的不同阶段，尽力达到理应达到的自立水平，拥有与之相适应的自立精神。这是当代人立足社会的根本基础，也是形成自身"生存支援系统"的基石，因为缺乏独立自主个性和自立能力的人，连自己都管不了，还能谈发展、成功吗？即使你的家庭环境所提供的"先赋地位"是处于天堂云乡，你也必得先降到凡尘大地，从头爬起，以平生之力练就自立自行的能力。

抛开拐杖，自立自强，这是所有成功者的做法。其实，当一个人感到所有外部的帮助都已被切断之后，他就会尽最大的努力，以最坚忍不拔的毅力去奋斗，而结果，他会发现：自己可以主宰自己命运的沉浮！

被迫完全依靠自己，绝没有任何外部援助的处境是最有意义的，它能激发出一个人身上最重要的东西，让人全力以赴，就像十万火急的关头，一场火灾或别的什么灾难会激发出当事人做梦都想不到的一股力量。危急关头，不知从哪儿来的力量为他解了围。他觉得自己成了个巨人，他完成了危机出现之前根本无力做成的事情。当他的生命危在旦夕，当他被困在出了事故、随时都会着火的车子里，当他乘坐的船即将沉没时，他必须当机立断，采取措施，渡过难关，脱离险境。

一旦人不再需要别人的援助，自强自立起来，他就踏上了成功之路。一旦人抛弃所有外来的帮助，他就会发挥出过去从未意识到的力量。世上没有比自尊更有价值的东西了。如果我们试图不断从别人那里获得帮助，就难以保有自尊。如果我们决定依靠自己，独立自主，就会变得日益坚强，距离成功也就会越来越近。

训练你的果断决策能力

像芦苇一般摇摆不定的人，无论他其他方面多么强大，在生命的竞赛中，也总是容易被那些坚定的人挤到一边，因为后者想做什么就立刻去做。可以这样说，拥有最睿智的头脑，不如拥有果敢的决策力。

果断是积累成功的资本

果断，是指一个人能适时地做出经过深思熟虑的决定，并且彻底地实行这一决定，在行动上没有任何不必要的踌躇和疑虑。果断是成大事者积累成功的资本。

果断的个性，能使我们在遇到困难时，克服不必要的犹豫和顾虑，勇往直前。有的人面对困难，左顾右盼、顾虑重重，看起来思虑全面，实际上渺无头绪，不但分散了同困难作斗争的精力，更重要的是会销蚀同困难作斗争的勇气。果断的个性在这种情况下，则表现为沿着明确的思想轨道，摆脱对立动机的冲突，克服犹豫和动摇，坚定地采纳在深思熟虑基础上拟定的克服困难的方法，并立即行动起来同困难进行斗争，以取得克服困难的最大效果。

李晓华，中国的超级富豪之一。在20世纪80年代就曾以一举斥资购下"法拉利"在亚洲限量发售的新款赛车而名闻京城。在李晓华的个人生意投资史上，最惊心动魄的是在马来西亚的一桩买卖。当时，马来西亚政府准备筹建一条高速公路，修往一个并不繁华的地方。虽然政府给了很优惠的政策，但因人们认为这条并不长的公路车流量不会太大而无人竞标。李晓华闻讯赶往该地考察，并得到一个极其重要的信息：距公路不远处有一个尚待最后确认的储量丰富的大油气田。只因尚未确认，媒体没有正式公布。

如果这一消息得到确认并正式开采，那么这条公路上的车流量可想而知，随着消息的公布，整个地价会直线上扬，其前景极为可观。

李晓华经过周密筹划，下决心，毅然冒着破产和离婚的可能，咬牙拿出全部积蓄和房产作抵押，从银行贷款3000万美元拿下了这个项目。但期限只有半年，倘若这期间内这条公路不能脱手，贷款还不上，李晓华将倾家荡产，一贫如洗。

5个月过去了，油气田的任何消息都渺无踪影。其间，这位备受煎熬的富豪为了节约开支，吃起了盒饭和方便面，在香港只坐6角的老式有轨电车。他的身心备受煎熬，前程吉凶未卜，他甚至也开始考虑"后事"了。

可是到了第5个月零16天时，消息终于正式公布了。当天，投标项目就立即翻了一番，并连续几天持续看涨。李晓华的前瞻性投资终于得到了成功的回报。

果断，能够帮助我们在执行工作和学习计划的过程中，克服和排除同计划相对立的思想和动机，保证善始善终地将计划执行到底。思想上的冲突和精力上的分散，是优柔寡断的人的重要特点。这种人没有力量克服内心矛盾着的思想和情感，在执行计划过程中，尤其是在碰到困难时，往往长时间地苦恼着该怎么办，怀疑自己所做决定的正确性，担心决定本身的后果和实现决定的结果，老是往坏的方面想，犹犹豫豫，因而计划老是不能执行。而果断，则能帮助我们坚定有力地排斥上述这种胆小怕事、顾虑过多的庸人自扰，把自己的思想和精力集中于执行计划本身，从而加强了自己实现计划、执行计划的能力。

果断，可以使我们在形势突然变化的情况下，能够很快地分析形势，当机立断，不失时机地对计划、方法、策略等做出正确的改变，使其能迅速地适应变化了的情况。而优柔寡断者，一到形势发生剧烈变化时就惊惶失措、无所适从。他们不能及时根据变化了的情况重新做出决策，而是左顾右盼，等待观望，以致坐失良机，常常被飞速发展的情势远远抛在后面。

可见，果断，无论是对领导者，还是对普通劳动者，无论是对于工作，还是对于生活和学习，都是必需的。

果断，产生于勇敢、大胆、坚定和顽强等多种意志素质的综合。

果断，是在克服优柔寡断的过程中不断增强的。人有发达的大脑，行动具有目的性、计划性，但过多的事前考虑，往往使人们犹豫不决，陷入优柔寡断的境地。许多人在采取决定时，常常感到这样做不妥，那样做也有困难，无休止地纠缠于细节问题，在诸方案中徘徊犹豫，陷入束手无策和茫然不知所措的境地，这就是事前思虑过多的缘故。大事情是需要深思熟虑的，然而生活中真正称得上大事的并不多。况且，任何事情，总不能等待形势完全明朗时才做决定。事前多想固然重要，但"多谋"还要"善断"，要放弃在事前追求"万全之策"的想法。实际上，事前追求百分之百的把握，结果却常常是一个真正有把握的办法也拿不出来。果断的人在做出决定时，他的决定也不可能会是什么"万全之策"，只不过是诸方案中较好的一种。但是在执行过程中，他可以随时依据变化了的情况对原方案进行调整和补充，从而使原来的方案逐步完善起来。"万事开头难"，许多事情开始之前想来想去，这样无把握，那样也不保险。当减少那些不必要的顾虑后真正下决心干起来，做着做着事情就做顺了。

果断，是在克服胆怯和懦弱的过程中实现的。果断要以果敢为基础，特别是在情况紧急时，要求人们当机立断，迅速地做出决定并且执行决定。比如在军事行动中就需要这样，因为战机常在分秒之间，抓住战机就必须果断。今天从事社会主义现代化建设事业同样需要果敢。大方向看准了，有七分把握，就要果断地下定决心。

果断，要从干脆利落、斩钉截铁的行为习惯开始养成。无论什么事情，不行就是不行，要做就坚决做。生活中不少事情确实既可以这样又可以那样，遇上这样的小事，就不必考虑再三，大可当机立断。否则，连日常的生活琐事也是不干不脆，拖泥带水，你又怎么能够培养出果断的意志来呢？

要果断，还必须经常地排除各种内外部的干扰。果断不是一时的冲动，它必须贯穿于行为的所有3个环节（确定目的、计划和执行），在确定目的的时候需要同各种动机进行斗争，这时果断表现为能够抑制和目的相反的意向，抑制错误的动机，保证做出正确的决断。但在决断做出后，还会有许多因素不断地动摇我们的决心，如舆论、压力、困难、各种诱惑等。周围的人们可能会对我们的决心评头论足，来自各个方面的各种压力都有可能使我们已经做出的决定发生动摇。并且，在执行决断时排除内外干扰的果断性，有时比确定目标和初下决心时候的果断性还要难。因此，在执行决定的时候应当特别注意果断性的培养。要养成决心既下就不轻易改变的习惯，不要让一些本来微不足道的因素干扰我们的决心，把自己弄得手足无措。

关键时刻善拍板

三国时期的曹操曾说："夫英雄者，胸怀大志，腹有良谋，有包藏宇宙之机，吞吐天地之志也。"曹操的这番话，说的正是成大事者的果断决策能力。凡是从容果断的人，都在关键时刻敢于并善于拍板拿主意，表现出超乎寻常的决策能力。

宝洁公司的创始人之一，威廉·普罗克特，31岁时来到辛辛那提寻找机会。他发现，在这个25000多人口的城市里，制造蜡烛的原料非常丰富，而高质量的蜡烛却十分缺乏。他小时候曾经在英国的蜡烛作坊干活，懂得怎样制造高质量的蜡烛。于是他果断地决定在辛辛那提办一个蜡烛工厂。他说服了自己的连襟，一家小肥皂厂的股东甘布尔，合伙办蜡烛工厂。甘布尔看到制造蜡烛的大好前景，而肥皂工厂在当时是惨淡经营的行业，甘布尔便毅然退出了肥皂厂。他们俩合伙办起的蜡烛厂就是现在的宝洁公司。

蜡烛使他们赚了一些钱。但是，当洗澡成为时尚，肥皂的需求量大增时，他们又将经营重心转向了肥皂，并以良好的信誉赢得了市场。当时，松香是制造肥皂的重要原料，只能从美国南方购买。南北战争爆发前，他们预见到松香的供应将会短缺，便大量采购、储存在库房里。结果，当松香的价格上涨15倍，许多肥皂厂不得不停产时，宝洁公司仍然正常生产，渡过了难关。

准确的判断和果断的决策使宝洁公司始终领先于它所在的行业。在松香、猪油等原料开始匮乏的年代里，宝洁公司首先投入资金研究制造肥皂的新工艺，他们找到了更易得的原料和更经济的生产工艺，推出了比旧式肥皂更好、更廉价的产品——"象牙肥皂"。此后在科研、广告方面，他们总是捷足先登，维持着在清洁剂行业中的领先地位。

决策能力不应受情感波动、建议、批评以及表面现象的干扰。判断力是处理任何重要事件所必需的。除了事实本身的真实状况外，它不受任何影响。有的人虽然能力出众，却因为疑虑困惑而停滞不前，甚至不肯迈出一小步，尤其是当他在其他方面的能力都很强的时候，这不能不说是人生的悲剧。

一份分析2500名尝到败绩的人的报告显示，迟疑不决、该出手时不出手几乎高居31种失败原因的榜首；而另一份分析数百名百万富翁的报告显示，这其中每一个人都有迅速下定决心的个性，即使改变初衷也会慢慢来。累积财富失败的人则毫无例外，遇事迟疑不决、犹豫再三，就算是终于下了决心，也是推三阻四、拖泥带水，一点也不干脆利落，而且又习惯于朝令夕改，一日数变。

亨利·福特最醒目的个性之一，即是迅速做出确切决定的个性。福特先生的这一个性使他背上顽固不通的骂名。也就是这一个性使得他在所有顾问的反对下，在许多购车人力促他改变下，仍一意孤行，继续制造他有名的T型车种（世界上最丑陋的车）。

也许福特先生在改变这一项决定的时候拖了太久，但是从故事的另一面反过来说，正是他的坚定不移为他赚得了巨额财富。这些财富早在T型车有必要改变造型之前，已使他成为汽车大王。无疑，福特先生的决心之坚定，已几近刚愎自用的程度，但是这份个性还是比迟疑下决定又朝令夕改来得好。

该做决定的时候怎么办？要决定的事，简单的如今天该穿什么衣服，到哪儿吃午饭；慎重的，譬如要不要辞职等，你是不是即做决定，就按部就班接着做下去？还是过分担忧会有什么后果？

由于恐惧，恐惧批评，恐惧改变，迟迟不能决定，而愈是犹豫就愈恐惧。人产生犹豫的缘故十之八九是因为有某种怕犯错的恐惧感。

头脑好、有才气的人多半有这种困扰。如有位书读得不错的女孩，不知道该学医还是学声乐，为了考虑好，就暂时做些杂工，一做就是5年，仍决定不了。最后是读了医，但是，白白浪费了5年时间，如果读医或学声乐，都该有点成就了。

恐惧、后悔、效率差都和缺乏决断力有连带关系。先耗了时间和精力去想该不该去这么做，又要耗时间和精力去想要不要那样做。心情整日被这些事压得很沉重，人也变得郁闷无趣。你可能因为拿不定主意而爱听别人的意见，依赖别人，久而久之，觉得别人都在找你的别扭，随时等着挑你的毛病，以至于仇视他人。

决断敏捷、该出手时就出手的人，即使犯错误，也不要紧。因为他对事业的推动作用，总比那些胆小狐疑、不敢冒险的人敏捷得多。站在河边，待着不动的人，永远不会渡过河去。

在你决定某一件事情以前，你应该对各方面情况有所了解，你应该运用全部的常识与理智，郑重考虑，一旦决定以后，就不要轻易反悔。

练习敏捷、坚毅地做决断，你会受益无穷。那时，你不但对自己有自信，而且也能得到别人的信任。

敏捷、坚毅、决断的力量，是一切力量中的力量。要成就事业，必须学会该出手时就出手，使你的正确决断、坚定、稳固得像山岳一样。情感意气的波浪不能震荡它，别人的反对意见以及种种外界的侵袭，都不能打动它。

铸就果断的决策能力

果断决策的意志品质对于每个人来说都是非常重要的。

如果一个人拥有超越于犹豫不决和变化不定之上的非凡意志力，那是多么幸运的事情！他鄙视所有的循规蹈矩，他嘲笑所有的反对和抨击；他深深感到内心里涌动着去希冀和去行动的力量；他相信自己的幸运星，他对自己拥有实现愿望的能力深信不疑；他知道，没有任何怯懦的拖延，没有任何怀疑的阴影，没有任何"如果"或"但是"之类的辩解，没有任何疑虑或恐惧，能够阻止他去尝试；他嘲笑那些充满恐吓意味的横眉冷对，以及代表着阻碍和反对力量的流言蜚语；他对此十分清楚，成为一个真正的人应该做些什么，而且他敢于去做；他本身的人格要比他内心的本能冲动更强有力，他绝不会屈服于各种意见和反对的声音；他既不会为巨大的压力所胁迫，也不会为宠爱或欢呼声所收买。

他能深刻认识事物间的内在联系及事物的本质属性及发展规律，从而在纷繁复杂的各种事物中，透过现象看本质，并抓住主要矛盾，运用创造性思维方法，进行科学的归纳、概括、判断和分析，举一反三、触类旁通，找出解决问题的关键所在。

果断性这种良好的意志品质，并非与生俱来，更非一日之功，它是个体聪明、学识、勇敢、机智的有机结合，与个体思维的敏捷性、灵活性密不可分。谁都知道机会在人生中的意义。在生命中许多重要的转折点上，如果我们有果断的决策和行动，我们还会缺少机会吗？

对于每个人来说，要磨炼出意志的果断性，可以从以下几个方面入手。

不怕做错决定

一个人要想好好运用决定的力量还得排除一个障碍，那就是得克服"做错决定"的恐惧。

在圣皮埃尔岛发生火山爆发大灾难的前一天，一艘意大利商船奥萨利纳号正在装货准备运往法国。船长马里奥·雷伯夫敏锐地察觉到了火山爆发的威胁。于是，他决定停止装货，立刻驶离这里。但是发货人不同意。他们威胁说现在货物只装载了一半，如果他胆敢离开港口，他们就去控告他。但是，船长却丝毫不向他们妥协。他们一再向船长保证培雷火山并没有爆发的危险。船长坚定地回答道："我对于培雷火山一无所知，但是如果维苏威火山像这个火山今天早上的样子，我一定要离开那不勒斯。现在我必须离开这里。我宁可承担货物只装载了一半的责任，也不继续冒着风险在这儿装货。"

24小时后，发货人和两个海关官员正准备逮捕马里奥船长，圣皮埃尔的火山爆发了。他们全都葬身于火海之中。这时候奥萨利纳号却安全地航行在公海上，向法国前进。果断的决策力和不可动摇的毅力最终赢得了胜利，犹豫不决最终将导致灭亡。

在一些必须做出决定的紧急时刻，果断决策者会集中全部心志来做一个决定，尽管他当时意识到这个决定也许不太成熟。在那样的情况下，他必须把自己所有的理解力和想象力激发出来，立即投入到紧张的思考中，并使自己坚信这是在当时的情况下所能做出的最有利决定，然后马上付诸行动。对于成功者来说，有许多重要决定都是这样的——在未经充分考虑的情况下迅速做出。

谋划行动决定

做决定永远比以后的行动要来得困难，所以在做决定的时候要多用脑子，不过也不能太花时间，更别一味担心怎么去做或做了之后会有什么后果。

从前，有一个父亲试图用金钱赎回在战争中被敌军俘虏的两个儿子。这个父亲愿意以自己的生命和一笔赎金来救儿子。但他被告知，只能以这种方式救回一个儿子，他必须选择救哪一个。这个慈爱的父亲，非常渴望救出自己的孩子，甚至不惜付出自己的生命为代价，但是在这个紧要关头，他无法决定救哪一个孩子、牺牲哪一个。这样，他一直处于两难选择的巨大痛苦中，结果他的两个儿子都被处决了。

智者说："果断决策的习惯对我们来说非常重要，以至于经常要准备冒险做出不成熟的判断或采取不利行动。对一个人来说，偶尔做出错误的决定，总比从不做决定要好。"

成千上万的人在竞争中溃败而归,仅仅因为耽搁和延误。而数不胜数的成功者因为在关键时刻冒着巨大风险,迅速做出决定,而创造了财富。

快速决策和异常大胆使许多成功人士渡过了危机和难关,而关键时刻的优柔寡断几乎只能带来灾难性后果。对于比较复杂的局面需要从各方面权衡和考虑,一旦打定主意,就不要怀疑,不要更改,甚至不留退路。

保持决定弹性

一旦你做好决定,可别死抱着一定的做法,那可能会害死你。经常有些人做好了决定,便死抱着自己认为是最好的做法,而听不进去其他的建议。在此切记,脑袋不要弄得太僵化,要学习怎样保持弹性,听听其他善意的建议。

实施决定行动

世界顶尖潜能大师安东尼·罗宾认为,是我们的决定而不是我们的遭遇,主宰着我们的人生。唯有真正的决定才能发挥改变人生的力量,这个力量任何时间都可支取,只要我们决定一定要去用它。

如果我们想脱离围墙的羁绊,我们就可以攀越过去,可以凿洞穿过去,可以挖地道过去或者找扇门走过去。不管一道墙立得多久,终究抵挡不住人们的决心和毅力,迟早是会倒的。人类的精神是难以压制的,只要有心想赢、有心想成功、有心去塑造人生、有心去掌握人生,就没有解决不了的问题、没有克服不了的难关、没有超越不了的障碍。当我们决定人生要自己来掌握,那么日后的发展就不再受困于我们的遭遇,而正视我们的决定时,我们的人生将因此改变,而我们也就有能力去掌握事物发展的规律,获得人生事业的成功,满足物质和精神需求。

锤炼锲而不舍的坚韧性

一个人之所以成功,不是上天赐给的,而是日积月累自我塑造的结果。对于成功,千万不能抱有侥幸的心理。幸运、辉煌永远只会属于坚持到底,不屈不挠的人。事业如此,德行亦是如此。

坚韧是克服困难的利器

"坚韧"是解除一切困难的钥匙,它可以使人们成就一切事情。它可以使人们在面临大灾祸、大困苦时不致覆亡;它可以使贫苦的青年男女接受大学教育,并在这个世界上有所表现;它可以使纤弱的女子担当起家中的负担,维持家庭的生计;它可以使残疾人挣钱养活衰老的父母;它可以使人们逢山凿隧道,遇水架大桥;它可以使人们修筑铁路、建设现代通信设施,将各洲贯通联络起来;它可以使人们发现新大陆,挖掘人类更大的潜力。坚韧的品格可以使你无坚不摧、无往不胜。

世界上没有任何东西可以比得上或是替代"坚韧的品格"。教育不能替代,财力雄厚的父母、有权有势的亲戚也不能替代,一切的一切,都不能替代。

坚韧的品格,是一切成就大事业的人所共有的特征。他们或许缺乏其他良好的品格,或许有各种弱点与缺陷,然而他们都具备坚韧的品格。坚韧的品格,是所有成就大事业的人所绝不可缺少的涵养。劳苦不足以使他们灰心,困难不足以使他们丧志。不管处境如何,他们总能坚持与忍耐,因为坚韧的品格是他们的天性。

"坚韧的品格"可以成为人们追求成功的资本。而且以此为资本取得的成功,比那些以金钱为资本取得的成功还要大。人类的成功史已经证明,"坚韧的品格"可以使人摆脱贫穷,可以使弱者变成强者,可以使无用变成有用。

很多人成功的秘诀,就在于他们不怕失败。他们心中想要做一件事时,总是用全部的热诚,全力以赴,从来不去想有任何失败的可能。即便他们失败了,也会立刻站起来,怀着坚韧的品格,向前奋斗,直至成功为止。

缺乏坚韧品质的人,他们在事业上一经失败,就会一败涂地、一蹶不振。而那些有坚韧品质的人,则能够坚持不懈。那些不知怎样才算受挫的人,是不会一败涂地的。他们纵有失败,却从不以那个失败作为最终的命运。每次失败之后，他们会以更大的、更坚韧的、更多的勇气站起来向前进，直至取得最后的胜利！

坚韧，永远是成就大事业人的特征。生性胆小，不敢冒险，逃避困苦的人，自然一生只能做些小事了。

当你在事业上有"向后转"的念头时，你最应该加以注意。这是最危险、最关键的时候！历史上的许多大事业，都是某些人在大多数人都想"向后转"的时候，再坚持一下造就的。

许多人做事之所以有始无终，开始时还满腔热忱，但在遇到了困难后，往往会半途而废，就是因为他们没有充分的韧性来使他们达到最终的目的。一个满腔热情、意气豪迈的人，做事将非常容易。所以开始做一件事时是毫不费力的，正因为如此，我们不能在一个人刚开始做事时就估量他的真实价值，而应该看他自始至终是否都有坚韧的品格。我们不能以一个人竞赛起步时的速率来评判他能否夺冠，而应该在他将到达终点时的速率来评判他。

一个人在做事时，能否不达目的不罢休，这是测验一个人是否拥有坚韧品格的一种标准。坚韧的品格是最难能可贵的一种德性。许多人都肯随众向前，他们在情形顺利时，也肯努力奋斗；如果在大众都选择退出，都已向后转，而他自己觉得是在孤军奋战时，要是仍然能持有坚韧的品格，这就更难能可贵了。

第二章 "我不要"力量的局限性：
明知生气有害，为何还是每每失控

第一节

我们为何总是情绪化

接受并体察你的情绪

每个人的情绪都处于不断变动的状态中,有兴奋期就不可避免地有低潮期,掌管和控制情绪之前应该先去接受和体察它。情绪变化是有规律的,只有接受和体察,才能真正地顺应内心、帮助内心回归平和。

当然,不同的人处理情绪的态度不同,但是大家有一个普遍的共识:情绪不能压抑,压抑会导致各种心理障碍,也会导致某些疾病的产生。因而针对情绪化的人,心理学家建议他们对待情绪的基本态度就是承认和接受。

平时,方女士对同事和对身边的朋友都非常友好,从来不和别人发生冲突,大家都觉得她是一个脾气温和的人。在别人眼里,她温柔又和善。

但回到家里,她往往会因芝麻大小的事就对丈夫大发脾气,甚至会摔东西。丈夫对此也很无奈,非常不开心,觉得她很难让人接受。

面对自己阴晴不定的情绪,方女士非常痛苦。其实,丈夫对她很好,她也很爱丈夫,但她又害怕丈夫会因自己的情绪而离开她。有时候,她也非常受不了自己,可是当发脾气的时候却无法预计和控制。很多次,她都告诉自己的父母和丈夫,但他们都说是她自己没有克制能力。对于他们对自己的不理解,方女士很苦恼,于是,她尝试去看心理医生。

心理医生分析了方女士的情况，又咨询了一些关于她成长的事情，最后终于找到她情绪化背后的根源：由于孩提时父母离异，方女士非常敏感但又异常依赖身边的亲人，脾气暴躁。医生为她提出一些改变情绪化的建议，并告诉她要悦纳自己的情绪，才会便于改善情绪。

很多人的情绪化都产生于孩提时代。孩子总是被大人引导，使他们将自己最直接的情感与不愉快的事情相联系：孩子可能会因哭闹受到处罚，也可能因嬉闹而受到处罚。揭开情绪的面纱时，自己总是能找到导致情绪化的原因。不能公开地表达自己的情感，但起码可以承认它们的存在。要承认它们存在的最基本的一步就是允许自己体验情感，允许自己出现各种情绪并恰当表达它们。

体察情绪，首先就是要正视它。情绪不会凭空消失，存在就是存在，它不可能因为你的否定而消失。相反，一味地否定只能让情绪潜藏在意识里，可能会带来更坏的影响。每个人都有发泄情绪的权利，如果不敢承认情绪的存在，可能也就不敢发泄情绪，盲目压抑情绪对个人的身心发展非常不利。

其次，可以采取"情绪反刍"或是"寻根溯源"的方法来认识自己的情绪。要沿着自己的心灵发展轨迹，溯流而上，用当前情绪去联想更多的情绪状态，慢慢体味、细细咀嚼自己的各种情绪经历，并询问自己当时如果没有产生这种情绪会是一种怎样的情形。这样可以使人变得心平气和。

再次，学会养成体察自身情绪的习惯。也就是时时提醒自己注意："我现在有怎样的情绪？"例如，当自己因同事的一句话而生气，不给对方解释的机会，这时就问问自己："我为什么这么做？我现在有什么感觉？"如果察觉自己只对同事一句无关紧要的话就感到生气，就应该对生气做更好的处理。有许多人认为，人不应该有情绪，因而不肯承认自己有负面的情绪。实际上，人都会有情绪，压抑情绪反而会带来不良的结果。

最后，缓解和调理自己的情绪。觉察自己情绪的变化，能更清楚地认识自己的情绪源头，也有助于理解和接受他人的错误，从而轻松地控制消极的情绪，培养积极的情绪。疏解和调理情绪，也需要适当地表达自己的情绪。

接受并体察你的情绪，不要拒绝，不要压抑，勇敢地面对自己的情绪变化。在情绪转好之时，抓住机会，投入到有意义的事情中去。

正确感知你所处的情绪

知觉与评估情绪的能力是心理学上两类最基本的情商，也是衡量一个人情商高低最基本的要素。通常来说，低情商者对自己及他人的情绪感知能力弱，容易导致情绪失控；而高情商者对自身的情绪能够做理智的分析，其实对自身情绪的评估能力越强，越有利于问题的解决。但往往有很多人，对自身的情绪很难把握，对此，可以从心理状态加以分析。

著名心理学家约翰·蒂斯代尔提出的"交互性认知亚系统"理论是一种以正念为基础的认知治疗理论，该理论认为人一般有三种心理状态：无心/情绪状态、概念化/行动状态、正念体验/存在状态。

无心/情绪状态指人们缺乏自我觉知、内在探索与反思，一味沉浸在情绪反应中的表现；概念化/行动状态则指人们不去体验当下，只是在头脑中充满着各种基于过去或未来的想法与评价；正念体验/存在状态才是最为有益的心理状态，它是指人们去直接感知当下的情绪、感觉、想法，并进行深入探索，同时对当下的主观体验采取非评价的觉知态度。

进入正念状态需要高度集中注意力去关注当下的一切，包括此时此刻我们的情感和体验，而不应当将自己陷入对过去的纠缠或是未来的困惑中，对现在的情绪有所评判和排斥。接受发生的一切，关注当下的感受，才能发挥"正念"的透视力，达到认知自我情绪，主动调适，从而反省当下行为进行调节以增加生活乐趣的目标。

那么，如何将心理状态调整为正念体验/存在状态，这需要我们平时就应该进行正念技能训练。根据莱恩汉博士的总结，正念技能训练包括"做什么技能"和"如何去做技能"两大类别技能训练。

第一，"做什么"的正念技能包括观察、描述和参与三种方式。

例如，当生气时，留意生气对身体形成的感觉，只是单纯地去关注这种体验，这是观察，观察是最直接的情绪体验和感觉，不带任何描述或归类。它强调对内心情绪变化的出现与消失只是单纯地去关注，而不要试图回应。

用语言把生气的感觉直接写出来即是描述，如"我感到胸闷气短""心里紧张、冲动"，这都是客观的描述，描述是对观察的回应，通过将自己所观察到或者体验到的东西用文字或语言形式表达出来，对观察结果的描述不能有任何情绪和思想的色彩，要真实、客观。

对当前愤怒的感受和事情不予回避，这是参与，参与是指全身心投入并体验自己的情绪。

在特定的时间内，通常只能用其中一种来分析自己的情绪，而不能同时进行，用这三种方式去感受自己的情绪，有助于留意自身情绪。

第二，"如何去做"的正念技能包括以非评判态度去做、一心一意地去做、有效地去做。这些技能可以与观察、描述、参与三种"做什么"正念技能的其中某一项同时进行。

以非评判态度去做，应当关注正在发生的一切，关注事物的实际存在，而不需要进行评价。仍以愤怒为例，当生气的时候，"应该""必须""最好是"停止或继续发怒的想法都是有评判色彩的语气。对于愤怒应当去接受而不需要去评判。

一心一意地去做，就是要集中精力去关注思考、担忧、焦虑等情绪。美国宾州大学心理学教授托马斯认为由于人总不能把握现在和关注此刻，容易产生焦虑和抑郁的情绪。基于此，托马斯发展了专治慢性焦虑症的心理疗法。"当你在焦虑时，你就专心焦虑吧。"他要求患者每天必须抽出30分钟时间在固定的地点去担忧自己平时担忧的事。在30分钟之内，患者必须全神贯注担忧，30分钟之后，则要停止担忧，并要警告自己："我每天有固定的时间担忧，现在不必再去担忧。"

有效地去做，就是要让事情向好的方向发展，以有效原则衡量自己的情绪，可以避免感情用事，防止因为情绪失控而做出不恰当的事、说出不负责任的话。

我们通过每天的情绪变化去积极主动地调适自己的心理。可以在情绪激动时能及时察觉与反省自己的当下行为，学会控制自己的情绪，使自己在面对痛苦的时候心情有所缓解，恢复快乐。只有学会"感受"自己的感受，方能让自己在处理负面情绪时游刃有余。

运用情绪辨析法则

知己知彼，方能百战不殆。在情绪的战场上，首先要了解自己的情绪，才能保持好情绪、战胜负面情绪。我们不自知的种种心理需求，乃至内心理念以及价值观，都可以通过自身不同的情绪反映出来。因此，要做到"知己"，首先要准确地做出自我情绪辨析，只有如此，才能够有的放矢地解决情绪问题，保持身心健康。

心理学家温迪·德莱登将所有情绪统分为两大类——正面情绪与负面情绪，又将负面情绪进一步细分为健康的负面情绪和不健康的负面情绪。

德莱登认为，健康的负面情绪是由合理的信念引发的。它促使人们正确地判断所处的负面情境改变的可能性，从而理智地做出适应或改变的行为。健康的负面情绪导致的结果是正面的，它引发思维主体进行现实的思考，最终解决问题，实现目标。

不健康的负面情绪是由不合理的信念引发的。它会阻碍人们对不可改变的环境做出判断以及对可以改变的环境进行建设性改变的尝试。不健康的负面情绪导致的歪曲思维会阻碍问题的解决，最终阻碍目标的实现。

大多数人可以准确地判断自己的情绪属于正面的情绪还是负面的情绪，但对很多人而言，如何才能判断当前的负面情绪是否健康是有一定困难的。以担心和焦虑这两种负面情绪为例，由德莱登的定义可知，在信念的来源上，担心源于合理的信念，这种情绪会导致行为主体正确地面对威胁的存在，并想办法寻求让自己安心的保障；而焦虑来源于不合理的信念，这种情绪会导致行为主体不愿意面对甚至逃避威胁的存在，从而寻求那些并不能使行为主体安心的保证。

每个健康的负面情绪，都有一个不健康的负面情绪与之相对应。类似地，德莱登还列举了悲伤、懊悔、失望等情绪作为健康的负面情绪的典型代表，列举了抑郁、内疚、羞耻、受伤等情绪作为不健康的负面情绪的代表。而以上情绪都是两两对应的，如悲伤和抑郁，前者是健康的负面情绪，后者是与之相对应的不健康的负面情绪。

判断一种负面情绪是否健康，最本质的区别在于健康的负面情绪来源于合理的信念，而不健康的负面情绪来源于不合理的信念；同时也可以根据情绪强度来判断：大多数不健康的负面情绪都强于健康的负面情绪，如焦虑的最大强度大于担心的最大强度。

除此之外，健康的负面情绪和不健康的负面情绪，二者所导致的情绪主体的应对行为以及行为趋势也有显著差别，换言之，当人们出现情绪问题时，不仅有可能体会到两种不同的负面情绪，而且会由此导致完全不同的有建设性的或无建设性的行动，这种行动可以是真实的也可以是"意愿中"的。

举例来说，抑郁的情绪会使人持续回避自己喜欢的活动，而悲伤的情绪会使人在哀伤过后继续参与自己喜爱的活动。同样地，内疚只会使人被动地祈求宽恕，而懊悔会使人主动地要求对方的宽恕。受伤使人被愠怒充斥头脑，忘记理智，而悲哀会使人更加果断地判断事物，理清头绪。羞耻会使人采取鸵鸟战术，以回避他人的凝视来逃避关注，而失望仍能使人正确对待与他人的目光接触，与外界保持联系。

不健康的愤怒会使人仪态尽失，出言不逊甚至诋毁他人，健康的愤怒会促使人果断处理眼前的麻烦，仅关注自己被不当对待的事实而不会迁怒于他人。不健康的嫉妒会使行为主体怀疑他人的优势，而健康的嫉妒会以开放的态度去学习他人的优点以提高自己。与之相似的，不健康的羡慕打击他人进步的积极性，而健康的羡慕会依此为动力鞭策自己获取类似的成功。

在我们经历情绪的变化时，不仅能够判断出自己所经历的是正面的情绪还是负面的情绪，而且能够准确地分辨出其中的负面情绪是否健康，并能分析出此情绪的来源以及可能导致的后果，我们就能真正达到"知己"的境界。

了解我们自身的情绪模式

心理学上有一个定义称为情绪模式，它是指在外界持续刺激的影响下，逐渐形成的固定的连锁情绪反应路径与行为结果。通俗地解释，即"每当……时（外界刺激），我的心情就会……（情绪反应），结果我就会……（产生行为结果）"。例如，每当有女同事穿了漂亮的新衣服，"我"就会认为自己的身材不好，穿同样的衣服肯定没有那样的效果，心情就会很低落，结果整天避免和穿新衣服的女同事正面接触。

情绪模式起因于人类大脑的应激功能和记忆功能。如果对于外界刺激的应对方式被持续使用，大脑和身体的网络系统就会发生作用，将这种应对机制模式化，生成固定的链接，从而形成情绪模式——面对相同事物时产生相同的情绪、思维和行动。

情绪模式有以下特点：

其一，情绪模式的形成源于相同的刺激源。每当遇到同样的情境，人们就会产生相似的情绪并导致相似的行为结果；

其二，情绪模式的形成是一个循序渐进的过程，经过多次相同的外界环境的刺激，情绪模式才会形成；

其三，情绪模式的反应速度极其迅速。它具有"第一时间反击"的特点，一旦形成后，再遇到外界相同的刺激源时就会以主体察觉不到的速度快速启动。

情商理论中有种现象叫作"情绪绑架"，是指已经形成的情绪模式阻碍了大脑的理智思考，强制启动应激行为作为对情绪的反应。这是因为情绪模式一旦形成就很难改变，这也是为什么常常会听到有人说"我不知道为什么当时那么伤心，以致做出那么傻的举动""我那时候就是忍不住对平时很尊敬的老师大吼大叫"的原因。由此可见，"情绪绑架"对情绪主体是弊大于利的。

人们一直致力于摆脱"情绪绑架"，而成功的关键就在于识别自身的情绪模式，找到病因，对症下药。但是情绪模式经过日积月累已经成为我们潜意识的一部分，行为主体很难站在客观的角度将其识别出来。可以根据以下几个步骤来有意识地察觉自己的情绪变化及其引起的连锁反应，以及最后自己采取的行动，从而识别出自己的情绪模式。

步骤一，记录情绪变化。有意识地关注自身情绪变化，包括变化的原因及变化引发的影响。察觉到这些之后要及时准确地加以记录。

步骤二，自我情绪反省。充分利用步骤一的成果——情绪变化记录表，观察自己历次情绪变化的诱因是否值得，情绪反应的行为是否得当。如果造成的是积极的结果，要告诉自己努力保持，如果造成的是消极的影响，要及时提醒自己消除不良情绪的滋长，将其扼杀在萌芽状态。例如，发现自己总是为衣着打扮等外在因素而嫉妒身边的女同事，从而与其疏远，那么经过反思之后遇事就要用包容的心态去思考，要让自己提高内在素养，摒弃对虚无外表的追求。一段时间过后，你会发现自己从前对身外之物斤斤计较的想法是多么可笑和不值得。

步骤三，倾诉不良情绪。不识庐山真面目，只缘身在此山中。由于情绪模式已经固化在我们的头脑和神经系统中，难以自我察觉，所以，我们可以求助于他人来捕捉自己的情绪变化。可以先与家人和好友沟通，请他们在自己情绪变化时及时告知。观察的方法可以通过日常沟通中的面部表情、肢体语言等流露出的潜意识来判断你的情绪变化，从而追踪到你情绪变化的诱因和由此导致的行为结果。你可以根据他人的意见来了解自己内心真实的想法。

步骤四，测试自身情绪。我们可以通过专业的情绪测试工具或咨询专家来发现自己的情绪模式。看似与情绪问题相距甚远的测试问卷或者专家的漫无边际的访谈，却可以借助科学的手段准确地了解你情绪模式的病症所在。

当然，以上四个步骤的最终目的是发现问题、解决问题。我们发现了自己的情绪模式之后就可以将其一一列出，并且在每天的日常生活中逐项加以克服，坚持这样一个循序渐进、由浅入深的过程，我们就可以达到摆脱"情绪绑架"的最终目的了。

情绪同样有规律可循

人的情绪如同眼睛一样，也有自己看不到的"盲点"，通过了解自己的情绪盲点，从而把握自身的情绪活动规律，可以最有效地调控自己的情绪。

情绪盲点的产生主要是由于以下3个方面的原因：

（1）不了解自己的情绪活动规律；

（2）不懂得控制自己的情绪变化；

（3）不善于体谅别人的情绪变化。

其中，能否把握自身的情绪规律是情绪盲点能否出现的根源。

认识到情绪盲点产生的原因，我们便需要从原因入手，从根源上把握自身的情绪规律。这就需要从以下几个方面加强锻炼以培养自己与之相应的能力：

了解自己的情绪活动规律，培养预测情绪的敏锐能力

科学研究证明人都是有情绪周期的，每个人的情绪周期不尽相同，大概为28天，在这期间，人的情绪成正弦曲线的模式：情绪由高到低，再由低到高。在人的一生之中循环往复，永不间断。

计算自己的情绪节律分为两步：先计算出自己的出生日到计算日的总天

数（遇到闰年多加1天），再计算出计算日的情绪节律值。

用自己出生日到计算日的总天数除以情绪周期28，得出的余数就是你计算日的情绪值，余数是0、4和28，说明情绪正处于高潮和低潮的临界期；余数在0~14之间，情绪处于高潮期，余数是7时，情绪是最高点；余数在15~28之间，情绪处于低潮期，余数是21时，情绪是最低点。

由此可以看出，情绪有高低起伏，我们不要认为自己会永远处在情绪高潮期，也不要觉得自己会一直处于情绪低潮期，在情绪好的时候提醒自己注意下一阶段的低落，在情绪低落时告诉自己会慢慢好起来的。我们所吃的东西、健康水平和精力状况，以及一天中的不同时段、一年中的不同季节都会影响我们的情绪，许多人虽然重视了外在的变化对自身情绪的影响，但却忽视了自身的"生物节奏"，其实，通过尊重自己的情绪周期规律来安排自己的学习和生活，是很有必要的。

学会控制自己的情绪变化，坦然接受自身情绪状况并加以改进

想要控制自己的情绪变化，首先要对自己之前的情绪经历做一个简单的梳理，从之前的经验来寻找自身情绪的活动规律。同样的错误不能犯第二次，这正是掌握情绪活动规律后得到的经验。一个有敏锐感知能力的人能够在自己一次的情绪失控中回顾反思，总结、评估事情的前因后果，并最终达到提升自己情绪调控能力的目的，毕竟，情绪的偶尔失控和爆发是一种正常的现象，倘若情绪失控成为常态，则不是一件好事。

想要控制自己的情绪变化，还需要对自己的情绪弱点做一个分析总结，去认识自己的情绪易爆点在哪里，情绪失控的事情可能会是什么，事先考虑好如果再次遇到同种情形所需要选择的应对方式。这样可以在事先做好准备，及时采取应对措施，防止情绪失控之后的被动解决所导致的追悔莫及。

学会理解他人情绪和行为，同时反省自己

人际交往中，理解的力量是伟大的，但在通常情况下，虽然人们希望得到别人的理解，希望别人能够理解自己的情绪和行为，却往往忽视了理解别人。这就是为什么人的情绪出现盲点的外在原因。

理解他人的需求、情绪和感受等有助于增添交流的共同话题和认同感，有助于彼此之间形成和谐健康的人际关系。并且，通过对别人情绪的反观来看自己的情绪变化和体验，可以清晰地了解自己，从而把握自身的情绪节律和促进自身情绪状况的改进。

用默剧的方式获知他人情绪

卓别林表演的默剧电影想必大家都有所了解，虽然电影中人物没有说一句话，全部是用肢体动作代替，但人们仍然可以轻松地读懂剧中人物的喜怒哀乐和生活情况，这种别样的表演方式给人们的是特殊的享受，其实，我们在观看的时候，正是通过观察别人的表情和行为觉察到了剧中人物的情绪。

人的情绪智力（情商）是一个包含着多个层面、内容丰富的概念。心理学家戈尔曼博士通过大量的实验证明：情绪智力的五大构成要素包括情绪的自我觉察能力、情绪的自我调控能力、情绪的自我激励能力、对他人情绪的识别能力和处理人际关系的能力。其中，对他人情绪的识别能力作为一项重要的能力，是在情感的自我知觉基础上发展起来的。它通过捕捉他人的语言、语调、语气、表情、手势、姿势等可以快速地、设身处地地对他人的各种感受进行直觉判断，是一种重要的情绪感知力。

在生活中，我们也应该如同看默剧一般，尝试培养感受别人情绪的能力，一个情商很高的人可以敏锐地觉察到别人身体行为所透露的信息，通过觉察他人的情绪来对其心意进行合理解读。

这就如同我们做一个默剧游戏的过程：要求是尽量避免听到别人的声音，而只是通过观察别人的表情和行为来判断情绪。在默默无语的过程中，你需要掌握一些辨认表情的诀窍。脸部有几个部位是展现情绪的重要区域：嘴角、嘴型、眉毛、眼角、眼睛、额头。这些区域对于辨认某些情绪特别重要，比如从嘴巴的表情观察人的厌恶和喜悦情绪，从眉头和额头去辨别这个人悲伤或是恐惧的情绪，等等，肢体语言和所隐含的情绪之间往往存在着照应，如：

肢体语言	所隐含的情绪
脸红、紧闭双唇、交叉手臂或双腿、说话快速、姿势僵硬、握紧拳头等	生气
紧闭双唇、皱眉、斜眼看人，一边嘴角翘起、摇头、转动眼珠等	怀疑
交叉双臂或双腿、躲避眼神、呼吸加快、身体面对对方、沉默	敌意（防御性）
眼光游移、身体斜靠、胡乱涂鸦、身子往一旁倾斜以避开某人目光、打呵欠、玩弄纸笔	无聊
乱瞟、不断玩弄他物、流汗、突兀地笑、抖腿、姿势僵硬	紧张

当然，需要注意的是，肢体语言和情绪对照并不是绝对一致的，我们不能通过一个简单的肢体行为武断地判断一个人的情绪，要通过整体的动作行为来判断一个人的当前情绪。

识别他人的情绪是建立良好人际关系的基础，通过了解自己、了解他人，使人们相互理解，人与人和谐相处，这有助于建立良好的人际关系。但遗憾的是，生活中，绝大多数人都不善于去理解别人的情绪，只是能够注意到肢体或面部的大致表情，而不能够对眼神暗示、细微表情和下意识动作有所关注，除非这种情绪表现得特别明显或激烈。因此，在平时交流中，要想解读别人暗含的信息，不妨培养自己敏锐的情绪识别力和感知力。学会察言观色，方能在人际交往中如鱼得水。

第二节

情绪失控，人体不定时的"炸弹"

看清你的情绪爆发

生活中，悲伤、愤怒、恐惧这些人体不定时的"炸弹"随时有可能会爆发。脆弱是情绪爆发者当时的特点，心理防线已经崩溃，所有情绪就不在自己控制范围内了。

碰到涕泪横流或暴跳如雷，或极度焦虑而接近崩溃的人时，你当时会怎么想？是替他们担心，想帮助他们，还是对此感到恼怒，不想被牵连？当你试着让他们静下心来时就会发现，这些办法却助长了他们的情绪爆发，尽管这些办法对那些理性的人有效。这就是所谓的情绪爆发地带。

那么，究竟什么是情绪爆发？

情绪爆发有着各种各样的原因。爆发可能来自危险、恐吓、痛苦、烦恼，等等。尽管起因和结果各不相同，但它们却有如下的共性：

情绪爆发极为迅速

情绪爆发发生得极快，以致人们很难判断事态和思考应对的方法。

速度之快往往让人认为情绪爆发是无法预知的，因为它们总是出现得非常突然。正相反，这只是一种感觉，它并不能作为评判事实的最佳标准。

先冷静一会儿，使自己对事件的觉醒能力放慢下来，这样有助于了解起因和结果之间的关联性。通常，越是自己熟悉的所见所闻，就越觉得事物运动较慢。如相比自己的母语，外语听起来总是要快一些。

情绪爆发非常复杂

情绪爆发包含言语、思想、荷尔蒙、神经传导和电脉冲。它由诸多同时发生的事件组成，也包括你和情绪爆发者都有的一些不同水平的体验。

当遇到情绪爆发者对你说话时，你需要清楚对方当时的说话内容，思考他们说话时的想法，以及他们身体里正在产生的相关生理反应。

当婴儿的情绪爆发时，大部分人，特别是许多家长往往能处理得得心应手，但对于成年人的情绪爆发问题，他们在应对时总是要差很多。这两类人的情绪爆发极为类似，只是人们的反应和感受极为不同罢了。

与成年人接触，人们往往更注意言语，有时试图与爆发者交谈，劝慰他们，使他们能够摆脱情绪困扰。但人们不会对婴儿也采取交谈和劝慰，而是抱起他们，给他们奶瓶。成年人情绪爆发时，我们不要过于关注外在表现，而要多思考引起这种情绪爆发的内因。要像听到婴儿啼哭时所想的那样，去应对成年人的情绪爆发问题。

情绪爆发需要参与者

情绪爆发是一种需要他人参与的社会活动，即便找个隐秘的地方爆发，在爆发者的心里也是有听众的。可以这么说，情绪爆发就像一棵倒下的大树所发出的声响。没人听到声响，谁也不知道发生了什么，倒下的大树只是扰乱了周围的空气。与此不同的是，情绪爆发者可能会持续扰乱空气，直至有人听见情绪的爆发。

一旦情绪爆发，人们就会被牵扯进去，不可能只是目睹它的爆发，不管他们自己是否愿意。而事态的发展都或多或少地取决于人们的回应方式。最佳的回应或许是什么也不要做，特别是当自己没有其他选择的时候。通常，人们对情绪爆发采取的方式是以爆发回应爆发，或是向爆发者解释不应该有那种情绪的理由。不幸的是，这样往往会使事态朝着更恶劣的方向发展。

情绪爆发是一种表达

情绪爆发者往往想通过自己的极端行为来向外界表达自己的感情与思想。一般，他们因找不到合适的话语而用行为来引起其他人产生同样的感受。当知道自己的感受被别人理解时，他们的那种被迫性示威行为或许就不会发生。

处于爆发地带的人们可能会有种被操纵的感觉，或者说，有一种被迫做自己不愿意做的事情的感觉。这样的想法只是一种急速的判断，非常不利于他们了解和处理情绪爆发。

想有效地应对情绪爆发，就必须站在他人的角度上看问题。如果认为情绪爆发是别人企图利用自己的恶劣手段，那么这种想法是极为错误的。他们爆发时表现出来的感受，是希望有人能做些事情，使他们感觉好起来，尽管他们往往并不知道那些事情是什么，他们也不在意做事情的主体是谁。

当然，情绪爆发者并不是想故意操纵别人。他们的爆发行为并不是故意的，而是一种无意识的行为。如果想让他们对自己的这种行为负责，很可能会使他们更为恼怒。尝试着询问情绪爆发者想让别人做些什么，这是有效地处理问题的技巧。如果你已经知晓他们想要的东西，那就最好不要再继续这个问题。

情绪爆发会反复进行

情绪爆发是系列性的事件，而不是单独一个事件。反复是大多数情绪爆发的关键要素。反复地爆发会增强和延长这一爆发事件本身。如何化解这些反复至关重要。遇到让你手足无措的情绪爆发时，可以想方设法稳定这个事件，以防它再次爆发。

解决情绪爆发最好的方法就是尽力去帮助他们，但不是对他们屈服，不是一味地满足他们的任何要求。不能做个老好人，但对他们尽量和蔼、细心、勇敢。运用一些不会使情绪爆发者受到伤害而对他们有益的方法。这些方法要打破常规，即使令人觉得不舒服的方法也可以拿来试试。

负面情绪消耗着我们的精神

当人们太在意某件事情的时候，就会变得心神不宁，此时负面情绪消耗着他们的活力和精力。他们是不可能以最佳效率将事情办好的。事实上，所有的负面情绪都与自己的软弱感和力不从心有关，因为此时的思想意识和体内的巨大力量是分离的。所以，在我们的情绪没有回归到平和之前，任何情绪的作用对于我们来说都是消耗，负面情绪越大、持续时间越长，这种消耗就越大。

王萌和李乐是一对恋人，王萌是一个文静细心的女孩子，而李乐正好相反，性格外向、开朗。两人感情一直很好。

一天，李乐到外地出差，因为旅途疲惫就直接在旅馆里休息了，没有给王萌打电话。王萌却在另一个城市苦苦等着李乐的消息，左等右等始终不见李乐的电话，她自己着急了：他现在干什么呢？跟谁在一起呢？这么晚了还不打电话是不是出什么事了呢？越想越糟，也不好意思打电话问原因。就这样，王萌在焦虑不安中度过了一夜。

这是一个在恋爱中十分普遍的现象，如果王萌打个电话问明原因就不会整夜无眠，但是她陷入了不良情绪的旋涡中不能自拔。

很多事情证明：如果人们怀着某种美好的情绪去做事时，往往会出现事半功倍的效果；相反，如果用一种消极的态度来面对事情，结果只能是事倍功半。

想想平时发生在我们周围的事情，有多少人因为情绪不好与成功失之交臂，有多少人因为负面情绪而错过了美好的恋人，有多少人因为闹情绪而毁掉了自己的美好前途？

大部分人的智商其实都相差无几，要想在激烈的竞争中脱颖而出，你的情商起到了至关重要的作用，人们已越来越重视个人情商的培养。其实，通过一段时间的培训和坚持，我们是可以有效地控制和驾驭自己的情绪的。

首先，要随时避免自己产生不良的情绪，适时转移自己情绪注意的焦点。

学会驾驭自己的情绪，一旦出现不良情绪，就要告诉自己，生气郁闷不仅要花费力气，还会伤元气。案例中的王萌就让负面情绪影响了自己，以至于浪费了时间，并把自己搞得筋疲力尽。

要学会适时地消除自己的不良情绪。气愤时做几个深呼吸，生气时数数绵羊，听听舒心的音乐，跟好友一起到KTV唱歌，等等，这些都有助于稳定自己的情绪。

其次，意念具有神奇的魔力，可以通过信念的力量来消除不良情绪的困扰。

用体力、情绪和信念三种方式来输出一个点数的能量，以体力的方式输出约10卡路里，而以信念的方式输出的能量是体力的100倍——1000卡路里。可见，信念的力量是巨大的。合理地运用信念，有助于克服不良情绪的困扰。

由真实故事改编的电影《美丽人生》的主人公纳什教授是一个患有精神分裂症的人，在他的生命长河中有三个想象中的人物一直不离不弃地伴随着他。当医生告诉他那三个人是不存在的，是他幻想出来的时候，他很受打击。但是当他确定自己的病情后拒绝服药，而是运用信念的力量杜绝自己与这三个人交流，专心于自己的研究，最终获得了诺贝尔奖。

最后，合理地转化不良情绪，变废为宝。

并非所有的不良情绪都会导致坏的结果，只要合理地运用不良情绪，转变观念，就能变废为宝。所谓"不愤不启，不悱不发"说的就是这个道理。

古往今来，有多少英雄人物成功地走出了人生的低谷，摆脱了不良情绪的困扰。宋代的苏轼留下了上千首千古绝唱，谁曾想过他官场失意，被贬数次？假如他因此郁郁寡欢，沉浸在悲伤的情绪中不能自拔，怎会有那被传颂至今的豪放词曲呢？

当我们抑郁时、痛苦时、沮丧时，要辩证地看待它们，把它们看作一次教训、一种对成功的磨炼，这样不仅帮助我们查漏补缺，而且有利于继续向美好的生活前进，何乐而不为呢？

"情绪风暴"中人心容易失控

所谓情绪风暴，就是指机体长时间地处于情绪波动不安的应激状态中。美国学者在对500名胃肠道病人的研究中发现，在这些病人当中，由于情绪问题而导致疾病的占74%。根据我国食道癌普查资料，大部分患者病前曾有明显的忧郁情绪和不良心境。我国心理学家在对高血压患者的病因分析中也发现患者病前常有焦虑、紧张等情绪。可见"情绪风暴"对人体有着巨大的影响，因而备受重视。

紧张的情绪，超负荷的工作压力会让你产生难以预料的情绪风暴，带给你更多的烦恼。

35岁的黄荣新是一家贸易公司的部门主管。年纪轻轻的他能有如此出色的事业，除了才华，更多的是靠勤奋。为了这份工作，他每天工作十几个小时，出差更是家常便饭。突然有一天，一向精力充沛的他发觉越来越多地困扰向他袭来：心悸、失眠、易怒、多疑、抑郁，以前10分钟就能解决的问题，现在却要花费一个小时，他甚至对工作产生了极其厌倦的情绪，整个人也变得日渐憔悴。

实际上，在现代社会中，由工作压力带来的心理矛盾和冲突是普遍存在的。竞争的压力、工作中的挫折、生活环境的显著变化、人际关系的日趋紧张等，使人不可避免地处于紧张、焦虑、烦躁的情绪之中。

当个体的情绪处于动荡不安的"风暴"中时，大脑的活动会受影响。例如，过度焦虑会引起大脑兴奋与抑制活动的失调，这不仅会使人的认知范围狭窄、注意力下降，严重者还会罹患精神疾病。日常生活中，常见的一些神经衰弱与焦虑等不良情绪有关。此外，有研究显示，大脑活动的失调还会使自主神经系统的功能发生紊乱，长此以往将使躯体出现某些生理疾病症状。

1943年，沃尔夫医生偶然遇到了一个名叫汤姆的病人。汤姆因误食一种腐蚀性的溶液而灼伤了食道，不能再吃食物。于是外科医生在他的胃部开了一个口，以便把食物直接灌入胃中，同时，也提供了从洞口中直接观察胃黏膜活动的机会。人们意外地发现，当病人处于紧张的情绪状态时，胃黏膜会分泌出大量的胃液，而胃液分泌过多将会导致胃溃疡。由此可见情绪对身体有直接的影响。

加拿大心理学家塞尔耶在有关"情绪风暴"对个体的身心变化影响的研究中，提出了情绪应激理论。塞尔耶认为，当人遇到紧张或危险的场面时，他会有很重的精神负担，而此时人往往又需要迅速做出重大决策来应付这种危机，机体因此会处于应激状态。在应激状态下，人脑某些神经元被激活，它释放出促使肾上腺皮质激素因子，并使血管紧张。

随着现代文明进程的加速，社会竞争日益加剧。人们的生活节奏也跟着"飞"起来，以至于现代人把一个"忙"字作为口头禅。职场白领们在四季恒温的办公区，面对一个格子间，一个显示器，一大堆文件，总有做不完的事情。由于工作紧张、人际关系淡漠等因素的影响，导致人们的身心压力越来越大。

对于轻微的压力，人们可以通过自我调节来消除，或随着时间的推移而日渐淡化。如果处理得当，还能将压力转化为人生的动力，促进个体能够奋发进取。但若是压力不能及时得以排除，长期积聚，无形的压力会影响人的身心健康，形成所谓的"亚健康"状态。

如果你已经处于"情绪风暴"中，就要尽快从中抽身，做一些对情绪平复有帮助的事情。早一点将"风暴"赶走，就早一点回归到安宁、平静、快乐的生活中。你是情绪的主人，要善于调控自己的情绪。

勿让情绪左右自己

情绪如同一枚炸药，随时可能将你炸得粉身碎骨。遇到喜事喜极而泣，遇到悲伤的事情一蹶不振，人世间的悲欢离合都被人的心绪所左右。

爱、恨、希望、信心、同情、乐观、忠诚、快乐、愤怒、恐惧、悲哀、疼痛、厌恶、轻快、仇恨、贪婪、嫉妒、报复、迷信等都是人的情绪。情绪可能带来伟大的成就，也可能带来惨痛的失败，人必须了解、控制自己的情绪，勿让情绪左右了自己。能否很好地控制自己的情绪，取决于一个人的气度、涵养、胸怀、毅力。气度恢宏、心胸博大的人都能做到不以物喜，不以己悲。

激怒时要疏导、平静；过喜时要收敛、抑制；忧愁时宜释放、自解；焦虑时应分散、消遣；悲伤时要转移、娱乐；恐惧时要寻支持、帮助；惊慌时要镇定、沉着……情绪修炼好，心理才健康。

空姐吴尔愉是个控制情绪的高手。她的优雅美丽来自一份健康的心态。她认为，当心里不畅快的时候，一定要与人沟通、释放不快。如果一个人习惯用自己的优点和别人的缺点相比，对什么都不满意，却对谁都不说，日积月累，不但她的心情很糟糕，而且她的皮肤也会粗糙，美貌当然会减半。所以，有不开心、不顺心的事，她一定找一个倾诉的伙伴。不但自己能一吐为快，朋友也能从旁观者的角度给她建议，让她豁然开朗。

在工作中，她更善于控制情绪，让工作成为好心情的一部分。飞机上常常遇见刁钻、挑剔的客人。吴尔愉总是能够让他们满意而归。她的秘诀就是自己要控制好情绪，不要被急躁、忧愁、紧张等消极情绪所左右，换位思考，乐于沟通。

有一位患上皮肤病的客人在飞机上十分暴躁，一些空姐都对他很生气。此时吴尔愉却亲切地为他服务，并且让空姐们想想如果自己也得了皮肤病，是否会比他还暴躁。在她的劝导下，大家都细心地照顾起这位乘客来。

做自己情绪的主人，是吴尔愉生活的准则，也是她事业成功的秘诀。以她名字命名的"吴尔愉服务法"已成为中国民航首部人性化空中服务规范。能适度地表达和控制自己的情绪，才能像吴尔愉一样，成为情绪的主人。人有喜怒哀乐不同的情绪体验，不愉快的情绪必须释放，以求得心理上的平衡。但不能过分发泄，否则，既影响自己的生活，也会在人际交往中产生矛盾，于身心健康无益。

当遇到意外的沟通情境时，就要学会运用理智，控制自己的情绪，轻易发怒只会造成负面效果。

累了，去散散步。到野外郊游，到深山大川走走，散散心，极目绿野，回归自然，荡涤一下胸中的烦恼，清理一下混乱的思绪，净化一下心灵尘埃，唤回失去的理智和信心。

唱一首歌。一首优美动听的抒情歌，一曲欢快轻松的舞曲或许会唤起你对美好过去的回忆，引发你对灿烂未来的憧憬。

读一本书。在书的世界遨游，将忧愁悲伤统统抛诸脑后，让你的心胸更开阔，气量更豁达。

看一部精彩的电影，穿一件漂亮的新衣，吃一点最爱的零食……不知不觉间，你的心不再是情绪的垃圾场，你会发现，没有什么比被情绪左右更愚蠢的事了。

生活中许多事情都不能左右，但是我们可以左右我们的心情，不再做悲伤、愤怒、嫉妒、怀恨的奴隶，以一颗积极健康的心去面对生活中的每一天。

第三节

解救被情绪绑架的理性

从苦闷的军嫂到成功的作家

当我们面临困惑时,如果能够静下心来,坦然面对,那么当我们从出口走出去时,就有可能看到另一番天地。在我们的生活与工作中,遇到困难或是难以跨越的"坎"时,不妨尝试换一种思考方式和解决办法,也许很快就能解决问题。问题的出口其实就是自己的人生蜕变,是自己理性地坦然面对问题的勇气和决心,是洒脱后的平静。

战时,汤姆森太太的丈夫到一个位于沙漠中心的陆军基地去驻防。为了能经常与他相聚,她搬到那附近去住,这样就可以解除相思之苦了。可是现实使她非常痛苦。那里实在是个可憎的地方,她简直没见过比那更糟糕的地方,对于她来说,那里简直是个噩梦。

她丈夫出外参加演习时,她就只好一个人待在那间小房子里。没有人跟她说话,由于是住在沙漠里,非常热,汗都没有来得及出来就晒干了。她不敢出去,怕晒晕过去,而且外面风沙很大,到处是沙子,能见度极低,说不定走着走着,就迷路了,所以她只好乖乖地待在房子里。

汤姆森太太觉得自己倒霉透了,于是她写信给父母,告诉他们她放弃了,她准备回家,她一分钟也不能再忍受了,这个地方像是牢房一样,什么也干不了,没有亲人,没有朋友,她很孤独,她宁愿离开丈夫也不想待在这个鬼地方。

过了一个月，她的父亲回信了，信上只有三句话，之后这三句话常常萦绕在她的心中，并改变了汤姆森太太的一生：有两个人从铁窗朝外望去，一个人看到的是满地的泥泞，另一个人却看到满天的繁星。

她把父亲的这三句话反复念了很多遍，忽然间觉得自己很笨，于是她决定找出自己目前处境的有利之处。她开始和当地的居民交朋友，他们都非常热心。当她在家无聊的时候，她就开始写作，当她需要书籍的时候，就让家人给邮寄过来。就这样日复一日，年复一年。最终她的稿子被一家出版社看中，并发行成书，从此，汤姆森太太成为一名著名的作家。

是什么给汤姆森太太带来了如此惊人的变化呢？沙漠没有改变，改变的只是她自己。她是一个高情商的人，她改变了面对生活的态度，正是这种改变使她有了一段精彩的人生经历，她发现的新天地令她既兴奋又刺激。在那片沙漠里，她找到了美丽的星辰。

伟大的心理学家阿德勒究其一生都在研究人类及其潜能，他曾经宣称他发现人类最不可思议的一种特性——人具有一种反败为胜的力量。这是一种高情商的表现，一个人具有什么样的心态，他就成为一个什么样的人，他就能够拥有一个什么样的人生。

汤姆森太太的故事也恰好说明了这样一个朴素的道理：人可以通过改变自己的心境来改变自己的人生。对于身处逆境中的人来说更是如此。如果你不满意自己的现状，想改变它，那么首先应该改变的是你自己，如果你有了积极的心态，转换一个角度，你就会看到不一样的风景，并且能够积极乐观地改善自己的环境和命运，你周围所有的问题都会迎刃而解，这是理性的控制情绪的方法。

生活总是很多彩，又难以让人捉摸透，换一种心情去生活会让你感受到生命的精彩。有这样一个句歌谣："别人骑马我骑驴，仔细思量总不如，回头再一看，还有挑脚夫。"这首歌谣虽理浅，足以醒世。哲人说：人生是块多棱镜，从不同的角度比较，会产生不同的效果。

从现在起，我们要与自己的心灵对话。人生一直处于比较之中，人的心灵和身体也在不停地进行对话。20世纪科学家为此已经做出了令人信服的科学解释。心灵的对话不单单是抽象的观念性东西，还会产生影响身心健康的物质性东西，这就是常说的荷尔蒙。

一个人遇上不如意的事，心情不好时，大脑就会分泌出影响身心健康的荷尔蒙。反之，遇事能正确对待，心情舒畅时，脑内就会分泌出增强健康的荷尔蒙。荷尔蒙是在人体细胞之间传递信息的物质，大脑也就是通过它向全身传递命令，进行心灵对话的。

据说，人在发怒或情绪紧张时，体内会分泌出甲肾上腺素；感觉恐怖时，体内会分泌出肾上腺素，这些荷尔蒙如果过量分泌，对人体十分有害。如果人的心情愉快，常常能把事情往好的方面去想，体内就会分泌出具有活跃脑细胞、增强体质功能的荷尔蒙。

我们的痛苦通常不是问题的本身带来的，而是我们对这些问题的看法而产生的。这是一句十分经典的话，它引导我们学会解脱。解脱的最好方式是面对不同的情况时，用不同的思路从多角度分析问题。因为事物都是多面性的，视角不同，所得的结果就不同。

要解决一切困难只是一个美丽的梦想，但任何困难都是可以解决的。一个问题就是一个矛盾的存在，而每一个矛盾只要找到了合适的介点，就可以把矛盾的双方统一。只是这个介点不停地变幻，它总与那些处在痛苦中的人玩游戏。

所以，我们需要换个视角看人生，这样你就会从容、坦然地面对生活。当痛苦向你袭来的时候，不要悲观气馁，要寻找痛苦的原因、教训及战胜痛苦的方法，勇敢地面对多舛的人生。

换个视角看人生，你就不会为战场失败、商场失手、情场失意而颓废，也不会为名利加身、赞誉四起而得意忘形。

换个视角看人生，是一种突破、一种解脱、一种超越、一种高层次的淡泊宁静。

换一个视角看待世界，世界无限宽大；换一种立场对待人事，人事无不自在。

你是情绪的奴隶吗

有人曾说，只要征服自己的感情和愤怒，就能征服一切。这正说明了人应该掌握自己的情绪，而不是成为情绪的奴隶。然而，有很多人都陷于愤怒、忧郁、恐惧等消极情绪的陷阱里不能自拔。

经济学教授詹纳斯·科尔耐曾说："我把人在控制自我情感上的软弱无力称为奴役。因为一个人为情感所支配，行为便没有自主之权，而受命运的宰割。"所以，做自己感情的奴隶比做暴君的奴仆更为不幸。

1939年，德国军队占领了波兰首都华沙，此时，卡亚和他的女友迪娜正在筹办婚礼，在光天化日之下卡亚被纳粹推上卡车运走，关进了集中营。卡亚陷入了极度的恐惧和悲伤之中。

一同被关押的一位犹太老人对他说："孩子，你只有活下去，才能与你的未婚妻团聚。记住，要活下去。"卡亚冷静下来，他下定决心，无论日子多么艰难，一定要保持积极的精神和情绪。所有被关在集中营的犹太人，他们每天的食物只有一块面包和一碗汤。许多人在饥饿和严酷刑罚的双重折磨下精神失常，有的甚至被折磨致死。卡亚努力控制和调适着自己的情绪，把恐惧、愤怒、悲观、屈辱等抛之脑后。在这人间炼狱中，卡亚奇迹般地活下来。他不断地鼓舞自己，靠着坚韧的意志力，维持着衰弱的生命。

1945年，盟军攻克了集中营，解救了这些饱经苦难、劫后余生的人。卡亚活着离开了集中营。若干年后，卡亚把他在集中营的经历写成一本书。他在前言中写道："如果没有那位老者的忠告，如果放任恐惧、悲伤、绝望的情绪在我的心间弥漫，很难想象，我还能活着出来。"

是卡亚自己救了自己，他用积极乐观的情绪救了自己，他战胜了不良情绪，他主宰了情商，他不是情绪的奴隶。

人的情绪无非两种：一是愉快情绪，二是不愉快情绪。无论是愉快情绪还是不愉快情绪，都要把握好它的"度"。否则，愉快过度了，即要乐极生悲。

至于不愉快过度的悲剧更多。有资料讲，80%的溃疡病患者有情绪压抑的病史，还有急躁易怒者易患高血压、冠心病，自卑、精神创伤、悲观失望者易患癌症。生气也是一种不良情绪，"气为百病之长"。其实生气有很多坏处：

★生气会在无意中伤害无辜的人，有谁愿意无缘无故挨你的骂呢？而被骂的人有时是会反击的。大家看你常常生气，为了怕无端挨骂，所以会和你保持距离，你和别人的关系在无形中就拉远了。

★偶尔生生气，别人会怕你；常常生气，别人就不在乎，反而会抱着"你看，又在生气了"的心理，这对你的形象也是不利的。

★生气也会影响一个人的理性思维，使之对事情做出错误的判断和决定，而这也会成为别人对你最不放心的一点。

★生气对身体不好，不过别人是不在乎这点的，气死了是你自己的事。

总之，坏情绪就是低情商的表现，它只会给我们带来坏处，不会带来好处。所以，学会控制情绪是我们成功的要诀。世上有许多事情的确是难以预料的，人与人的相处也难免会有磕磕碰碰。人的一生有如繁花，既有红火耀眼之时，也有暗淡萧条之日；人与人相处，既可能如亲人一样互敬互爱，也可能如敌人一样发生碰撞摩擦。但是，不管我们面对着怎样的境遇，都要尽量保持自己的风度，既不要自暴自弃，也不可盛气凌人。

然而，总有许多人不停地抱怨命运的不公，自己付出了辛劳的汗水，得到的却是失败和痛苦。究其原因，是因为他们不会调节自己的情绪，他们需要情绪锻炼，那么怎样才能摆脱"情绪奴隶"这个称号呢？情绪不是不可以控制的，这需要平日的锻炼。

★要学习辩证法，懂得用一分为二、变化发展的眼光看问题，在任何情况下，都不要把事物看"死"。

★要陶冶情操，培养广泛的兴趣，如书法、绘画、弈棋、种花、养鸟等，可择自己所好，修身养性。

★不要经常发脾气，遇事要量力而行，要有自知之明，要相信别人，多为别人着想。还有，要学会倾诉。有欢乐，不妨学学孩子跳几跳，放开嗓子吼几句。有苦恼，也不要闷在肚里，可向亲朋倾诉一番，甚至大哭一场。

★要广交朋友，消除孤独。多参加些体育锻炼，也是与情绪锻炼相辅相成、一举两得的好方法。

哈佛学者曾说："不要做情绪的奴隶，要做情绪的主人。"想要成为一个高情商者，首先就要学会控制情绪，这样你才可以如鱼得水地处理任何事情。那么从今天开始，让我们每天坚持情绪锻炼，做一个高情商的人。

情绪是怎样"冒"出来的

是什么原因使我们产生了情绪？情绪来自何方？

科学研究表明，我们大脑中枢的一些特殊的原始部位明显地掌控着我们的情绪。但是，人类语言的使用和更高级的大脑中枢又影响和支配着比较原始的大脑中枢。影响着我们的情绪和行为的主要原因是我们自己的思维。

另外，有些专家也指出：遗传结构只是在很小程度上决定着你是倾向于安静还是倾向于激动。而孩提时的经验和当时周围人的情绪则影响着你的情绪。各种生理因素（如疾病、睡眠缺乏、营养不良等）可能使你变得容易激动。由上可见，情绪是因多种情感交错而引起的一连串反应，与环境有着密不可分的互动关系，它并不是呼之即来、挥之即去的。

对大部分人来说，这些因素并不能完全决定着我们对周遭满意的程度，也不能决定我们能否免受焦虑、愤怒和抑郁之苦。我们的情绪在很大程度上受制于我们的信念、思考问题的方式。这正是情绪不易控制的真正原因。

大体上，我们可以将情绪粗分为愉快和不愉快两种经验：

愉快的经验包括喜悦、快乐、积极、兴奋、骄傲、惊喜、满足、热忱、冷静、好奇心和如释重负等。不愉快的经验有失望、挫折、忧郁、困惑、尴尬、羞耻、不悦、自卑、愧疚、仇恨、暴力、讥讽、排斥和轻视等。其中它们又可分为合理的情绪和不合理的情绪。

上面讲述了情绪分为两大类，下面细分一下情绪的类别，情绪的种类很多，一般分为以下5种：

★原始的基本的情绪

具有高度的紧张性，包括快乐、愤怒、恐惧和悲哀。

★感觉情绪

包括疼痛、厌恶、轻快。

★自我评价情绪

主要取决于一个人对自己的行为与各种行为标准的关系的知觉。包括成就感与挫败感、骄傲与羞耻、内疚与悔恨。

★恋他情绪

这类情绪常常凝聚成为持久的情绪倾向或态度，主要包括爱与恨。

★欣赏情绪

包括惊奇、敬畏、美感和幽默。

这些情绪对人们起着至关重要的作用。由于情绪可能为我们带来伟大的成就，也可能带来惨痛的失败，所以，我们必须了解、控制自己的情绪。

我们几乎每天都要表达自己的情绪，"今天我高兴""我现在很懊恼""昨天那事让我感到很难过""吓死我了""真讨厌""我喜欢你"……也会描述他人的情绪，"他太紧张了""这人怎么这么开心""我父亲对我很生气""昨晚圣诞节舞会上，大家都很兴奋"。情绪是我们每个人不可缺少的生活体验，情绪是有血有肉的生命的属性，"人非草木，孰能无情"。

情绪无所谓对错，它常常是短暂的，会推动行为，易夸大其词，可以累积，也可以经疏导而加速消散。情绪的好和坏事实上与我们自己的心态和想法有关，与刺激关系并不大，一件事，在别人眼中看着是悲哀的，在你眼中也许就是喜乐的，主要看自己怎么想了。

情绪的表现形式是多种多样的，我们可以依据情绪发生的强度、持续的时间以及紧张的程度，把情绪分为心境、激情和应激反应3种类型：

★心境

心境是一种微弱、平静、持续时间很长的情绪状态，也就是我们大家常说的"心情"。心境是受到个人的思维方式、方法、理想以及人生观、价值观和世界观影响的。同样的外部环境会造成每个人不同的情绪反应。有很多在恶劣环境中保持乐观向上的例证，那些身残志坚的人、临危不惧的人都是值得我们学习的榜样。

★激情

激情是迅速而短暂的情绪活动，通常是强有力的。我们经常说的"勃然大怒""大惊失色""欣喜若狂"都是激情所致。很多情况下激情的发生是由生活中的某些事情引起的。而这些事情往往是突发的，使人们在短时间内失去控制。激情是常被矛盾激化的结果，也是在原发性的基础上发展和夸张表现的结果。

★应激反应

应激反应是由出乎意料的紧急情况所引起的急速而又高度紧张的情绪状态。人们在生活中经常会遇到突发事件，它要求我们及时而迅速地做出反应和决定，应对这样紧急情况所产生的情绪体验就是应激反应。在平静的状况下，人们的情绪变化差异还不是很明显，而当应激反应出现时人们的情绪差异立刻就显现出来。加拿大生理学家塞里的研究表明：长期处于应激状态会使人体内部的生化防御系统发生紊乱和瓦解，随之身体的抵抗力也会下降，甚至会失去免疫能力，由此就更容易患病。所以我们不能长期处于高度紧张的应激反应中。

控制自我是高情商的体现

一个成功的人必定是有良好自我控制能力的人，控制自我不是说不发泄情绪，也不是不发脾气，过度压抑会适得其反。良好的控制自我就是不要凡事都情绪化，任由情绪发展，而是要适度控制，这是一种能力的体现。

20世纪60年代早期的美国，有一位很有才华、曾经做过大学校长的人竞选美国中西部某州的议会议员。此人资历很高，又精明能干、博学多识，非常有希望赢得选举的胜利，而且他的威望也很高。

就在他竞选过程中，一个很小的谎言散布开来：3年前，在该州首府举行的一次教育大会上，他跟一位年轻的女教师"有那么一点暧昧的行为"。这其实是一个弥天大谎，而这位候选人不能很好地控制自己的情绪，他对此感到非常愤怒，并极力想要为自己辩解。

就在这个时候，他的妻子对他说："既然这是一个谎言，那为什么还要为自己辩护呢？你越辩护，越说明这件事是真的，与其让其他人看笑话，不如我们不把它当回事。"

果然，他把这件事当成小事，当有记者问他时，他说："这是一个误会，是一个谎言，时间会证明一切。"虽然只是简短的几句话，但是他赢得了更多人的支持。最后他竞选成功。

在关键时候，故事的主人公能控制自己的情绪，控制了自我，这是能力的体现，他更是一个情商高手。他没有因为别人的误解而发怒，而是转换角度，从容面对，所以他成功了。

其实，人的情绪表现会受众多因素的影响，例如，他人言语、突发事件、个人成败、环境氛围、天气情况、身体状况等等。这些因素可以按照来源分为外部因素（刺激）和内部因素（看法、认识）。两种因素共同决定了人的情绪表现和行为特征，其中个人的观点、看法和认识等内部因素直接决定人的情绪表现，而个人成败、恶言恶语等外部因素则通过影响情绪内因而间接影响人的情绪表现。

传说中有一个"仇恨袋"，谁越对它施力，它就胀得越大，以致最后堵死我们生存的空间。因此，当我们遇到生气的事情，不必将怒火点燃，实际上这于事无补。

情绪可以成为你干扰对手、打败对手的有效工具；反过来说，情绪也会成为对手攻击你的"暗器"，让你丧失理智，铸成大错。

电影《空中监狱》中有这样一段情节：从海军陆战队受训完毕的卡麦伦来到妻子工作的小酒馆，正当两人沉浸在重逢的喜悦中时，几个小混混不合时宜地出现了，对他漂亮的妻子百般骚扰。卡麦伦在妻子的劝阻下，好不容易按下怒火，离开酒馆准备回家去。没想到在半路上又遇到那帮人，听着他们放肆的下流话语，卡麦伦再也无法忍受了，他不顾妻子的叫喊，愤怒地冲过去和他们搏斗起来。混乱中，一个小混混从衣兜里掏出一把锋利的匕首，卡麦伦不假思索地夺过匕首，一刀捅入对方的胸膛……那人当场死亡了，卡麦伦因为过失杀人，被判了10年徒刑。无论他有多么后悔，也只得挥泪告别刚刚怀孕的妻子，在狱中度过漫长的痛苦时光……

卡麦伦的悲剧难道不是他自己造成的吗？如果他能够控制自己的情绪，不正面与小混混冲突，又怎会酿成如此悲剧？制裁坏人并不一定要靠拳头和武力，当时，如果卡麦伦能稍微理智一些，向警方求助，事情一定不会演变到这种地步。

控制自我情绪是一种重要的能力，也是一门难能可贵的艺术。一个不懂得控制自我的人，只会任由其情绪的发展，使自己有如一头失控的野兽，一旦不小心闯到熙熙攘攘的人群中，则会伤人伤己。人是群居的动物，不可能总是一个人独处，因此，一旦情绪失控，必将波及他人。控制自我情绪绝对是种必须具备的能力。

1754年，身为上校的华盛顿率领部下驻防亚历山大市。当时正值弗吉尼亚州议会选举议员，有一个名叫威廉·佩恩的人反对华盛顿所支持的候选人。据说，华盛顿与佩恩就选举问题展开激烈争论，说了一些冒犯佩恩的话。佩恩火冒三丈，一拳将华盛顿打倒在地。当华盛顿的部下跑上来要教训佩恩时，华盛顿急忙阻止了他们，并劝说他们返回营地。

第二天一早，华盛顿就托人带给佩恩一张便条，约他到一家小酒馆见面。佩恩料定必有一场决斗，做好准备后赶到酒馆。令他惊讶的是，等候他的不是手枪而是美酒。

华盛顿站起身来，伸出手迎接他。华盛顿说："佩恩先生，昨天确实是我不对，我不可以那样说，不过你已然采取行动挽回了面子。如果你认为到此可以解决的话，请握住我的手，让我们交个朋友。"从此以后，佩恩成为华盛顿的狂热崇拜者。

我们在钦佩伟人胸怀的同时，也要认识到控制自我的重要。许多伟人之所以能够名垂千古，与他们的从容豁达、宠辱不惊有很大的关系。而芸芸众生也许更多的是任由情绪的发泄，没有控制好自我的人。

美国研究应激反应的专家理查德·卡尔森说："我们的恼怒有80%是自己造成的。"这位加利福尼亚人在讨论会上教人们如何不生气。卡尔森把防止激动的方法归结为这样的话："请冷静下来！要承认生活是不公正的。任何人都不是完美的，任何事情都不会按计划进行。"理查德·卡尔森的一条黄金法则是："不要让小事情牵着鼻子走。"他说："要冷静，要理解别人。"他的建议是：表现出感激之情，别人会感觉到高兴，而你的自我感觉会更好。

学会倾听别人的意见，这样不仅会使你的生活更加有意思，而且别人也会更喜欢你；每天至少对一个人说，你为什么赏识他；不要试图把一切都弄得滴水不漏；不要顽固地坚持自己的权利，这会花费许多不必要的精力；不要老是纠正别人；常给陌生人一个微笑；不要打断别人的讲话；不要让别人为你的不顺利负责；要接受事情不成功的事实，天不会因此而塌下来；请忘记事事必须完美的想法，你自己也不是完美的。这样生活会突然变得轻松得多。

当你抑制不住生气时，你要问自己：一年后生气的理由是否还那么重要？这会使你对许多事情得出正确的看法。控制住自我，你的能力就会彰显出来。

情绪发电机

情绪就好像发电机一样，控制不好，它就会源源不断地充电，让我们招架不住，如果是好情绪，当然好，但如果是坏情绪，那么，就会影响我们的心情，情绪就成为真正的主人。要么你去驾驭生命，要么是生命驾驭你，而你的心态将决定谁是坐骑，谁是骑师。所以，想要成为情绪的主人，就要学会怎么控制住这个发电机。

因为《名利场》一书而享誉世界的英国作家萨克雷有一句经典的话：生活是一面镜子，你对它笑，它就对你笑；你对它哭，它也对你哭。得意的时候高兴，失意的时候伤悲，这都是情绪这个发电机的作用。

在生活中，我们不可避免地会产生一些坏情绪，比如愤怒、怨恨、痛苦等，这些情绪虽然都会在一定程度上消耗我们的能量。但是，这些表面负面的感受也会有一些积极价值。在感到痛苦的时候，我们可以不断成熟，在逆境中可以不断成长。所以说，情绪发电机用好了，会帮助我们在人生的道路上少走许多弯路。

在有限的人生经历中，我们每天都会收到生活包裹起来的礼物，有甜蜜的惊喜，也有令人失望灰心的打击。即使是流泪，每个人也有不同的原因。有人哭泣，是因为伤心的事情太多；有人哭泣，是因为幸福的事情太多。这背后的差异，是一个人的情绪发动机工作的结果。如果这个发动机发出的是心情豁达、乐观的心态，那么我们就总能够看到事物光明的一面，即使在漆黑的夜晚，我们也知道星星在乌云的背后闪烁。如果发出来的是坏情绪，那么你会对幸福熟视无睹。

那么我们怎样把握好这个发电机、把握好自己的生活呢？

★自如的生活有属于自己的目标。有时，人们变得焦躁不安，是由于碰到自己所无法控制的局面。此时，你应承认现实，然后设法创造条件，使之向着自己的目标方向转化。

★要有一颗无限空间的心灵。大凡乐观的人往往是憨厚的人，愁容满面的人又总是那些不够宽容的人，他们看不惯社会上的一切，希望人世间的一切都符合自己的理想模式，这才感到顺心。

★当你变得浮躁、悲观之时，不如冷静地承认发生的一切，放弃生活中已成为你负担的东西，终止不能取得结果的活动，并重新设计新的生活，让自己的人生桌面换上属于自己的壁纸。

当你发现自己不会因为任何外在的改变而改变时，你就不会再因为一时的得意而沾沾自喜，也不会因为一时的失意而捶胸顿足；同样，你也不会因为别人的成就而感到暗淡，也不会因为别人的侮辱而冲动。

情绪具有感染力

将一个乐观开朗的人和一个整天愁眉苦脸、抑郁难解的人放在一起，不到半个小时，这个乐观的人也会变得郁郁寡欢起来。道理很简单，悲观者将自己的苦闷、抑郁传递给了他，人的情绪就是这么的奇怪。情绪具有感染力，那就让我们及时调整好自己的情绪，不要让你的坏情绪到处去"惹祸"了。

有这样一幅漫画：

有个小男孩被老师骂了一顿，心情非常不好，在路边遇到一条觅食的小狗，便狠狠踢了它一下，吓得小狗狼狈逃窜；小狗无端受了惊吓，见到一个西装革履的老板走过来,便汪汪狂吠;老板平白无故被狗这么一闹,心情很烦躁,在公司里逮住他的女秘书的一点小小过错就大发雷霆;女秘书回家后,越想越气,把怨气一股脑儿全撒给了莫名其妙的丈夫,两人吵了一架,把以前陈芝麻烂谷子的事都抖了出来;第二天,这位身为教师的丈夫如法炮制,把自己一个不长进的学生狠狠地批评了一顿;挨了训的学生,也就是前面的那个小男孩怀着恶劣的心情放了学,归途又碰见了那条小狗,二话没说又一脚踹去……

看过漫画,大家都忍不住哈哈大笑,漫画用夸张的手法给我们展示了一条不良情绪的传染链。其实,我们每个人都可能是不良情绪的始作俑者,每个人也都是不良情绪的受害者。其实,只要中间的某个人可以控制住自己的情绪,这个恶性循环就不会再传递下去。

良好的情绪会带给周围人无尽的欢乐。如果我们仔细回想一下,一定能够想得到许多因良好情绪而感染我们的例子。比如小区的物业人员总是真诚、友善地和你道一句"你好""再见"之类的话语,你可能本来因忙碌而觉得心烦,但一听到他的问候、看到他的笑脸,你的内心也会绽放出一朵花来。许多经常来往的人的情绪会互相影响,也是基于这样的道理。但如果是坏情绪的传染,有时会带来毁灭性的灾难。

俄亥俄州大学社会心理生理学家约翰·卡西波指出,人们之间的情绪会互相感染,看到别人表达的情感,会引发自己产生相同的情绪,尽管你并未意识到自己在模仿对方的表情。这种情绪的鼓动、传递与协调,无时无刻不在进行,人际关系互动的顺利与否,便取决于这种情绪的协调。

情绪的感染通常是很难察觉的,这种交流往往细微到几乎无法察觉。专家做过一个简单的实验,请两个实验者写出当时的心情,然后请他们相对静坐等候研究人员到来。两分钟后,研究人员来了,请他们再写出自己的心情。这两个实验者是经过特别挑选的,一个极善于表达情感,一个则是喜怒无形于色。实验结果,后者的情绪总是会受前者感染,每一次都是如此。这种神奇的传递是如何发生的？

人们会在无意识中模仿他人的情感表现，诸如表情、手势、语调及其他非语言的形式，从而在心中重塑自己的情绪。这有点像导演所倡导的表演逼真法，要演员回忆产生某种强烈情感时的表情动作，以便重新唤起同样的情感。

研究发现，人容易受到坏情绪的传染，带着满肚子闷气，绷着脸回到家，摔摔打打，看什么都不顺眼，坏情绪便立刻传染给了全家，可能整个晚上甚至连续几天都不得安宁。同样，在家里怄了气，也会把坏情绪带到外面。这就像一个圆圈，以最先情绪不佳者为中心，向四周荡漾开去，这就是常被人们忽视的"情绪污染"。用心理学家的话说：情绪"病毒"就像瘟疫一样从这个人身上传播到另一个人身上，一传十、十传百，其传播速度有时要比有形的病毒和细菌的传染还要快。被传染者常常一触即发，越来越严重，有时还会在传染者身上潜伏下来，到一定的时期重新爆发。这种情绪污染给人造成的身心损害绝不亚于病毒和细菌引起的疾病危害。

同样，你听同一首歌，在家听的感受与到演唱会现场去听，结果肯定是大不一样，因为，在现场你的情绪受到了感染。认识到情绪这种特殊的"传染病"，我们就要重视它，并积极利用正面情绪，克制、舒缓负面情绪，这样才能拥有赢得成功的品质。

与其一天到晚怨天怨地，说自己多么不幸福，不如借由改变自己的情绪、个性来改变命运。没有人是天生注定要不幸福的，除非你自己关起心门，拒绝幸福之神来访。千万不可做个喜怒无常的人，让自己的心理状态完全被情绪左右，那样伤害的不只是别人，你自己也会因此失去拥有幸福的机会。

让烦恼不再找你

烦恼是一种不良情绪，忘掉自我，专心投入你当前要做的事情中，可以让你克服紧张情绪，保持一种泰然自若的心态。当许多事情过后，你会发现那不过是庸人自扰，根本没有你原先想象的那么复杂、困难。何苦非要与自己过不去呢？高情商的人往往会让烦恼过期，让快乐的情绪回到自己的身边。

球王贝利刚刚入选巴西最著名的球队——桑托斯足球队时，曾经因为过度紧张而一夜未眠。他翻来覆去地想着："那些著名球星们会笑话我吗？万一发生那样尴尬的情形，我有脸回来见家人和朋友吗？"一种前所未有的怀疑和恐惧使贝利寝食不安。虽然自己是同龄人中的佼佼者，但烦恼使他情愿沉浸于希望，也不敢真正迈进渴求已久的现实。

最后，贝利终于身不由己地来到了桑托斯足球队，那种紧张和恐惧的心情，简直没法形容。"正式练球开始了，我已吓得几乎快要瘫痪。"原以为刚进球队只不过练练盘球、传球什么的，然后便肯定会当板凳队员。哪知第一次，教练就让他上场，还让他踢主力中锋。紧张的贝利半天没回过神来，双腿像长在别人身上似的，每次球滚到他身边，他都好像看见别人的拳头向他击来。在这样的情况下，他几乎是被硬逼着上场的。但当他迈开双腿，便不顾一切地在场上奔跑起来时，便渐渐忘了是跟谁在踢球，甚至连自己的存在也忘了，只是习惯性地接球、盘球和传球。在快要结束训练时，他已经忘了桑托斯球队，而以为又是在故乡的球场上练球了。

那些使他深感畏惧的足球明星们，其实并没有一个人轻视他，而且对他相当友善。如果贝利一开始就能够相信自己，专心踢球，而不是无端地猜测和担心，就不必承受那么多的精神压力了。但是最后，他还是战胜了烦恼，让烦恼迅速过期，重新找回了自己。

有人说过："既然你无法控制天气，那么为天气而烦恼岂不是庸人自扰？"

有一个美国旅行者来到了苏格兰北部，他问一位坐在墙边的老人："明天天气怎么样？"老人看也没看天空就回答说："是我喜欢的天气。"旅行者又问："会出太阳吗？""我不知道。"他回答道。"那么，会下雨吗？""我不想知道。"这时旅行者已经完全被搞糊涂了。"好吧，"他说，"如果是你喜欢的那种天气的话，那会是什么天气呢？"老人看着美国人，说："很久以前我就知道我没法控制天气了，所以不管天气怎样，我都会喜欢。"

谁都会有烦恼的事情，但是，如果总是为一些无端的事情或自己无法操控的事情而烦恼，情况严重的话就是一种病态心理。如果总是为不期而至的意外烦恼不已，或悲观失望，结果让自己的生活变得更糟糕，这样不是很愚蠢吗？我们既然不能改变既成事实，为什么不改变面对事实、尤其是坏事的态度呢？

其实，消除烦恼最有效的办法是正视现实，摒弃那些引起你忧虑不安的因素。下面为大家提供一些消除烦恼的方法。

★更加现实地利用时间

人们有时变得烦躁不安是由于碰到了自己无法控制的局面。此时，你应该设法创造条件，使现实向着对你有利的方面转化。例如，当你在商店、公共汽车站或某地排长队等待时，切不要为之烦恼。此时你可以把思想转向别的什么事上，诸如回忆一段令人愉快的往事，思考一下工作中所遇到的事情，也可以做几次深呼吸。

★做事情切莫一拖再拖

当面临一项既艰巨又必须完成的任务时，很多人能拖一天就拖一天。可是，这只能增加你的不安情绪，倒不如选择及时、圆满地去完成它。因为今天对你棘手的任务明天同样棘手，因此，你应立刻行动、切莫等待。

★做事情不要急于求成

在怀有远大抱负和理想的同时，要注意树立短期目标，一步一步地实现你的理想，而不要急于求成，否则只会出现拔苗助长的结果。

★使自己静下心来

感到烦闷无聊时，最重要的是先使自己静下心来，再找其根源。什么都不做是消除烦恼的简单彻底而令人难以置信的良方，静观掠过的思绪，默数呼吸次数，再加以反省。

★合理宣泄心中的烦恼

当我们碰到情绪困扰时，最好找个亲密的朋友、亲戚，可依赖的同事，将自己的心绪倾吐出来，告诉他们，你需要他们的劝告和指导。就算他们不能给你什么具体的帮助，但只要他们能耐心地坐下来，静静地倾听，你倾吐完也会感到豁然开朗。

★采用其他的放松运动

放松运动并不一定只是体育方面，或类似的一些简单机械的活动，它还应包括所有能使你完全摆脱日常无味的工作、家庭琐事的活动。如弹奏乐器、绘画、养花种草以及唱歌、摄影等，培养自己的兴趣，才能找到一种寄托，从而忘记烦恼。

说出你的忧虑

哈佛大学中国政治学教授裴宜理常和她的学生说："自己招来的忧伤是最大的忧伤。"哈佛企业管理学教授斯蒂芬·布莱德利也说："智者的坚定不过是把焦虑深藏于心的艺术。"

人遇到困难，往往是成功的先兆，只有不怕困难的人，才可以战胜忧虑和恐惧。当然，消除忧虑的办法是始终存在的，但是人需要靠自己的能力消除恐惧，不能随便听信他人。如保罗·泰利斯博士所言："在每个令人怀疑的深坑里，虽然感到绝望，但我们对真理追求的热情，依旧存在。不要放弃自己而去依赖别人，纵使别人能解除你对真理的焦虑。但不要因诱惑而导入一个不属于你自己的真理。"

忧虑，是人在面临不利环境和条件时所产生的一种抑制情绪。它是一种沉重的精神压力，使人精神沮丧，身心疲惫。无论是逃避问题还是对问题过分执着，实际上也只可能有两种结果。一种是问题并不像我们所想的那么糟，至少没有到无可挽回的地步。只要采取积极正确的态度，问题就会得到解决。这样，我们也就没有什么可忧虑的了。另一种是问题无法解决，那及早放弃比忧虑更明智。

忧虑是一种过度忧愁和伤感的情绪体验。正常人也会有忧虑的时候，但如果是毫无原因的忧虑，或虽有原因，但不能自控，显得心事重重、愁眉苦脸，就属于心理性忧虑了。

忧虑会使一个人老得更快，会摧毁他的容貌，甚至对其健康产生严重威胁。所以说，过度忧虑不可取。凡事退一步想，不要耿耿于怀，忧虑就会减少。

总之忧虑是有百害而无一利的，那么我们需要做的就是大声地说出自己的忧虑，让忧虑的阴霾远离我们。

把心事说出来，这是波士顿医院所安排的克服忧虑课程中最主要的治疗方法。下面是我们在那个课程里所得到的一些概念。其实我们在家里就可以做这些事。

★准备一本"供给灵感"的剪贴簿

你可以贴上自己喜欢的令人鼓舞的诗篇，或是名人名言。往后，如果你感到精神颓丧，也许在本子里就可以找到治疗方法。在波士顿医院的很多病人都把这种剪贴簿保存好多年，他们说这等于是替你在精神上"打了一针"。

★要对你的邻居感兴趣

对那些和你在同一条街上共同生活的人，要保有一种很友善也很健康的兴趣，这样就没有孤独感了，你对别人感兴趣，那么你会很快与邻居成为朋友，随之而来的就是邻居的热情与关爱，最后，忧虑会不自觉地远离你。

★今晚上床之前，先安排好明天工作的程序

在班上，有很多家庭主妇因为忙不完的家事而感到疲劳。她们好像永远都做不完自己的工作，老是被时间赶来赶去。为了要治好这种忧虑，建议各位家庭主妇在头一天就把第二天的工作安排好，结果呢？她们能完成很多的工作，却不会感到疲劳。同时还因为有成绩而感到非常骄傲，甚至还有时间休息和打扮。

★避免紧张和疲劳的唯一途径就是放松

再没有比紧张和疲劳更容易使你苍老的事了。也不会有别的事物比起忧虑对你的外表更有害了。如果你要消除忧虑，就必须放松。

当一些问题的确是超出了我们的能力所能解决的范围时，我们就需要乐观一些，就像杨柳承受风雨一样，我们也要承受不可避免的事实。哲学家威廉·詹姆斯说："要乐于承认事情就是这样的情况。能够接受发生的事实，就是能克服随之而来的任何不幸的第一步。"

每个人都希望自己的生活过得一帆风顺，轻轻松松，简简单单，然而生活却有多种忧虑。例如，追求的失落、奋斗的挫折、情感的伤害等等，这些都让我们的心灵背上了沉重的负荷。面对这样的忧虑，我们要适当地说出来，要想获得平和的心，有一个最重要的方法，那就是注意为自己的心灵留下适当的空白，使自己的内心保持一定的余裕。

事实上，刻意地使心灵空白的确能有效地为人们带来心安的感受。在这个过程中你可以将头脑中的忧虑、不安、沉重、憎恶等不良情绪"清空"，取而代之的是愉悦、安定、轻松、满足的好心情。

总之，我们不要把忧虑和恐惧隐藏在心中，这种办法是很愚蠢的。应该大声地说出来。内心有忧虑烦恼，应该尽量坦白讲出来，这不但可以给自己从心理上找一条出路，而且有助于恢复理智，把不必要的忧虑除去，同时找出消除忧虑、抵抗恐惧的方法。

生活中不如意之事很多，只要你善于把握自我，控制好自己的情绪，说出忧虑，远离忧虑，自然就可以迎接阳光灿烂的每一天。

第四节

先接受情绪，再管理情绪

踢走"负面情绪"这个绊脚石

心理学上把焦虑、紧张、愤怒、沮丧、悲伤、痛苦等情绪统称为负性情绪，有时又称为负面情绪，人们之所以这样称呼这些情绪，是因为此类情绪的体验是不积极的，身体也会有不适感，甚至影响工作和生活的顺利进行，进而有可能引起身心的伤害。

现在，全球范围内出现心理问题的人越来越多，而且呈现出低龄化趋势。根据2000年的调查显示：该年患有抑郁症的人数是1960年的10倍，而且患病人群的最低年龄已经由从前的25岁降低到了14岁。

最近医学发现，负性情绪极易形成"癌症性格""癌症性格"的具体表现包括：性格内向，表面上逆来顺受、毫无怨言，内心却怨气冲天、痛苦挣扎，有精神创伤史；情绪抑郁，好生闷气，但不爱宣泄；生活中一件极小的事便可使其焦虑不安，心情总处于紧张状态。这些负性情绪则可损害人的免疫系统，诱发癌症。

在2005年的一项调查中显示：80%的哈佛学生，至少有过一次抑郁的经历，有47%的学生曾经达到过崩溃的边缘，有94%的学生都会感到压力大甚至是喘不过气来。可见，具有负面情绪的人比例如此之大，我们要学会控制负面情绪，但我们也允许自己有负面情绪。

有位太太请了一个油漆匠到家里粉刷墙壁。油漆匠一走进门，看到她的丈夫双目失明顿时流露出怜悯的眼光，他觉得她的丈夫很可怜，因为他看不到阳光、花草和人们。

可是男主人一向开朗乐观，所以油漆匠在那里工作的那几天，他们谈得很投机，油漆匠也从未提起男主人的缺憾，虽然他也很想知道男主人为什么这么开心。

工作完毕，油漆匠取出账单，那位太太发现比原先谈妥的价钱打了一个很大的折扣。她问油漆匠："怎么少算这么多呢？"油漆匠回答说："我跟你先生在一起觉得很快乐，他的开朗、他的乐观，使我觉得自己的境况还不算最坏。所以减去的那一部分，算是我的一点谢意，因为他使我不会把工作看得太苦！"

其实这个油漆匠，只有一只手。

我们无法选择将要发生的事情，情绪的到来也没有任何信号。尤其是负面情绪，我们无法阻止负面情绪的产生，但我们可以掌握自己的态度，调节情绪来适应一切环境，生活中大多数的情况下，你完全可以选择你所要体验的情绪，关键在于自己对生活态度的选择。

在2000年美国就做了一项关于1967~2000年心理学文摘的调查，结果发现关于负面心理与关于正面心理研究的论文数目比例相差得太远太远。这项调查中的结果显示：关于愤怒的研究文章有5584篇，关于沮丧的有41416篇，关于抑郁的有54040篇；而关于喜悦的研究文章只有515篇，关于快乐的有2000篇，关于生活满意的有2300篇。结果可以得到一个结论：那就是正面心理与负面心理的比例达到了1：21，这是一个多么令人吃惊的数字！

总之，所有的负面情绪都是我们的绊脚石，我们必须认识它、重视它、超越它，让绊脚石变成我们前进的垫脚石。

停止你的牢骚

密歇根大学社会研究院的研究员发现，凡在公司中有对工作发牢骚的人，那家公司或老板一定比没有这种人或有这种人而把牢骚埋在肚子里的公司成功得多。这就是所谓的"牢骚效应"。

哈佛大学心理学系的梅约教授组织过一个谈话试验。专家们找工人个别谈话，而且规定在谈话过程中，专家要耐心倾听工人们对厂方的各种意见和不满，并做详细记录。

结果他们发现：这两年以来，工厂的产量大幅度提高了。经过研究，他们给出了原因：在这家工厂，长期以来工人对它的各个方面就有诸多不满，但无处发泄。谈话试验使他们的这些不满都发泄出来了，从而感到心情舒畅，所以工作干劲高涨。

★沉默比牢骚更有建设性

对于那些热爱抱怨的人来说，沉默是一件痛苦的事情。但是，沉默却能把他们从抱怨的情绪中解救出来。如果你什么都不说，大家也许还会赞美你稳重，但如果你说个不停，不但不会表现出你所期望的睿智，反而会令人感觉到浮躁。倘若你滔滔不绝了很久，表达的内容却无非是抱怨和牢骚，那就更不够明智了。

所以，在思想上给自己装一个过滤器，当你想要抱怨时，请让自己沉默几分钟，让你的话语先穿越抱怨的过滤器。沉默能让你自省反思、谨慎措辞，让你说出你希望能传送创造性能量的言论，而不是任由不安驱使你发出又臭又长的牢骚。

法国有句谚语，雄辩如银，沉默是金。在现实生活中，有时候沉默确实胜于雄辩，当然更胜过那些毫无价值的抱怨的话语。

沉默往往比抱怨更有建设性。抱怨是一种习惯，如果你不想把抱怨的话说出口，那么就请沉默，让自己暂停一下，调整一下呼吸，就能给自己一个机会，在说话时更加小心地选择词语，也更加仔细地斟酌自己将要表达的观点是否合适。说话之前，不如深呼吸，而不要穷抱怨。

★价值不需要用牢骚来证明

不要去嫉妒别人的命有多好，也不要抱怨自己的价值没有被人发现。

如果你本身是一颗珍珠，纵使被禁锢在坚硬的贝壳之中，也迟早会被人发现；但假如你只是一粒沙子，即使在阳光照射下的海滩上，也会永远被游客踩在脚底。

约翰从斯坦福大学毕业之后进入了一家规模很小的财会公司，每天，他像所有新入职的年轻人一样从事着简单的工作。

一天，约翰终于忍不住心中的愤懑前去质问上帝："命运为什么对我如此不公平？"上帝沉默不语，只是不动声色地从地上捡起一颗小石子扔进了乱石堆里。上帝对约翰说："请你利用你的才能和智慧，将我刚才扔掉的石子找回来吧！"

约翰翻遍了乱石堆，却无功而返，他不满地说："您还没有回答我的问题呢！"这一次，上帝皱了皱眉头，他走到约翰身边，摘下了约翰手上的戒指，再一次扔进了乱石堆。约翰既吃惊又生气，他没等上帝说话便迅速地跑到石堆旁，这一次，他很快便找到了那枚金光闪闪的戒指。

上帝却说："你是那颗石子还是这枚戒指呢？"看着面带微笑的上帝，约翰恍然大悟：当自己还只是一颗石子，而不是一块金光闪闪的金子时，就永远不要抱怨命运对自己不公平。

当我们抱怨现实对自己不公时，先问一下自己到底是石头还是金子。价值从来不需要用牢骚来证明，一个人唯有先征服自己，才有能力征服他人，让别人信任自己。有位作家曾经说过："自己把自己说服了，是一种理智的胜利；自己被自己感动了，是一种心灵的升华；自己把自己征服了，是一种人生的成熟。大凡说服了、感动了、征服了自己的人，就有力量征服一切挫折、痛苦和不幸。"所以，当你想要向世界证明自己的能力时，请先让自己相信，你是一个真正有实力的人，而不是一个"抱怨鬼"。

控制冲动这个"魔鬼"

在种种消极情绪中，冲动无疑是破坏力最强的情绪之一，它是低情商的表现，每个人在生活中都会遇到不合自己心意的事，这时候如果不保持冷静，不克制自己的冲动行为，就会为此付出代价。一个聪明的人，不会让坏情绪控制自己，而是应该自己去控制坏情绪，成为情绪的主宰者。

生活中许多人，往往控制不住自己的情绪，任性妄为，结果引火烧身，给自己和朋友带来不必要的麻烦。所以，你要学会控制自己的冲动。学会审时度势，千万不能放纵自己。每个人都有冲动的时候，尽管冲动是一种很难控制的情绪。但不管怎样，你一定要牢牢控制住它。否则一点细小的疏忽，可能贻害无穷。

据说："冲动就像地雷，碰到任何东西都一同毁灭。"如果你不注意培养自己冷静平和的性情，一旦碰到不如意事就暴跳如雷，情绪失控，就会让自己陷入自我戕害的囹圄之中。

一个孩子总是无法控制自己的情绪。一天，他父亲给了他一大包钉子，让他每发一次脾气都用铁锤在他家后院的栅栏上钉一颗钉子。第一天，小男孩共在栅栏上钉了37颗钉子。

过了几个星期，小男孩渐渐学会了控制自己的情绪，栅栏上钉子的数量开始逐渐减少。

渐渐地，他发现控制自己的坏脾气比往栅栏上钉钉子要容易多了。

最后，小男孩发脾气的频率越来越低，栅栏上钉的钉子也越来越少。

他把自己的转变告诉了父亲。他父亲又建议他说："如果你能坚持一整天不发脾气，就从栅栏上拔下一颗钉子。"经过一段时间，小男孩终于把栅栏上所有的钉子都拔掉了。

父亲拉着他的手来到栅栏边，对小男孩说："儿子，你做得很好。但是，你看一看那些钉子在栅栏上留下的小孔，栅栏再也回不到原来的样子了。当你出于一时冲动，向别人发过脾气之后，你的言语就像这些钉孔一样，会在别人的心里留下疤痕。"

在现实生活中，有人只顾逞一时的口舌之快，很多话不经思考便脱口而出，有意无意地就会对他人造成伤害。伤害一旦造成，再多的弥补往往也无济于事。

所以，作为情绪的主人，我们应该培养自我心理调节能力，这是一种理性的自我完善。这种心理调节能力，在实际行为上则会显示出强烈的意志力和自制力。它使人以平和的心态来面对人生中的起起落落，保持与他人交往时的淡定从容。

有一个发生在美国阿拉斯加的故事。有一对年轻的夫妇，妻子因为难产死去了，孩子活了下来。丈夫一个人既要工作又要照顾孩子，有些忙不过来，可是找不到合适的保姆照看孩子，于是他训练了一只狗，那只狗既听话又聪明，可以帮他照看孩子。

有一天，丈夫要外出，像往日一样让狗照看孩子。他去了离家很远的地方，所以当晚没有赶回家。第二天一大早他急忙往家里赶，狗听到主人的声音摇着尾巴出来迎接。他发现狗满口是血，打开房门一看，屋里也到处是血，孩子居然不在床上……他全身的血一下子都涌到头上，心想一定是狗的兽性大发，把孩子吃掉了，盛怒之下，拿起刀来把狗杀死了。

就在他悲愤交加的时候，突然听到孩子的声音，只见孩子从床下爬了出来，丈夫感到很奇怪。他再仔细看了看狗的尸体，这才发现狗后腿上有一大块肉没有了，而屋门的后面还有一只狼的尸体。原来是狗救了小主人，却被主人误杀了。

丈夫在一刀杀狗带来的痛快之后，很快就尝到了痛苦的滋味。他痛失爱犬，而所有的结局全由那冲动的一刀所致，这不能不说是件很遗憾的事。

所以在遇到一些情况时，我们需要的是冷静，而非冲动。

大多数成功者都是能够对情绪收放自如的人。这时，情绪已经不仅仅是一种感情的表达，更是一种重要的生存智慧。如果不注意控制自己的情绪，随心所欲，就可能带来毁灭性的灾难。情绪控制得好，则可以帮你化险为夷。

所以，我们要学会控制自己的情绪，不能放纵自己。

人们形容某些幼稚的行为举动，常会用"冲动"来说明。也有些不负责任的人，在做了错事之后不敢承担责任，用"一时冲动"来替自己辩解。人要想在竞争激烈的环境中有所作为，必须学会克制住冲动，否则事情一发不可收拾，后果也许令我们难以承受。

★用理智战胜冲动

理智者遇上不顺心之事，一般都能三思而后行。除了那些丧失理智和法律意识淡薄之人外，正常人都有一时激愤或消沉的时候，这是个危险时段，很多不正确的判断常常是在这不冷静的时刻做出的。判断失误必然导致行为欠妥，如果人们能在最短的时间内让头脑降温，就会迅速熄灭危险的导火线。

★提高文化素养

能否理智行事与文化程度的高低成正比。这点和深圳法院的调查报告完全吻合："冲动杀人的罪犯最多仅有初中以下文化程度，文化程度低下，缺乏自控能力是逞一时之快杀人的重要原因。"众所周知，法律对一些欲铤而走险的人能起警示作用，可是，如果文化程度低下，加之法律意识淡薄，"无知无畏"，那就极容易走向犯罪的深渊。

★用外人的眼光看问题

"当局者迷，旁观者清"，这话不无道理。在日常生活中，我们每个人都曾做过局外人观看过别人吵架，这时候，无论是哪一方的言行，其失当和偏颇之处你大多能觉察。因此，如果人们能以局外人的头脑，观察自己，则善莫大焉。

"冲动是魔鬼",我们应该时刻谨记这句话,并在我们情绪失控的时候以此来加以制止。任何事情都应该三思而后行,一时的冲动只能让结果变得更坏。

为情绪找一个出口

情绪的宣泄是平衡心理、保持和增进心理健康的重要方法。当不良情绪来临时,我们不应一味控制与压抑,而应该用一种恰当的方式,给汹涌的情绪一个适当的出口,让它从我们的身上流走。

在我们的生活中,可能会产生各种各样的情绪,情绪上的矛盾如果长期压在心中,就会影响大脑的功能或引起身心疾病。因而,我们要及时排解。很多时候,只要把困扰我们的问题说出来,心情就会感到舒畅。我国古代,有许多人在他们遭到不幸时,常常有感赋诗,这实际上也是使情绪得到正常宣泄的一种方式。

有人经过研究认为,在愤怒的情绪状态下,伴有血压升高,这是正常的生理反应。如果怒气能适当地宣泄,紧张情绪就可以获得松弛,升高的血压也会降下来;如果怒气受到压抑,长期得不到发泄,那么紧张情绪得不到平定,血压也降不下来,持续过久,就有可能导致高血压。

尽管自控是控制情绪的最佳方式,但在实际生活中,始终以积极、乐观的心态去面对不顺心的外部刺激,是非常难做到的。所以,人们在控制情绪时常常综合应用忍耐和自控的方法,而且,为了顾忌全局,暂时忍耐的方法用得更多。所以,尽管在面对不愉快时会努力做到自控,但并非能做到真正的洒脱,还需要依靠个人的忍耐力。然而,每个人的忍耐力都是有极限的,当情绪上的烦躁、内心的痛苦累积到一定程度,最终会非理性地爆发出来。所以,在实际生活中,不能一味地操之在我,还要懂得适当地宣泄,为自己的坏情绪找一个"出口",将内心的痛苦有意识地释放出来,而非不可控地爆发。

这天晚上，汉斯教授正准备要睡觉了，突然电话铃响了，汉斯教授接起了电话，是一个陌生妇女打来的电话，对方的第一句话就是："我恨透他了！""他是谁？"汉斯教授感到莫名其妙。"他是我的丈夫！"汉斯教授想，哦，打错电话了，就礼貌地告诉她："对不起，您打错了。"可是，这个妇女好像没听见，如竹桶倒豆子一般说个不停："我一天到晚照顾两个小孩，他还以为我在家里享福！有时候我想出去散散心，他也不让，可他自己天天晚上出去，说是有应酬，谁知道他干吗去了！……"

尽管汉斯教授一再打断她的话，告诉她他不认识她，但她还是坚持把话说完了。最后，她喘了一口气，对汉斯教授说："对不起，我知道您不认识我，但是这些话在我心里憋了太长时间了，再不说出来我就要崩溃了。谢谢您能听我说这么多话。"原来汉斯教授充当了一个听众。但是他转念一想，如果能挽救一个濒临精神崩溃的人，也算是做了一件好事。

情绪应该宣泄，但宣泄应该合理。当有怒气的时候，不要把怒气压在心里，生闷气；不要把怒气发泄在别人身上，迁怒于人，找替罪羊；更不要把怒气发泄在自己身上，如自己打自己耳光、自己咒骂自己，甚至选择自杀的方法当作自我惩罚；不要大叫、大闹、摔东西，以很强烈的方式把怒气发泄出去。因为上述所有做法不但于事无补，反而会使问题进一步恶化，给自己带来更大的伤害。

对于情绪的宣泄，可采用如下几种方法：

★直接对刺激源发怒

如果发怒有利于澄清问题，具有积极性、有益性和合理性，就要当怒而怒。这不但可以释放自己的情绪，而且是一个人坚持原则、提倡正义的集中体现。

★借助他物出气

把心中的悲痛、忧伤、郁闷、遗憾痛快淋漓地发泄出来，这不但能够充分地释放情绪，而且可以避免误解和冲突。

★学会倾诉

当遇到不愉快的事时，不要自己生闷气，把不良心境压抑在内心，而应当学会倾诉。

★高歌释放压力

音乐对治疗心理疾病具有特殊的作用，而音乐疗法主要是通过听不同的乐曲把人们从不同的不良情绪中解脱出来。除了听以外，自己唱也能起同样的作用。尤其高声歌唱，是排除紧张、激动情绪的有效手段。

★以静制动

当人的心情不好，产生不良情绪体验时，内心都十分激动、烦躁、坐立不安，此时，可默默地侍花弄草，观赏鸟语花香，或挥毫书画，垂钓河边……这种看似与排除不良情绪无关的行为恰是一种以静制动的独特的宣泄方式，它是以清静雅致的态度平息心头怒气，从而排除沉重的压抑。

★哭泣

哭泣可以释放人心中的压力，往往当一个人哭过之后，发现心情会舒畅很多。

当然，宣泄也应采取适当的正确方式，一些诸如借助他人出气、将工作中的不顺心带回家中、让自己的不得意牵连朋友等做法是不可取的，这于己于人都是不利的。与其把满腔怒火闷在心中，伤了自己，不如找个合适的宣泄口，让自己更快乐一些。

生活在大千世界中的人，在性格、爱好、职业、习惯等诸多方面存在着很大的差异，对事物、问题的认识与理解也不尽相同。因此，我们不能要求他人与自己一样，不能以自己的标准和经验来衡量他人的所作所为，要承认他人与自己的差别，并能容忍这种差别。不要企图去改变别人，这样做是徒劳的。

人不能没有脾气，尽管你是有涵养的人，也不免有时要发一下脾气。遇事不如意，看人不顺眼，因而生气，几乎成为这个社会中屡见不鲜的事了。不过，即使屡见不鲜，并非无碍，也不一定是好事。发脾气之所以成为问题，乃在于自己所说的话太刻薄，所做的事太过分，不但会刺伤人家的心，使自己后悔莫及，而且还会把事情弄砸了，把人际关系也弄僵了，这就是发脾气的恶劣后果。

所以，我们一定要记住：当你想要发脾气的时候就要给自己的情绪找一个适当的宣泄口。

抑郁——情绪的一号杀手

抑郁就好像透过一层黑色玻璃看一切事物。无论是考虑你自己，还是考虑他人或未来，任何事物看来都处于同样的阴郁而暗淡的光线之下。"没有一件事做对了""我彻底完蛋了""我无能为力，因此也不值一试""朋友们给我来电话仅仅是出于一种责任感"。当你工作中出了一点毛病，或思想开了小差，你就认为"我已经失去了干好工作的能力"，好像你的能力已经一去不回了。

有一名中年男子在他患抑郁症期间说了一段撼人心扉的话："现在我成了世界上最可怜的人。如果我个人的感受能平均分配到世界上每个家庭中，那么，这个世上将不再会有一张笑脸，我不知道自己能否好起来，我现在这样真是很无奈。对我来说，或者死去，或者好起来，别无他路。"

这名中午男子就是亚伯拉罕·林肯，作为美国第16任总统，林肯也未能幸免于抑郁症的折磨并且这种绝望困扰了他一生。即使林肯能够预见自己的未来，知道自己会成为最受世人景仰的总统之一，但这丝毫不能减少他的抑郁。

一位哲人曾说道："如果我们感到可怜，很可能会一直感到可怜。"对于日常生活中使我们不快乐的那些众多琐事与环境，我们可以由思考使我们感到快乐，这就是：大部分时间想着光明的目标与未来。而对小烦恼、小挫折，我们也很可能习惯性地反映出暴躁、不满、懊悔与不安，因为这样的反应我们已经"练习"了很久，所以成了一种习惯。

这种不快乐反应的产生，大部分是由于我们把它解释为"对自尊的打击"等这类原因。司机没有必要冲着我们按喇叭；我们讲话时某位人士没注意听甚至插嘴打断我们；认为某人愿意帮助我们而事实却不然；甚至个人对于事情的解释，结果也会伤了我们的自尊；我们要搭的公共汽车竟然迟开；我们计划要郊游，结果下起雨来；我们急着赶搭飞机，结果交通阻塞……这样我们的反应是生气、懊悔、自怜，或换句话说——闷闷不乐。

有一个商人去医院看病，却说不清自己有什么不妥。于是医生给他做了彻底的检查，结果找不到这个商人有任何疾病，于是这个人在医生处做进一步检查。经过一段轻松的谈话后，医生就对他说："我有一个好消息要告诉你，你的体格检验完全正常，我不用在你的病历卡上写任何东西。"

商人听了并不显得高兴，他说："医生，我从早晨起床到晚上睡觉，没有一刻不觉得疲倦的。"这时，医生才意识到他的病人患的是"厌烦病"，而不是一般的身体不适。于是医生就开始指出这个商人所拥有的一切：兴隆的生意、舒适的家庭、漂亮的妻子、可爱的孩子和其他能用金钱买到的许多东西。但这个商人听了以后却说："让别人把这些东西都拿去吧，我对这些简直厌透了。"

为什么会出现这种现象？患这种病的人大多不是生活一帆风顺的人吗？难道他们不是处于别人不能奢望的顺境之中吗？这和我们的心理习惯有关。这个世界上，可以说除了圣人之外，没有人能随时感到快乐。

抑郁是人们常见的情绪困扰，是一种感到无力应付外界压力而产生的消极情绪，常常伴有厌恶、痛苦、羞愧、自卑等心理。严重时会导致抑郁症，使人无法过正常的生活。

因此，面对抑郁心理，心理专家建议，多与朋友联系，在交往中体会友谊的美好；平时培养多种兴趣爱好，可以参加一些体育运动或者是听听自己喜欢的音乐；工作压力过大时，适当地给自己减压，多出去散散步、晒晒太阳。这些都有利于消除抑郁心理。

美国学者卡托尔认为，不同的人会有不同的抑郁状态，但是只要遵照以下14项办法，抑郁的症状便会很快消失。

★必须遵守生活秩序。与人约会要准时到达，饮食休闲要按部就班，从稳定规律的生活中领会自身的情趣。

★留意自己的外观。身体要保持清洁卫生，不穿邋遢的衣服，房间院落也要随时打扫干净。

★即使在抑郁状态下，也绝不放弃自己的学习和工作。

★对人对事要宽宏大度，并要随时调节自我。

★主动吸收新知识，"活到老学到老"。

★建立冒险意识，学会主动接受挑战，并相信自己能成功。

★即使是小事，也要采取合乎情理的行动；即使你心情烦闷，仍要注意自己的言行，让自己合乎生活情理。

★对待他人的态度要因人而异。具有抑郁心情的人，对外界每个人的反应、态度几乎相同，这是不对的。如果你也有这种倾向，应尽快纠正。

★拓宽自己的情趣范围。

★不要将自己与他人比较。如果你时常把自己与他人作比较，表示你已经有了潜在的抑郁，应尽快克服。

★最好将日常生活中美好的事记录下来。

★不要掩饰自己的失败。

★必须尝试以前没有做过的事，要积极地开辟新的生活园地，使生活更充实。

★与精力旺盛又充满希望的人交往。

抑郁症是极为常见的心理疾病，号称"第一心理杀手"。抑郁症患者有痛苦的内心体验，是"世界上最消极悲伤的人"。你有抑郁症倾向吗？请做下面的测试，只需做出"是"或"否"的回答。

1.你对任何事物都不感兴趣。

2.你容易哭泣。

3.你觉得自己是一个失败者,一事无成。

4.你常常生气,而且容易激动。

5.你不想吃东西,没有食欲,感觉不出任何味道。

6.即使家人和朋友帮助你,你仍然无法摆脱心中的苦恼。

7.你感到精力不能集中。

8.即使对亲近的人你也懒得说话。

9.你常无缘无故地感到疲乏。

10.你觉得无法继续你的日常学习与工作。

11.你常因一些小事而烦恼。

12.你感到自己的精力下降,活动减慢。

13.你感到受骗,中了圈套或有人想抓住你。

14.你感到做任何事情都很困难。

15.你感到情绪低落、压抑。

16.你感到活着还不如死了好。

17.你感到很孤独。

18.你感到前途没有希望。

19.你常感到害怕。

20.你缺乏自信,总觉得自己什么都不好。

21.你觉得自己的话语越来越少。

22.在清晨和上午常觉得心情极差。

23.没有心思看电视、报纸、课外读物,干什么都高兴不起来。

24.你经常责怪自己。

25.你感到很苦闷。

26.你晚上睡眠不好,常常失眠或很早就醒来。

27.你经常没有理由地失去理智。

28.你觉得人们对你不太友好。

29.你认为如果你死了别人会生活得好些。

30.你感到自己没有什么价值。

评分标准：

回答"是"计1分，回答"否"计0分，然后计算总分。

测试结果：

0~4分：你的心理基本正常，没有抑郁症状。

5~10分：你有轻微的抑郁症状，可采取自我心理调节，保持乐观、开朗的心境。

11~20分：你属于中度的抑郁，要找心理医生咨询，并进行必要的诊疗。

21~30分：你的精神明显抑郁，症状非常严重，你应该请心理医生为你治疗，同时应进行精神上的自我训练，让自己及早从消极、压抑的情绪中解脱出来。

愤怒是一种毒药

愤怒是一种常见的消极情绪，它是当人对客观现实的某些方面不满，或者个人的意愿一再受到阻碍时产生的一种身心紧张的状态。在人的需要得不到满足，遭到失败，遇到不平，个人自由受限制，言论遭人反对，无端受人侮辱，隐私被人揭穿，上当受骗等多种情形下人都会产生愤怒情绪。愤怒的程度会因诱发原因和个人气质不同而有不满、生气、愤怒、恼怒、大怒、暴怒等不同层次。发怒是一种短暂的情绪紧张状态，往往像暴风骤雨一样来得猛，去得快，但在短时间里会有较强的紧张情绪和行为反应。

一般而言，生气的原因可归类为下列几种：

★当你因某种因素感到受挫、受胁迫或被他人轻蔑时。

★当我们着实受到严重伤害，但为了掩饰自己的脆弱，于是代之以愤怒，以求自卫。

★当某种情境或某人的行为勾起我们昔日某种不堪的回忆时。

★当我们觉得自己的权利受到剥夺，或遭到某人误解时。

★当我们受到惊吓或处事不当时，自己生自己的气。

莎士比亚说："不要因为你的敌人燃起一把火，你就把自己烧死。当你发怒的时候，怒火也许会烧及他人；但一般情况下，它是向内烧——烧的是发怒者个人的身心健康。"

看过著名影片《勇敢的心》的人们一定记得片中的一段关于英格兰国王临终前的景象：由苏菲·玛索饰演的王妃因求情也未能救下华莱士，而对老国王心怀恼恨，在国王不能行动也不能说话之际，王妃靠在他的身边，轻轻地说了一句话，就将老国王置于死地。那么王妃说的是什么呢？她只是平静地报复他，说了她怀的孩子是华莱士的，而非国王的。国王的一命呜呼正是由于其愤怒的情绪所致。

人们时刻都要管理好自己的情绪，尤其在人生的一些关键时刻。在每次要发脾气前，先冷静问问自己：别人不会为我的坏脾气"埋单"，我自己可以吗？如果你自己也不想这么做，那么还是收起你的怒气吧。当我们生气的时候要冷静下来确实有点难度，但如果不控制怒气，只会损失更多。

1943年，"二战"著名将领巴顿在去战后医院探访时，发现一名士兵蹲在帐篷附近的一个箱子上。巴顿问他为什么住院，他回答说："我觉得受不了了。"医生解释说他得了"急躁型中度精神病"，这是第三次住院了。

巴顿听罢大怒，他痛骂了那个士兵，用手套打士兵的脸，并大吼道："我绝不允许这样的胆小鬼躲藏在这里，你的行为已经损坏了我们的声誉！"

第二次来，巴顿又见一名未受伤的士兵住在医院里，顿时变脸，问：

"什么病？"士兵哆嗦着答道："我有精神病，能听到炮弹飞过，但听不到它爆炸（炸弹休克症）。"巴顿勃然大怒，骂道："你个胆小鬼！"接着打他耳光："你是集团军的耻辱，你要马上回去参加战斗，但这太便宜你了，你应该被枪毙。"说着抽出手枪在他眼前晃动……

很快，巴顿的行为传到艾森豪威尔耳中，他说："看来巴顿的前途已经达到顶峰了……"

狂躁易怒的性格，使本来很有前途的巴顿无法再进一步，面对有心理障碍的士兵，不但不认真了解情况，加以鼓励，而是大打出手，完全失去了一个指挥官应有的风度修养，破坏了自己在人们心目中的形象，因此失去了攀上顶峰的机会。

愤怒容易让人失去理智。愤怒的人把一点小事看得像天一样大，过于认真让他们夸大了自身受到的伤害。他们以为愤怒可以让自己在别人眼中更具有权威，其实不是这样的。他们不仅不会因为愤怒而被认为拥有权力，反而会被认为缺乏理智，难成大气候。怒气会让你失去别人对你的敬意，人们会认为你缺乏自制力而更加轻视你。

学会制怒是让自己心态平和最关键的一步，只有情商较低的人才会不懂控制怒火，成为怒气伤害的对象。对于怒火要学会自我疏导，而非一味克己忍让，只有让它用一个合适的渠道发泄出来才不至伤人伤己。情商的高低与人们对自我情绪的管理能力有莫大的关系，它将决定一个人成就的大小。

具体而言，我们可以采取以下方法来控制自己的愤怒：

★ 正面行动

愤怒提醒了我们，世事并非都如人所愿。不满是一件极富正面意义的事，少了它，人们就只会接受现状，而不会为了迈向自己的目标采取任何行动。英国妇女如果未曾因自己被掠夺公权而感到愤怒，那么她们也就不会为了投票权而抗争了。

★缓解压力

表达愤怒可以疏解压力，否则压抑的情绪可能会导致焦虑，甚至疾病，这些症状均可借由愤怒的宣泄得到疏解。然而这并不意味着，我们必须将愤怒直接发泄在生气的对象身上。

★更为开诚布公

愤怒可以使得双方关系更开诚布公，进而互相信赖。如果你知道某人愿意和你谈谈最为棘手的核心问题，而非只是将其含糊带过，假装好像不存在似的，那么双方的关系就有改善的希望。

★情感疏通

倘若我们在情绪产生时，能够确实触及自己真正的感受（包括愤怒在内），并加以适当处理，那么我们则较没机会将那些未表达或封闭的情绪囤积起来，可以避免巨大的内在压力或严重的沟通不良。

★实现目标

不容忽略的是，存在愤怒情绪中的能量，同样是一股实现目标的动力。如果运用得当，它将能够帮助我们成为一个有自信、坚定的人，能够适当地表达自己的内在感受，并且得到自己生命中梦寐以求的事物。但请务必谨慎处理。

"生气，是一种毒药！"我们不能让自己的情绪只停留在问题的表面，我们必须学习"转念""少点怨，多点包容""多洒香水、少吐苦水"，让负面的思绪远离，而用乐观的正面思绪来迎接人生。

远离仇恨的烈火

仇恨是人性的劣根，它隐藏在人性的深处，一旦触及便会迅速地膨胀，控制人的思想。根除它的关键是不要记仇，忘记它，如果可能则最好远离它。每个人心中都或多或少地埋有仇恨的火种，而我们所能做的，就是用人性美好的甘泉去浇灭那些忽闪忽隐的火星，切不能助长仇恨的地狱之火肆虐，并将自己无情焚毁。抛却心中的仇恨，我们才能享受心中的安详、静谧、和谐、从容……

古希腊神话中，有一位英雄叫海格力斯。一天他走在坎坷的山路上，发现脚边有个袋子似的东西很碍脚，海格力斯踩了那东西一脚，谁知那东西不但没被踩破，反而膨胀起来，并加倍地扩大着。

刚开始的时候，海格力斯并没有在意，于是他又踩了一下，谁知那个袋子又膨胀了起来。一来二去，海格力斯开始恼羞成怒了。海格力斯不停地踩，那个袋子不断地膨胀。

于是海格力斯操起一条碗口粗的木棒砸它，那东西竟然胀大到把路堵死了。

这时，山中走出一位老者，对海格力斯说："朋友，快别动它了，忘了它吧，离开它，远去吧！它叫仇恨袋，你不犯它，它便小如当初；你侵犯它，它就会膨胀起来，挡住你的路，与你敌对到底！"

于是海格力斯按着老者说的，不去想它，不去碰它，果然那个袋子越来越小，最后变没了。

人生在世，我们若长久地将仇恨带在身上，它便会如那个袋子一样，越来越大，堵住我们前进的脚步。仇恨有如烈火一般，伤人伤己。

一般充满仇恨的人都会有报复的心理。我们常常在自己的脑子里预设一些规定，认定别人应该有什么样的行为，如果对方违反规定就会引起我们的怨恨。其实，因为别人对我们的规定置之不理就感到怨恨是一件十分可笑的事。大多数人都以为，只要我们不原谅对方，就可以让对方得到一些教训，也就是说：只要我不原谅你，你就没有好日子过。而实际上，不原谅别人，表面上是那人不好，其实真正倒霉的人是我们自己，生一肚子窝囊气不说，甚至可能连觉都睡不好，饭也吃不好，还可能气病了。这样看来，报复不仅让我们不能实现对别人的打击，反倒对自己的内心是一种摧残。

报复是一把双刃剑，它不但会伤害到别人，还会使你自己落入仇恨的陷阱，仇恨会使你看不到人间的关爱与温暖，即使在夏日也只能感受到严冬般的寒冷。

既然我们都举目共望同样的星空，既然我们都是同一星球的旅伴，既然我们都生活在同一片蓝天下，那我们为什么还总是彼此为敌呢？请不要忘记世间唯有四个字可使你和他人的生活多姿多彩，那就是"放弃仇恨"。

哈佛教授常教育学生："生存不是为了仇恨，不要将仇恨作为生存的意义，放弃仇恨，生命会更加有意义。"

在美国东部的一个州，有一位年轻的警察叫杰布。在一次追捕行动中，杰布被歹徒用冲锋枪射中右眼和左腿膝盖。3个月后，从医院里出来时，他完全变了个样：一个曾经高大魁梧、双目炯炯有神的英俊小伙现已成了一个又跛又瞎的残疾人。

这时，有线电台记者采访了他，问他将如何面对现在遭受到的厄运。他说："我只知道歹徒现在还没有被抓获，我要亲手抓住他！"

从那以后，杰布不顾任何人的劝阻，参与了抓捕那个歹徒的无数次行动。他几乎跑遍了整个美国。10年后，那个歹徒终于被抓获了，当然，杰布起了非常关键的作用。在庆功会上，他再次成了英雄，许多媒体称赞他是全美最坚强、最勇敢的人。

不久，杰布却在卧室里割脉自杀了。在他的遗书中，人们读到了他自杀的原因："这些年来，让我活下去的信念就是抓住凶手……现在，伤害我的凶手被判刑了，我的仇恨被化解了，生存的信念也随之消失了。"

放弃仇恨就需要爱。爱能够带来更多的爱，这是我们已经知道的事实，那么仇恨会带来什么呢？每一种情绪中都蕴含着相应的能量，情绪的发作自然会伴随着能量的释放，这是一条真理。每种思想从孕育到成型都会在你的人生中留下或深或浅的痕迹。爱能够让我们感受到生命的温暖，而仇恨只会带给我们无尽的痛苦。

爱生爱，恨也便会生恨。当愤怒、暴躁、指责等负面情绪影响了一个人的心情时，这些内在的破坏能量就逐渐啃噬人们的身体，导致身体的病痛。然而人的情绪是有传染性的，它不仅仅只影响你一个人，甚至会对你身边的其他人造成消极的暗示，以至于形成一个相互影响的恶性循环，而你却是其中被拴得最牢固、最难以摆脱的一个。

爱是生命对生命的呼唤，而恨是死亡与死亡的牵绊，恨把世界变成悲惨的地狱，而爱则让世界变成美丽的天堂。所以，对理应去仇恨的对象，你也不能采取以怨报怨的方式，那只会让矛盾升级。

人生总有存在的意义，如果我们只为一个报复的目的而生存，那么当这个目的实现后，生命也就失去了意义。放弃仇恨吧，用宽容的心去对待遭遇的一切，你的生命才会更加有意义，生活才会更加丰富与多彩。

嫉妒是痛苦的制造者

嫉妒是痛苦的制造者，是在各种心理问题中对人伤害十分严重的，可以称得上是心灵上的恶性肿瘤。如果一个人缺乏正确的竞争心理，只关注别人的成绩，嫉妒他人，同时内心产生极度的怨恨，时间一久心中的压抑聚集，就会形成问题心理，对健康也会造成极大伤害。

何谓嫉妒呢？心理学家认为，嫉妒是由于别人胜过自己而引起情绪的负性体验，是心胸狭窄的共同心理。黑格尔说："嫉妒乃是平庸对于卓越才能的反感。"

嫉妒不是天生的，而是后天获得的。嫉妒有三个心理活动阶段：嫉羡——嫉忧——嫉恨。这三个阶段都有嫉妒的成分，是从少到多递增的。嫉羡中羡慕为主，嫉妒为辅；嫉忧中嫉妒的成分增多，已经到了怕别人威胁自己的地步了；嫉恨则是嫉妒之火已熊熊燃烧到了难以消除的地步。这把嫉恨之火，没有燃向别人，而是炙烤着自己的心，使自己没有片刻宁静，于是便绞尽脑汁去想方设法诋毁别人，使自己形神两亏。

波普曾经说过："对心胸卑鄙的人来说，他是嫉妒的奴隶；对有学问、有气质的人来说，嫉妒可化为竞争心。"坚信别人的优秀并不妨碍自己的前进，相反，却给自己提供了一个竞争对手，一个榜样，能给你前所未有的动力。

莎士比亚说："像空气一样轻的小事，对于一个嫉妒的人，也会变成天书一样坚强的确证，也许这就可以引起一场是非。"

哈佛学者说："嫉妒心是赶走友谊的罪魁祸首，也是将自己带入痛苦深渊的魔鬼。"因为嫉妒心重的人常自寻烦恼。嫉妒心是幸运和幸福的敌人。对于别人的好，平静地看待，真诚地祝福，这才是拥有幸福人生的秘诀。

自在生活，愉快工作，要想使自己的生活充满阳光，必须走出嫉妒的泥潭，学会超越自我，克服嫉妒心理。

★自我宣泄

有时面对生活和事业上的巨大落差，或社会的种种不公正现象，人们都难免会出现一时的心理失衡和嫉妒。这时，要是实在无法化解，可以适当宣泄一下。

★正确评价他人的成绩

嫉妒心有时往往是由于误解所引起的，即人家取得了成就，便误以为是对自己的否定。其实，一个人的成功是付出了许多的艰辛和巨大的代价的，人们给予他赞美、荣誉，并没有损害你，也没有妨碍你去获取成功。

★提高心理健康水平

心胸宽广的人，做人做事光明磊落，而心胸狭窄的人，容易产生嫉妒。嫉妒心一经产生，就要立即把它打消，以免其作祟。这就要靠积极进取，使生活充实起来，以期取得成功。

★客观评价自己

嫉妒是一种突出自我的表现。无论发生什么事，首先考虑到的是自身的得失，因而引起一系列的不良后果。所以当嫉妒心理萌发时，或是有一定表现时，要能够积极主动地调整自己的意识和行动，从而控制自己的动机和感情。这就需要冷静地分析自己的想法和行为，同时客观地评价一下自己，找出差距和问题。当认清了自己后，再重新认识别人，自然也就能够有所觉悟了。

弗朗西斯·培根说过："犹如野火毁掉麦子一样，嫉妒这恶魔总是在暗地里，悄悄地毁掉人间美好的东西！"一些人之所以嫉妒别人，一个重要的原因是自己不求上进，又怕别人超过自己，似乎别人成功了就意味着自己失败，最好大家都成矮子才显出自己高大。面对自己的嫉妒心，我们要将它早早地摒除在自己的心灵之外，以积极的心态去面对别人的优点。

嫉妒，会使我们失去内在的双腿，走在人间路上，没有支柱，寸步难行。嫉妒，是弱者的名字。它使我们无法肯定自己的尊贵，同样也丧失了欣赏别人的能力。

哲学家亚里士多德在雅典吕克昂学院从事教学、研究、著述期间，曾常与学生们一道探讨人生的真谛。有一次，一位学生问他："先生，请告诉我，为什么心怀嫉妒的人总是心情沮丧呢？"亚里士多德回答："因为折磨他的不仅有他自身的挫折，还有别人的成功。"

可见，心怀嫉妒的人承受着双重折磨。所以，人生在世，一定要有一颗平和的心，切不可心怀嫉妒。人的嫉妒心像一把双刃剑，你举起它时，虽满足了伤害别人的目的，但也使得自己鲜血淋漓。

心理学家的观察研究证明，嫉妒心强烈的人易患心脏病，而且死亡率也高；而嫉妒心较少的人，心脏病的发病率和死亡率均明显低于前者，只有前者的1/3~1/2。此外，如头痛、胃痛、高血压等，易发生于嫉妒心强的人身上，并且药物的治疗效果也较差。所以我们一定要放宽心胸，不要和别人、更别和自己过不去。

做下面的测试，看看你的嫉妒心是否强烈。

你正和朋友一起走在森林里，遇见了巫婆，被她的魔法变成了动物的样子。你被变成了狐狸，那么朋友会被变成什么动物呢？

A.松鼠　　　　B.兔子　　　　C.熊　　　　D.鹿

选A：你的嫉妒心较重，如果能发掘别人和自己的优点，嫉妒的强度也会自然地减弱；如果是自觉的嫉妒，其实是不要紧的；如果是不自觉的嫉妒，则会使你变得阴郁、可怕，所以要引起注意，调整自己的心理。

选B：你会在不知不觉中嫉妒朋友，如为什么他的考试成绩都比我好之类的，不过一般说来，任何人都拥有这种程度的嫉妒心。

选C：你是大大咧咧的人，所以你是不会嫉妒别人的。这是因为有自信，所以才不会嫉妒别人。

选D：选比自己还大的动物的人是宽容的。你不会嫉妒对方，而是会和朋友一起共享喜悦。

甩掉忧虑的包袱

忧虑是一种过度忧愁和伤感的情绪体验。忧虑在情绪上表现出强烈而持久的悲伤，觉得心情压抑和苦闷，并伴随着焦虑、烦躁及易激怒等反应。在认识上表现出负性的自我评价，感到自己没有价值，生活没有意义，对未来充满悲观；还表现在对各种事物缺乏兴趣，依赖性增强，活动水平下降，回避与他人交往，并伴有自卑感，严重者还会产生自杀想法。

你能猜出下面的诗是谁写的吗？

"这个人很欢乐/也只有他能欢乐/因为他能把今天/称之为自己的一天/他在今天里能感到安全/能够说/不管明天会多么糟/我已经过了今天。"

这几句话听起来很现代，但它的作者却是古罗马诗人何瑞斯，时间是在耶稣诞生的30年之前。

人性中最可怜的一件事就是，我们所有的人，都拖延着不去生活，我们都梦想着天边有一座奇异的玫瑰园，而不去欣赏今天开放在我们窗口的玫瑰。

我们为什么会变成这种可怜的傻子呢？"我们生命的小小历程是多么奇怪啊，"史蒂芬·李高克写道，"小小孩说，'等我是个大孩子的时候。'大小孩说，'等我长大成人以后。'等他长大成人了，他又说，'等我结婚以后。'可是结了婚，他们的想法又变成了'等到我退休之后'。等到退休以后，他回头看看他所经历过的一切，似乎有一阵冷风吹过来。他把所有的东西都错过了，而一切又一去不回头。我们总是无法及早学会：生命就在生活中，就在每一天和每一时刻里。"

一个人为什么会忧虑，其产生原因是多方面的，但主要是由于自我。正像英国作家萨克雷所说的："生活就是一面镜子，你笑，它也笑；你哭，它也哭。"忧虑也与一个人社会经验的多寡有关。对社会、对他人的期望值过高，并且对实现美好愿望的艰巨性、复杂性又估计不足，于是当愿望与现实之间出现巨大落差时，即产生失落感，进而失望、失意或忧虑。

20世纪60年代，意大利一个康复旅行团体在医生的带领下去奥地利旅行。在参观当地一位名人的私人城堡时，那位名人亲自出来接待。他虽已80岁高龄，但依旧精神焕发、风趣幽默。

他说："各位客人来这里打算向我学习，真是大错特错，应该向我的伙伴们学习：我的狗巴迪不管遭受如何惨痛的欺凌和虐待，都会很快地把痛苦抛到脑后，热情地享受每一根骨头；我的猫赖斯从不为任何事发愁，它如果感到焦虑不安，即使是最轻微的情绪紧张，也会去美美地睡一觉，让焦虑消失；我的鸟莫利最懂得忙里偷闲、享受生活，即使树丛里吃的东西很多，它也会吃一会儿就停下来唱唱歌。相比之下，我们人却总是自寻烦恼，人不是最笨的动物吗？"

这位老人是快乐的，因为他懂得怎么去扫除忧虑。忧虑的人也许是各有各的忧虑，但快乐的人都是相似的。他们在面对人生的各种选择之时，总会选择让自己快乐的那一种。

忧虑是健康的杀手。曾写过《神经性胃病》一书的约瑟夫·孟坦博士说："胃溃疡的产生，其实不在于你吃了什么，而在于你忧虑什么。"也有著名的医学博士认为："胃溃疡通常是根据人情绪紧张的程度而发作或消失的。"之所以得出这样的结论，是因为许多专家在研究了梅育诊所胃病患者的记录之后得到证实，有4/5的病人得胃病并非是生理因素，而是由于恐惧、忧虑、憎恨、极端的自私以及对现实生活的无法适应而患病的。根据《生活》杂志的报道，胃溃疡现居死亡原因名单的第十位。

柏拉图说过："医生所犯的最大错误在于，他们只治疗身体，不医治精神。但精神和肉体是一体的，不可分开处置。"

由于现代生活的节奏加快，各种信息铺天盖地地占满了我们的生活空间，在大脑一刻不得闲的情况下，精神首先感到的是这种无形的巨大压力，各种忧虑也随之而来。其实在我们产生的忧虑中大多是没有必要或不值得忧虑的，忧虑就如同散布在你生活的空气中的细菌一样，时刻威胁到我们的健康。但是与其他疾病不同的是，它是一个隐形杀手，你能感到它的存在，却看不到它的形状。消除它的方法也很简单，只要你的大脑不让它停留，那么它在你的心中便无法藏身。

忧虑对一个人具有一定的危害性，在生活中，一个经常处于忧虑状态中的人需要从以下3个方面进行心理治疗：

★要积极参与现实生活

如认真地读书、看报，了解并接受新事物，积极参加社会活动，学会从历史的高度看问题，顺应时代潮流，不要老是站在原地思考问题。

★要学会在过去与现实之间寻找最佳结合点

如果对新事物立刻接受有困难，可以在新旧事物之间找一个突破口，从新旧结合做起。

★充分发挥适当忧虑的积极功能

适当忧虑有一种让人深刻反思和不满于现状的积极功能。这方面的功能多一些，那么病态的过度忧虑就会减少。因此，也不应对忧虑行为一概

第三章 沦为欲望动物：人为什么管不住自己

第一节

为什么我们管不住自己的欲求

为什么人的权力欲望会不断膨胀

人对权力的欲望会不断膨胀，这在罗素的《权力论》里被称作人的本性。他还认为人对经济的需求尚可得到满足，但对权力的追求则永远不会得到满足；正是因为对权力的无止境追求，各种社会问题频频发生。罗素认为人的权力欲具有不断扩张的特性，所以应当节制个人、组织和政府对权力的追求。

人们对权力的无限欲望驱使他们在一定条件下做出可憎可恨的行为——这是人们不得不接受的现实，不见得非得是邪恶的人才会做出恶劣甚至是邪恶的事情来。人们都试图调整他们周围环境中的事物来满足自己的需要。无论从何种意义而言，你都拥有控制环境的能力，这也是你所拥有的权力。例如，你一进屋子，就径直将空调的温度调高或调低，这时，你就在运用你的权力。当然，你还可以通过其他方式来控制环境。

权力对于许多人来说可以带来许多好处。在现实社会生活中，不同职业的人手里多多少少都有点权力。

越有权力的人就越爱使用权力。"权力即强力。"一旦拥有权力，我们是更应该慎重行事，还是更大胆地行事呢？心理学家对这一问题进行了调查，结果是多数赞成后者，就是人只要有了权力，就会充分使用它。而且，他们不能对那些没有权力的人做出公正的评价，只是一味地夸耀自己的指挥能力。而且一般说来，人只要有了权力，就会充分地使用这些权力,这样就使自己与被管理者之间的权力差距越来越大。人们如此渴望权力,那么如果权力缺少制约会怎么样呢?心理学家发现,权力如果缺少体制约束,就会使人本性中"恶"的一面迅速膨胀。一个有权力的人,当没有受到恭维、抬举时,就会觉得"丢面子"受了莫大的委屈而无法忍受,从而做出过激的行为。战争中许多军人之所以会做出各种残忍行为,正是由于这种追求权力的心理。

某个人对一种权力的拥有可以来自上级部门正式的合法授予,也可以来自一些非制度性安排的,但又实际上存在的非正式权力。这也就是显性权力与隐性权力之别。显性权力是组织中正式的、合法的、制度性的基础权力。这种权力在企事业单位中通常表现为下级要服从上级,也被称为合理合法权力。而隐性权力往往来自机构中的非正式组织,例如由于个人的能力、知识、品德等在群体中所形成的威望,某人由于与权力高层所形成的某些特殊的关系而拥有的影响力等。这些影响力在制度上没有被承认,但真实存在,因此也被普遍认为是权力的一种。显性权力一般有明文规定的权力运用范围和权力运用的方式,以及明确规定的利益及相应责任,从而制约权力拥有者对权力的运用;而隐性权力并没有明确规定所应当承担的相应责任,也相应缺乏一套有效的约束机制。

权力的力量如此之大,故许多人都热衷于追求它。但是过度追求权力则会带来某些负面影响,所以对权力的追求应当适度。

为何因一件睡袍换了整套家居

人们对很多事物怀抱一种"愈得愈不足"的心态:在没有得到某种东西时,内心很平衡,生活很稳定。而一旦得到了,反而开始不满足,认为自己应该得到更多。这种心态我们称之为"狄德罗效应"。

法国著名哲学家丹尼斯·狄德罗的朋友赠给他一件精致华美的睡袍,他感到非常开心。回家后他迫不及待地穿着睡袍在书房里走来走去,想要体验穿新衣的快乐。可是很快他就发现自己丝毫快乐不起来：家里的旧式家具、肮脏的地板以及各种陈设在新袍子的衬托下显得十分不和谐，看着很不顺眼。于是他再没有心思去感受袍子的舒适和华贵，而是赶紧把家里陈设都换成新的，以求跟新袍子相匹配，结果花了很大力气。事情做完后，他开始懊恼，意识到自己被一件袍子控制了：在没有得到这件袍子之前，他对家中的陈设感到很满意。得到新袍子后，为了满足与新袍子相匹配的欲望，他不得不更换新的家具。为了一件袍子，他付出了巨大的精力和金钱。

在我们的生活中，到处都能看到狄德罗效应的影响。老百姓生活中最常见的就是：当一个人花了几十年积蓄才买到几十平米的商品房，为了对得起购买的价值，往往还要大费周章地装修一番，铺大理石，装实木门，配红木硬家具，添置各种摆设……装修完毕后，还得考虑出入这样的住宅得有好的行头，于是着装档次也提升了。可是口袋里的钱也越花越不够了，最后捉襟见肘，只能打肿脸充胖子。所以，尽量不要购买非必需品。因为如果你接受了一件，那么你会不断地接受更多不必要的东西。当然，生活中也不乏狄德罗效应的正面例子。人们在得到了比实际更高的赞誉时，能激励人以更高的标准要求自我。

有一位先生娶了一位泼妇，他们经常吵架。这天，一个机缘巧合，先生在下班的路上得到了一束百合花，并把这束花带回家。前来开门的妻子看到丈夫手中的花，眼神顿时变得温柔了，她欣喜地问丈夫为什么买花给她。丈夫不忍心破坏妻子的好心情，就随口回答了一句，我觉得你像百合一样清新美好而有气质。这位妻子相信了丈夫的话。从那以后，妻子有了大转变，说话轻声慢语，对丈夫体贴温柔，变得越来越有气质。

我们如何更好地发挥"狄德罗效应"，让它给我们带来积极肯定的意义呢？

第一，相信我可以配得上华贵的袍子。在这里，我们把"狄德罗的袍子"看作是更高更好的追求。人们在树立了远大理想抱负的时候，就会逼着自己摆脱落后的现状，去积极追求更好的生活。那些之所以成功的人，正是坚信自己一定能摆脱贫穷的命运，相信自己是穿华贵袍子的人，于是努力去追求和创造，才拥有了今天我们看到的美好生活。

第二，从一点一滴做起，逐步完善目标。缺乏自信心的人往往会说："你看，我什么都做不好，我没有任何优点，我一事无成。"可谁是一蹴而就的呢？灰心丧气的时候想一想孩童的牙牙学语、蹒跚学步，成功的经验都是一步一个脚印，从一点一滴积攒起来的。

虽说要懂得知足常乐，但有时候适当地提高一点要求，树立一个更高的目标，也许能更好地激发斗志，获得更大的成功。

当出轨成癖

婚姻，是一种建立在感情基础上的契约关系。然而有时候，这种特殊的契约关系却很脆弱，男女双方一次"偶然"的出轨，就有可能使这种关系支离破碎。

随着社会的发展，现代人的爱情观、婚姻观甚至道德观都在发生改变。婚外情的激增成为很多夫妻选择离婚的主要原因。80%以上的情感关系最终宣告破裂，是因为第三者的介入。60%以上的人遭遇过不同程度的身体出轨或精神出轨。50%以上的人认为自己的出轨是"鬼使神差"，虽然对出轨的后果表示后悔，认为自己是稀里糊涂发生的婚外情。但与此同时，他们承认出轨给自己带来了前所未有的刺激感。说到是不是会再次出轨，大家普遍表示沉默，认为"说不准"。同时，几乎所有的人都认为，出轨后，自己再也无法回归到原先的婚姻恋爱轨道上。

可以这样说，不论哪个城市，夫妻离婚的第一原因是出轨。但现代人的出轨，很多时候是一种不自觉的行为，是一种病态心理——出轨癖。

另外，之前夫妻遭遇婚外情，通常都是男性出轨，而到了2008年、2009年，已婚女性的出轨率呈明显快速上升的态势。而60%以上的人遭遇过不同程度的身体出轨或精神出轨。

为什么出轨会成为一种癖好呢？

由于经济步伐的加快，人们生活节奏步伐由缓变急，工作上的压力不仅是出轨的成因之一，更重要的在于夫妻双方的爱在经过生活的荡涤之后归复于简单的柴米油盐之中，使夫妻关系更多的是被亲情所代替，这个时候，直面所谓忠贞的情感已经不复存在。工作压力有时往往成为夫妻双方争战的理由，而夫妻双方缺乏必要的沟通和理解，于是，在这种情况下，"蓝颜知己与红颜知己"成为他们释放压力的对象。于是，夫妻双方的观念抉择助长了出轨癖成风的现象。很多高呼"出轨能拯救婚姻"的人其实并无离婚之意，他们只是借此把可能的矛盾转移，作为"负面情感发泄口"。

而人们在大环境下对情感缺乏必要的审势态度，抱着及时行乐的观念，使出轨成了道德边缘独架的一辆马车，而这辆马车却能够急速奔跑不必接受责罚。在这样的形势之下，出轨被默认为情感不合的另一种情感宣泄，才造成离婚率的上升。

此外，社交网站也成为最新型的"婚姻杀手"。社交网站确实让人们与老友新朋的距离更近了，在某种程度上给人们的"出轨行径"提供了方便。

当婚姻的变故骤然而降的时候，需要给自己多一点时间和空间，让自己做一点理性的准备。不要期望立刻拯救婚姻，因为最先需要拯救的是自己。知道对方出轨后，伴侣们常常会迁怒于第三者，继而将许多的精力放到与外来力量的对抗上，事实上，这么做不但无济于事，反而更容易加深婚姻的裂痕。对婚姻有利的做法是：隔离一周后，冷静地问对方："你希望怎么处置我们的婚姻？"

彼此忠诚是婚姻的重要原则，但比这一点更为重要的，是保持自尊。当婚姻处在幸福状态的时候,这一点可以延续幸福;当婚姻遭受挫折时,这一点则可以缩减痛苦。记得,千万不要在伴侣出轨以后丧失自己。

我就是要购物

女人是天生的购物狂,当面对琳琅满目的商品时,哪怕是对自己毫无用处的商品,她们都会不假思索地买下来。购物消费从最初满足生活基本需求的简单行为,逐渐演变成女人最热衷的休闲活动,甚至是强烈的心理需求。

据专家分析,大部分女人都有购物狂倾向,只不过程度不同而已。与男人相比,女人购物缺少理性,资料显示,超过40%的女人对促销商品有购买欲。同时,女人消费更容易受到他人观点的左右,这也从侧面反映了女性消费的非理性。

不过,尽管如此,女人由于自身的一些特点,通常在选择商品时要比男人细致,更注重产品在细微处的差别,也更加挑剔。从这点上看,女人的生意并不那么好做。如果厂家能在产品的设计和宣传上关注细节,则更能吸引女性消费者。此外,对女性而言,购物是她们释放压力的最常用方法。很多女人会在情绪不好时购物,以及时宣泄压力;情绪好时也购物,因为买了喜欢的东西可以体会到幸福感。

女人之所以喜欢上街购物,通常有以下几种心理:

第一,审美心理。女人一般都很爱美,不但希望把自己打扮得漂漂亮亮,还特别喜爱其他美丽精致的东西,而精美怡人的商品正是美的集中表现。女人爱逛商店有一个很重要的动机,就是去欣赏这些美,从而体验到一种赏心悦目的快乐。

第二,爱占便宜的心理。在商品价格上,女人比男人更加相信"货比三家,价比三家"的道理。女人买东西通常会比较几家商店的同类商品价格,经过一番斟酌比较后,选择最便宜的价格。女人不愿承担过高的风险,这就注定了女性对花销更谨慎,对价格更敏感。这也从一个侧面证明了促销活动对女性购物决策的影响力会比较大。因为在商家打折、送礼、限量发行的蛊惑下，女人时常会油然而生一种购物冲动。结果是，花很多钱买回一些自己并不需要的东西。每次购物热情散去，只好冷眼看着个人居所成了部分商品的分散"仓储库"。

第三，知晓心理。常常可以看到这样的现象，一位女士在服装柜台前，仔细地询问一番价格以及质地之后，并不购买。女人把对某些商品的了解，当作一种本领。女人一般都喜欢时尚，需要不断地从商店中获得最新流行信息。有些女人就是凭借对商品行情的了解和对流行服饰的敏感，而在群体中获得一定地位。

第四，获得尊重的心理。当女人一踏进商店的大门，受到许多服务人员亲切而殷勤的接待时，她们就会产生一种高高在上的感觉。商店内美丽华贵的物品不但能够满足女人们的购物欲，还可以衬托出女性的高贵气质。奢侈的羊绒衫、珍贵精致的花瓶，只要是自己看好的东西，就算再贵也在所不惜，"有了它我的人生就完美了"。这也是女人宠自己的具体表现。

第五，群体认同心理。女性逛街一般都喜欢结伴而行，通过购物和好友进行交流，比如买东西时朋友之间可以互相提供参考意见。这种人际交往方式更轻松，相互之间更容易获得人际交往的满足感。

为什么越得不到的东西，就越想得到

无法知晓的事物，比能接触到的事物更有诱惑力，也更能强化人们渴望接近和了解的诉求，这是人们的好奇心和逆反心理在作怪。

古希腊神话中的普罗米修斯盗天火给人间后，主神宙斯为惩罚人类，想出了一个办法：他命令以美貌著称的火神赫菲斯托斯造了一个美丽的少女，让神使赫耳墨斯赠给她能够迷惑人心的语言技能，再让爱情女神赋予她无限的魅力。她被取名为潘多拉，在古希腊语中，"潘"是"一切"的意思，"多拉"是"礼物"的意思，她是一个被赐予一切礼物的女人。

宙斯把潘多拉许配给普罗米修斯的弟弟耶比米修斯为妻，并给潘多拉一个密封的盒子，并叮嘱她绝对不能打开。

然后，潘多拉来到人间。起初她还能记着宙斯的告诫，不打开盒子，但过了一段时间之后，潘多拉越发地想要知道盒子里面究竟装的是什么。在强烈的好奇心驱使下，她终于忍不住打开了那个盒子。于是，藏在里面的一大群灾害立刻飞了出来。从此，各种疾病和灾难就悄然降临世间。

宙斯用潘多拉无法压抑的好奇心成功地借潘多拉之手惩罚了人类。这就是所谓的"潘多拉效应"，即指由于被禁止而激发起欲望，导致出现"小禁不为，愈禁愈为"的现象。通俗地说，就是对越是得不到的东西，就越想得到；越是不好接触的东西，就越觉得有诱惑力；越是不让知道的东西，就越想知道。

心理学家普遍认为，好奇心是求新求异的内部动因，它一方面来源思维上的敏感，另一方面来源对所从事事业的至爱和专注。而逆反心理是客观环境与主体需要不相符合时产生的一种心理活动。逆反心理具有强烈的情绪色彩。形成逆反心理的原因比较复杂，既有生理发展的内在因素，又有社会环境的外在因素。一般地说，产生逆反心理要具备强烈的好奇心、企图标新立异或有特异的生活经历等条件。

"潘多拉效应"在现实生活中是普遍存在的。例如，收音机里播放的评书节目，每次都在最扣人心弦的地方停下，留下悬念，以使听众在第二天继续收听。再如，电视连续剧往往在剧情的关键处突然插播广告，这种做法除了能提高广告的收视率，更能吊足观众的胃口。

知道了这点，我们就可以变得更聪明一些：如果有人故意吊我们的胃口，我们要保持冷静、不为所动，避免受"潘多拉效应"的影响。例如，捂紧钱包，不被商家的"饥饿营销法"蛊惑。但是，如果对方是善意的，故意卖关子是为了给你一个惊喜，那么，你就要积极配合，否则会很扫兴的。

其实，在日常生活和工作中，我们除了被动地受"潘多拉效应"的影响，还可以主动地运用"潘多拉效应"来达到自己的目的，或是避开"潘多拉效应"，以免出现事与愿违的结果。

日本小提琴教育家铃木曾经创造过一种名为"饥饿教育"的教学法。他禁止初次到自己这里学琴的儿童拉琴，只允许他们在旁边观看其他孩子演奏，把他们学琴的兴趣极力地调动起来后，铃木才允许他们拉一两次空弦。这种教学法使得孩子们学琴的热情高涨，努力程度大增，进步也就非常迅速。

婚前，别说你的贞洁无所谓

很多时候，我们都会有点搞不清楚现在到底是一个什么样的社会，因为会有很多人跟你说："这都什么时代了，没人在乎你是不是处女""这么大把年纪还是处女不是长得太丑、太胖，就是有问题""以前的处女是仙女，现在的处女会让人害怕""性和谐是很重要的"……

各种思想的激烈碰撞让年轻的女人们陷入了巨大的迷茫、矛盾之中。受了蛊惑的女人不知道结局，撑住的女人继续迷茫不知所措。

按照人的本能，性是不该受到过于苛刻的压抑。在先秦时期，政府甚至鼓励年轻男女在春天的时候外出野合。但是自从孔子的那一套礼数出来之后，女子的贞洁就在几千年来被当作了比生命还重要的东西，婚前有性行为将受到非常严厉的惩罚。我们现在貌似生活在一个性开放的年代，似乎谁都可以恣意妄为，似乎用性真的能留住男人，不是到处都有人说男人是用下半身思考的动物吗？

在偶像剧里，但凡女主角付出了第一次，男主角个个都是要买账的，个个都发誓要为她负责到底。但是现实生活不是偶像剧，男人最大的谎言就是"我不在乎你是不是处女"。如果哪个女人在失去了贞洁之后哭着喊着要他负责的话，肯定会让人觉得很好笑。有的女人，天生欠缺爱，欠缺安全感，所以往往很心急，生怕抓不住他的爱，总是稀里糊涂地草草献身，结果被当成了男人炫耀的资本和随意丢弃的草根。绝大多数男人自己可以不是处男，但是却又要求未来的妻子必须是处女。

女人要相信，真正爱你的男人，不会在婚前用性来作为衡量爱情深浅的尺寸。

小洁在与一个男人相识不到十天就发生了关系，那天她跑来和朋友说，她和他住在一起了。朋友很惊讶。看她一脸幸福，朋友没多说什么。她说那个男人对她很好，朋友笑了笑，没说话。结果没多久她就被抛弃了！朋友去问那个男人怎么回事的时候，他却说："没什么啊，不合适就分喽，有什么啊，不都是这样么？"

半年后，小洁和追她的一个男人结婚了。可是结婚后原本很本分的一个男人却动不动就以她曾经的"经历"来作为理由，心安理得地去外面找别的女人。

别看这个社会表面上很开放，但骨子里还是很传统的。如果你问"哪里的人最在乎处女"，如果有人在全球范围内做一个调查的话，相信中国人肯定是排在前三名的。中国未婚男人可以在婚前"名正言顺"地和女人发生婚前性行为，或者"始乱终弃"，但他们却不能容忍自己的妻子婚前"失贞"。

有的时候，男人的处女情节还非常的偏激，不少男人都是非处女不娶的。

这就是男人的逻辑。男人的感情和性欲是分得很清楚的，他们对于自己爱的女人，重情重义，可是对于自己不爱的女人却只会玩弄和游戏。他们很少会因为和某个女人发生了关系就会爱上这个女人，也很少会因为继续和某个女人上床而对这个女人重新产生爱情。不要心存幻想，妄图通过和自己喜欢的男人发生关系，而让这个男人爱上自己，这太过于冒险。除非是你非常爱那个男人，可以无怨无悔地付出，否则的话，女人们最好把男人们那些甜言蜜语屏蔽掉，理智对待贞操问题。如果爱，不妨明确告诉他，也要得到他一个明确的态度，不要用一种含糊不清的方式来界定你们的关系，也不要试图通过牺牲自己的身体来唤起这个男人的亲昵和爱情。这一招，对男人而言求之不得，对女人而言，却是徒劳无益。

禁果是不可以偷吃的

在许多高校门口，我们常能看到一些避孕套自动售卖机，这也许是校方不得已的做法，尽管校方明令禁止，但偷吃禁果者仍大有人在，而且愈演愈烈。

在10年前，女大学生普遍认为，两个人发生性关系，就意味着他们相爱，还会进一步发展，直到结婚；5年前，如果两个人发生性关系，并不意味着一定会结婚；而现在有的女大学生认为，即使不相爱的两个人，只要不是互相利用，也可以发生性关系。

有关机构曾对500名女大学生进行了为期4年的关于从处女到非处女转变的心理研究，发现女大学生体验过性生活的比例随年级递增，比例分别为：大一10%；大二13%；大三20%；大四约25%。研究者认为，女大学生的这种性开放表现，有生理的原因，也有社会的原因，但主要还是心理的原因。

1.为了爱情的忠诚

有的女生在恋爱过程中，对男友很满意，视对方为梦中的白马王子，对方却对她若即若离。女生生怕对方飞走了，于是主动献出贞操，试图以最宝贵的圣地换取最忠诚的爱。这种女生没有领悟到爱的真谛，她企图用一种祭献式的真诚来拴住她爱的男人，忘记了爱应该是相互的。

2.为了情欲的快乐

在20世纪80年代初，西方社会爆发了一场性解放和性自由运动，许多女大学生也深受其毒害，一味地追求感官的刺激，视神圣的性如儿戏，有的甚至走上犯罪道路，成了性的奴隶。

3.为了私欲的满足

为了追求物质享受，满足吃喝玩乐等感官的需要，获得穿戴等时髦用品，有的女子甘愿与别人发生性关系，赚取脸上肮脏的胭脂。

4.为了消除寂寞

观察表明，知识层次越高的人越易产生孤独的感觉。告别父母、背井离乡的女大学生，初来乍到，人生地疏，孤独之感油然而生。为了排遣寂寞无聊的光阴，她们总是积极参加各种社团活动，试图他乡觅知音。许多女生一进大学就找男友、觅知己，甚至感到没有男友是件不光彩的事，而最后往往会偷吃禁果，从而一发不可收拾。

5.为了成全男友

随着恋爱的逐渐深入，双方的感情进一步加深，恋人间的身体接触也会由少到多，从起初的互相拉拉手，逐渐发展到拥抱、接吻及肉体的抚摸。再进一步，有的男性就会提出过分的要求——进行性的尝试，而女方可能怕逆了对方的意有损于两人的恋爱关系，深恐毁了两人的恋情，只好以身相许。

6.为了逃避压力

很多女生在考上大学后，其父母都会鼓励她要多交朋友，灌输给她：年轻时可以挑人家，再过几年就换成人家挑你了。现在大龄姑娘太多了，不要只顾学习，有了男朋友，才有依靠。找对象是一辈子的大事，要把握住时机。女生常常会被周围的"高论"潜移默化了。就这样，为结婚而找对象成了许多女生大学四年必修的学分，无形中产生了很大的压力。面对这些压力一些女生便将性作为了发泄口。

7.为了证明自己的成熟

在青春期到来后，女性和男性一样，要求与具有丰富的性知识和性经验的伙伴交往的愿望越来越强烈。有的女孩觉得自己貌美绝伦，身心发育成熟，富于性感，急于得到成熟异性的认同。每当男生用赞赏的目光凝望着她时，她就觉得自己长大了，瓜熟蒂落，该是自由恋爱、自由结婚的时候了，大有"养兵千日，用兵一时"的感觉。为了证明自己的成熟和魅力，她会主动和男生发生关系。

综上所述，女人在对待性方面，常常有不正确的心态。她们以为将性生活看得平常，就是思想的开放和行为的进步。其实不然，禁果是不可以偷吃的，否则最后受伤的只有女人自己。

一夜情，炸掉的是婚姻的碉堡

不管是赫赫有名的大网站，还是鲜为人知的小网站，永远都离不开情感的话题。各网站为了提高人气纷纷增设名称暧昧的聊天室，无所不在的网络聊天室给生活中日渐冷落疏离的人群注入了些许温情，也给那些"什么都不缺，独缺情人"的人们提供了网上猎艳的方便途径。

昏暗喧哗的酒吧，酒精会让人们头脑发晕。人们在夜晚往往会变得比较感性而且脆弱，加上音乐、烟酒和令人昏昏欲睡的昏暗灯光。"今晚你一个人吗？"这是酒吧里一夜情最平常的开场白。对浪漫情怀有着特别渴求的女人的心理防线最容易被攻破。

通信方式的发达，人们交流方式日趋多样化，打电话、发短信，还可以随时上网，而且有QQ、MSN、网易泡泡等各种即时聊天工具。网络公司为赚得更多的利润，开设各类名目的手机速配。以上种种，无疑都大大提升了一夜情发生的概率。

现在不少年轻女人赞同和尝试一夜情，与当前的电视、电影及文学作品中故意渲染其浪漫美好、毫无约束不无关系。事实上，由于这种非正常的性关系绝大多数是处于毫无防备的状态下进行的，所以难免会产生后遗症：

1.心理阴霾

一夜情在某些人心目中被畸形定位成个人魅力的体现，似乎任何道德规范都是禁锢人性的桎梏，而实际上这种不可能坦然进行的性关系，在彼此心理上多多少少会留下如同偷窃者一样的烙印。激情过后，除了担心可能怀孕、患病、被他人知晓外，如何面对现在或未来的伴侣，这段不合法的性经历该深深掩埋还是从容道出，终归是潜藏在心头的一块巨石。"我好后悔"，这是当事者经常事后才发出的叹息，可惜来得晚了些。

2.患病风险

"偶尔一次没关系"，这是一夜情女性普遍的心态，总觉得一次偷情不会出什么事。由于一夜情的发生常常带有偶然性，加之为了追求快感，男女双方一般很少事先采取必要的防护措施，比如使用避孕套、局部清洁等，更由于彼此对对方既往的性经历和健康状况几乎一无所知，因此这"一次"就很可能沾染性病甚至艾滋病。

3.婚姻危机

对于已婚的年轻人，经不住一夜情诱惑的结果不仅仅是心理和肉体上的伤害，还会造成家庭的破裂。

张丽结婚后便和丈夫来到北京，因为工作的需要，夫妻二人通常是一个星期或是一个月才见一次面，张丽特别享受分居带来的自由。她开始频繁地和一些男人发生一夜情，因为她的介入，许多家庭被拆散。可她觉得自己玩的是一夜情，那么对方的家庭出现变故就应与自己无关。直到姐姐和姐夫因一夜情而离婚后，张丽才意识到事情是多么严重，于是她决定以后再也不做对不起丈夫的事。但事情没能就这样结束，一个偶然的机会，张丽的事被丈夫知道了，丈夫提出协议离婚。张丽很后悔，希望丈夫能原谅她，她尽最大的努力挽回丈夫的心，想保持家庭的完整性。如果家庭破裂，最终受伤害的是孩子和双方的家人，她希望丈夫能看在这一点上原谅自己。

贪图一时之快的后果是沉重的，要付出惨重的代价。我们要管好自己，抵制诱惑，坚决地摒弃一夜情。

第二节

给欲望一个合理的限度

欲望让你的人生烦恼不安

我们接受教育和训练的目的是什么呢？难道是为了得到别人口头上的称赞吗？当然不是，其实在这个世界上真正值得尊重的事情并不是那种无价值的所谓名声，而是根据自身恰当的结构推动自己，即使自己不屈服于身体的引诱，不被感官压倒，只做自己应该做的事情，而不追求其他多余的东西，即不产生任何欲望。

人的一生是短暂的，很快我们就将化为灰尘，被世界遗忘。一个名称——甚至连名称也没有——而名称只是声音和回声。既然生命如此短暂，那么在生活中被我们高度重视的东西也就是空洞的、易朽的和琐屑的，至于在肉体和呼吸之外的一切事物，要记住它们既不是属于你的也不是你力所能及的。

有人问智者："白云自在时如何？"智者答："争似春风处处闲！"

那天边的白云什么时候才能逍遥自在呢？当它像那轻柔的春风一样，内心充满闲适，本性处于安静的状态，没有任何的非分追求和物质欲望，放下了时间的一切，它就能逍遥自在了。

保持自己的理性，放下世间的一切假象，不为虚妄所动，不为功名利禄所诱惑，一个人才能体会到自己的真正本性，看清本来的自己。否则，我们只能使自己的心灵处在一种烦恼不安的状态之中。就好像种植葡萄的人目的在种而不在收，如果还要希望自己的葡萄比别人大、比别人多，那他产生的这种欲望将会使自己失去心灵上的自由。因为他会变得不知足，会变得妒忌、吝啬、猜疑，会变得反对那些比他拥有更多葡萄的人。

县城老街上有一家铁匠铺，铺子里住着一位老铁匠。时代不同了，如今已经没人再需要他打制的铁器，所以，现在他的铺子改卖拴小狗的链子。

他的经营方式非常古老和传统。人坐在门内，货物摆在门外，不吆喝，不还价，晚上也不收摊。你无论什么时候从这儿经过，都会看到他在竹椅上躺着，微闭着眼，手里是一只半导体收音机，旁边有一把紫砂壶。

当然，他的生意也没有好坏之说。每天的收入正好够他喝茶和吃饭。他老了，已不再需要多余的东西，因此他非常满足。

一天，一个文物商人从老街上经过，偶然间看到老铁匠身旁的那把紫砂壶，因为那把壶古朴雅致，紫黑如墨，有清代制壶名家戴振公的风格。他走过去，顺手端起那把壶。壶嘴内有一记印章，果然是戴振公的。商人惊喜不已，因为戴振公在世界上有捏泥成金的美名，据说他的作品现在仅存三件：一件在美国纽约州立博物馆；一件在台湾"故宫博物院"；还有一件在泰国某位华侨手里，是那位华侨1993年在伦敦拍卖会以56万美元的拍卖价买下的。商人端着那把壶，想以10万元的价格买下它，当他说出这个数字时，老铁匠先是一惊，然后很干脆地拒绝了，因为这把壶是他爷爷留下的，他们祖孙三代打铁时都喝这把壶里的水。

虽然壶没卖，但商人走后，老铁匠有生以来第一次失眠了。这把壶他用了近60年，并且一直以为是把普普通通的壶，现在竟有人要以10万元的价钱买下它，他转不过神来。

过去他躺在椅子上喝水，都是闭着眼睛把壶放在小桌上，现在他总要坐起来再看一眼，这种生活让他非常不舒服。特别让他不能容忍的是，当人们知道他有一把价值连城的茶壶后，来访者络绎不绝，有的人打听还有没有其他的宝贝，有的甚至开始向他借钱。他的生活被彻底打乱了，他不知该怎样处置这把壶。当那位商人带着20万现金再一次登门的时候，老铁匠没有说什么。他招来了左右邻居，拿起一把斧头，当众把紫砂壶砸了个粉碎。

现在，老铁匠还在卖拴小狗的链子，据说，他现在已经106岁了。

通过这个故事证明，"人到无求品自高"，人无欲则刚，人无欲则明。无欲能使人在障眼的迷雾中辨明方向，也能使人在诱惑面前保持自己的人格和清醒的头脑，不丧失自我。在这个充满诱惑的花花世界里，要想真正做到没有一丝欲望，毫无牵挂的确很难。

可以有欲望，但不可有贪欲

伊索有句话说："许多人想得到更多的东西，却把现在所拥有的也失去了。"对于生活，普通的老百姓没有那么多言辞来形容，但是他们有自己的一套语言。于是，老人们会在我们面前念叨：做人啊，要本分，不要丢了西瓜捡芝麻。这个道理其实与文化人伊索说的是一样的。

的确，人生的沮丧很多都是源于得不到的东西，我们每天都在奔波劳碌，每天都在幻想填平心里的欲望，但是那些欲望却像是反方向的沟壑，你越是想填平，它就越向下凹得越深。

欲望太多，就成了贪婪。贪婪就好像一朵艳丽的花朵，美得你兴高采烈、心花怒放，可是你在注意到它的娇艳的同时，却忘了提防它的香气，那是一种让你身心疲惫却永远也感受不到幸福的毒药。从此，你的心灵被索求所占据，你的双眼被虚荣所模糊。

年轻的时候，艾莎比较贪心，什么都追求最好的，拼了命想抓住每一个机会。有一段时间，她手上同时拥有13个广播节目，每天忙得昏天暗地，她形容自己："简直累得跟狗一样！"

事情总是对立的，所谓有一利必有一弊，事业愈做愈大，压力也愈来愈大。到了后来，艾莎发觉拥有更多、更大的不是乐趣，反而成为一种沉重的负担。她的内心始终有一种强烈的不安笼罩着。

1995年，"灾难"发生了，她独资经营的传播公司日益亏损，交往了七年的男友和她分手……一连串的打击直奔她而来，就在极度沮丧的时候，她甚至考虑结束自己的生命。

在面临崩溃之际，她向一位朋友求助："如果我把公司关掉，我不知道我还能做什么？"朋友沉吟片刻后回答："你什么都能做，别忘了，当初我们都是从'零'开始的！"

这句话让她恍然大悟，也让她勇气再生："是啊！我们本来就是一无所有，既然如此，又有什么好怕的呢？"就这样念头一转，她不再沮丧。没想到，在短短半个月之内，她连续接到两笔很大的业务，濒临倒闭的公司起死回生。

历经这些挫折后，艾莎体悟到了人生"无常"的一面：费尽了力气去强求，虽然勉强得到，最后留也留不住；而一旦放空了，随之而来的可能是更大的能量。她学会了"舍"。为了简化生活，她谢绝应酬，搬离了150平方米的房子，索性以公司为家，挤在一个10平方米不到的空间里，淘汰不必要的家当，只留下一张床、一张小茶几，还有两只做伴的小狗。

艾莎这才发现，原来一个人需要的其实那么有限，许多附加的东西只是徒增无谓的负担而已。

人人都有欲望，都想过美满幸福的生活，都希望丰衣足食，这是人之常情。但是，如果把这种欲望变成不正当的欲求，变成无止境的贪婪，那无形中就成了欲望的奴隶。

在欲望的支配下，我们不得不为了权力、为了地位、为了金钱而削尖了脑袋向里钻。我们常常感到自己非常累，但仍觉得不满足，因为在我们看来，很多人生活得比自己更富足，很多人的权力比自己的大。所以我们别无出路，只能硬着头皮往前冲，在无奈中透支着体力、精力与生命。

这样的生活，能不累吗？被欲望沉沉地压着，能不精疲力竭吗？静下心来想一想：有什么目标真的非要实现不可，又有什么东西值得我们用宝贵的生命去换取？

放弃生活中的"第四个面包"

非洲草原上的狮子吃饱以后，即使羚羊从身边经过，也懒得抬一下眼皮；瑞士的奶牛也是一样，只要吃饱了肚子，它就会闲卧在阿尔卑斯山的斜坡上，一边享受温暖的阳光，一边慢条斯理地反刍。

有一位作家非常赞赏瑞士奶牛和非洲狮子的生存哲学。他说，假如你的饭量是三个面包，那么你为第四个面包所做的一切努力都是愚蠢的。

王立有一个做医生的朋友，几年前王立到一个宾馆去开会，一眼瞥见领班小姐，貌若天仙，便上前搭讪。小姐莞尔一笑，用一种很不经意的口气说："先生，没看见你开车来哦！"他当即如五雷轰顶，大受刺激，从此立志加入有车族。后来朋友和王立在一起吃饭，几杯酒下肚之后，朋友告诉王立，准备把开了一年的"昌河"小面包卖掉，换一辆新款的"爱丽舍"。然后又问王立买车了没有。王立老老实实地回答，还没有，而且在看得见的将来也没有这种可能性。他同情地看着王立："唉！一个男人，这一辈子如果没有开过车，那实在是太不幸了。"

这顿饭让王立吃得很惶惑。因为按他目前的收入水平，买辆"爱丽舍"，他得不吃不喝地攒上好几年。更糟糕的是，若他有一天终于买上了汽车，也许在他还没有来得及品味"幸福"滋味的时候，一个有私人飞机的家伙对他说："作为一个男人，没开过飞机太不幸了！"那他这辈子还有救吗？

这个问题让王立坐立不安了很长时间。如何挽救自己免于堕入"不幸"的深渊，让他甚为苦恼。直到有一天，他无意中看到这样一段话：有菜篮子可提的女人最幸福。因为幸福其实渗透在我们生活中点点滴滴的细微之处，人生的真味存在于诸如提篮买菜这样平平淡淡的经历之中。我们时时刻刻拥有着它们，却无视它们的存在。

王立恍然大悟。原来他的朋友在用一个逻辑陷阱蓄意误导他：没有汽车是不幸的。你没有汽车，所以你是不幸的。但这个大前提本身就是错误的，因为"汽车"与"幸福"并无必然的联系。

在一个成功人士云集的聚会上，王立激动地表达了自己内心深处对幸福生活的理解："不生病，不缺钱，做自己爱做的事。"会场上爆发了雷鸣般的掌声。

成功只是幸福的一个方面，而不是幸福的全部。人们对"成功"的需求是永无止境的，没完没了地追求来自外部世界的诱惑——大房子、新汽车、昂贵服饰等，尽管可以在某些方面得到物质上的快乐和满足，但是这些东西最终带给我们的是患得患失的压力和令人疲惫不堪的混乱。

两千多年前，苏格拉底站在熙熙攘攘的雅典集市上叹道："这儿有多少东西是我不需要的！"同样，在我们的生活中，也有很多看起来很重要的东西，其实，它们与我们的幸福并没有太大关系。我们对物质不能一味地排斥，毕竟精神生活是建立在物质生活之上的，但不能被物质约束。面对这个已经严重超载的世界，面对已被太多的欲求和不满压得喘不过气的生活，我们应当学会用好生活的减法，把生活中不必要的繁杂除去，让自己过一种自由、快乐、轻松的生活。

过多的欲望会蒙蔽你的幸福

人很多时候是很贪心的，就像很多人形容的那样：吃自助的最高境界是——扶墙进，扶墙出。进去扶墙是因为饿得发昏，四肢无力，而扶墙出则是因为撑得路都走不了。人愿意活受罪是因为怕吃亏。而有些时候，人总是对自己不满，还是因为太贪心，什么都想得到。

很多人常常抱怨自己的生活不够完美，觉得自己的个子不够高、自己的身材不够好、自己的房子不够大、自己的工资不够高、自己的老婆不够漂亮，自己在公司工作了好几年了却始终没有升职……总之，对于自己拥有的一切都感到不满，觉得自己不幸福。真正不快乐的原因是：不知足。一个人不知足的时候，即使在金屋银屋里面生活也不会快乐，一个知足的人即使住在茅草屋中也是快乐的。

剑桥教授安德鲁·克罗斯比说：真正的快乐是内心充满喜悦，是一种发自内心对生命的热爱。不管外界的环境和遭遇如何变化，都能保持快乐的心情，这就需要一种知足的心态。知足者常乐，因为对生活知足，所以他会感激上天的赠予，用一颗感恩的心去感谢生活，而不是总抱怨生活不够照顾自己。

有一个村庄，里面住着一个左眼失明的老头儿。

老头儿9岁那年一场高烧后，左眼就看不见东西了。他爹娘顿时泪流满面，一个独生的儿子瞎了一只眼睛可怎么办呀！没料到他却说自己左眼瞎了，右眼还能看得见呢！总比两只眼都瞎了要好！比起世界上那些双目失明的人，不是要强多了吗？儿子的一番话，让爹娘停止了流泪。

老头儿的家境不好，爹娘无力供他读书，只好让他去私塾里旁听。他的爹娘为此十分伤心，他劝说道："我如今也已识了些字，虽然不多，但总比那些一天书没念，一个字不识的孩子强多了吧！"爹娘一听也觉得安然了许多。

后来，他娶了个嘴巴很大的媳妇。爹娘又觉得对不住儿子，而他却说，和世界上的许多光棍汉比起来，自己是好到天上去了！这个媳妇勤快、能干，可脾气不好，把婆婆气得心口作痛。他劝母亲说："天底下比她差得多的媳妇还有不少。媳妇脾气虽是暴躁了些，不过还是很勤快的，又不骂人。"爹娘一听真有些道理，怄的气也少了。

老头儿的孩子都是闺女，于是媳妇总觉得对不起他们家，老头儿说世界上有好多结了婚的女人，压根儿就没有孩子。等日后我们老了，5个女儿女婿一起孝敬我们多好！比起那些虽有儿子几个，却妯娌不和、婆媳之间争得不得安宁要强得多!

可是,他家确实贫寒得很,妻子实在熬不下去了,便不断抱怨。他说:"比起那些拖儿带女四处讨饭的人家,饥一饱一顿顿,还要睡在别人的屋檐下,弄不好还会被狗咬一口,就会觉得日子还真是不赖。虽然没有馍吃,可是还有稀饭可以喝;虽然买不起新衣服,可总还有旧的衣裳穿,房子虽然有些漏雨的地方,可总还是住在屋子里边,和那些讨饭维持生活的人相比,日子可以算是天堂了。"

老头儿老了,想在合眼前把棺材做好,然后安安心心地走。

可做的棺材属于非常寒酸的那一种,妻子愧疚不已,而老头儿却说,这棺材比起富贵人家的上等柏木是差远了,可是比起那些穷得连棺材都买不起,尸体用草席卷的人,不是要强多了吗?

老头儿活到72岁,无疾而终。在他临死之前,对哭泣的老伴说:"有啥好哭的,我已经活到72岁,比起那些活到八九十岁的人,不算高寿,可是比起那些四五十岁就死了的人,我不是好多了吗?"

老头儿死的时候,神态安详,脸上还留有笑容……

老头儿的人生观,正是一种乐天知足的人生观,永远不和那些比自己强的人攀比,用自己的拥有与那些没有拥有的人进行比较,并以此找到了快乐的人生哲学。人生不就是这样吗?有总比没有强多了。

很多时候,我们就缺少老头儿的这种心境,当我们抱怨自己的衣服不是名牌的时候,是否想到还有很多人连一套像样的衣服都没有;当我们抱怨自己的丈夫没有钱的时候,可否想到那些相爱但却已阴阳两重天的人;当我们抱怨自己的孩子没有拿到第一的时候,是否想到那些根本上不起学的孩子;当我们抱怨工作太累的时候,可否想到那些在街上摆着小摊的小贩们,他们每天起早贪黑,他们根本没有工夫去抱怨……其实,我们已经过得很好了,我们能够在偌大的城市拥有着自己的房子,哪怕只是租的,我们不用为吃饭发愁,我们拥有着体贴的妻子,可爱的孩子,有着依旧对自己牵肠挂肚的父母……实际上我们已经拥有的够多了，还有什么不满意的呢？快乐也是在知足中获得的。

给自己的欲望打折

人，是有欲望的，所以永远得不到满足，永远在为自己攫取着，最后终于沦为私欲的奴隶，把自己的心灵变成了地狱。而当一个人的人生走向终点时，他才会发现，人，是不会从他过多拥有的东西中得到乐趣的，而这些东西却总是以一种魔力引诱着人去追逐，失去理智也在所不辞。于是世界上成千上万的人带着这些东西走向了坟墓，悲哀而无奈。

一位虔诚的教徒受到天堂和地狱问题的启发，希望自己的生活过得更好，他找到先知伊里亚。

"哪里是天堂，哪里是地狱？"伊里亚没有回答他，拉着他的手穿过一条黑暗的通道，来到一座大厅。在大厅的中央放着一口大铁锅，里面盛满了汤，下面烧着火。整个大厅中散发着汤的香气。大锅周围一挤满两腮凹进、带着饥饿目光的人，都在设法分到一份汤喝。

但那勺子太长太重，饥饿的人们贪婪地拼命用勺子在锅里搅着，但谁也无法把汤送到自己的嘴里。有些鲁莽的家伙甚至烫了手和脸，还溅在旁边人的身上。于是大家争吵起来，人们竟挥舞着本来为了解决饥饿的长勺子大打出手。

先知伊里亚对那位教徒说："这就是地狱。"

他们离开了这座房子，再也不忍听他们身后恶魔般的喊声。他们又走进一条长长的黑暗的通道，进入另一间大厅。这里也有许多人，在大厅中央同样放着一大锅热汤。就像地狱里所见的一样，这里的勺子同样又长又重，但这里的人营养状况都很好。大厅里只能听到勺子放入汤中的声音。这些人总是俩人一对在工作：一个把勺子放入锅中又取出来，将汤给他的同伴喝。如果一个人觉得汤勺太重了，另外的人就过来帮忙。这样每个人都在安安静静地喝。当一个人喝饱了，就换另一个人。

先知伊里亚对他的教徒说："这就是天堂。"

被私欲蒙蔽心智的人在地狱中。因为只想满足自己的私欲所以谁也不懂得分享美好，无论是谁都喝不到锅里的汤。如果你心里只有自己，就只能下地狱。这就是内心充满私欲人的结局，实在是可怜。你自己的私欲往往就是你亲手为自己掘的一座坟墓。

要求人一点儿私欲都没有是不可能的：我们总是在做我们内心想做的事情。从这个角度说，每个人都是自私的，但自私并不都那么可怕，可怕的是私欲太盛，利令智昏，时时处处以自己为中心，以损公肥私和损人利己为乐事，一切围着自己想问题，一切围着自己办事情，在满足其一己之私的过程中，不惜损害公益事业，不惜妨害他人利益。这样的人谁不怕？怕的时间长了，也就如同瘟疫一样，人们避之唯恐不及；怕的人多了，也就如过街老鼠一样，人人见之喊打。这样的人即便是比别人多捞取了一些利益，也不会获得真正意义上的幸福。如果说，他们也侈谈什么成功，充其量不过是鸡鸣狗盗的成功，没有任何值得骄傲和自豪的。

"点燃别人的房子，煮熟自己的鸡蛋。"英国的这句俗话，形象地揭示了那些妨害他人利益的自私行为。而这样的人，等待他们的只有自酿的苦果。

远离名利的烈焰，让生命逍遥自由

古今中外，为了生命的自由、潇洒，不少智者都懂得与名利保持距离。

惠子在梁国做了宰相，庄子想去见见这位好友。有人急忙报告惠子："庄子来了，是想取代您的相位吧。"惠子很恐慌，想阻止庄子，派人在梁国搜了三日三夜。不料庄子从容而来拜见他，说："南方有只鸟，其名为凤凰，您可听说过？这凤凰展翅而起。从南海飞向北海，非梧桐不栖，非练实不食，非醴泉不饮。这时，有只猫头鹰正津津有味地吃着一只腐烂的老鼠，恰好凤凰从头顶飞过。猫头鹰急忙护住腐鼠，仰头视之道：'吓！'现在您也想用您的梁国相位来吓我吗？"惠子十分羞愧。

一天，庄子正在濮水垂钓。楚王委派的两位大夫前来聘请他："吾王久闻先生贤名，欲以国事相累。"庄子持竿不顾，淡然说道："我听说楚国有只神龟，被杀死时已三千岁了。楚王珍藏之以竹箱，覆之以锦缎，供奉在庙堂之上。请问大夫，此龟是宁愿死后留骨而贵，还是宁愿生时在泥水中潜行曳尾呢？"两位大夫道："自然是愿意在泥水中摇尾而行了。"庄子说："两位大夫请回去吧！我也愿在泥水中曳尾而行。"

庄子不慕名利，不恋权势，为自由而活，可谓洞悉幸福真谛的达人。

人活在世界上，无论贫穷富贵，穷达逆顺，都免不了与名利打交道。《清代皇帝秘史》记述乾隆皇帝下江南时，来到江苏镇江的金山寺，看到山脚下大江东去，百舸争流，不禁兴致大发，随口问一个老和尚："你在这里住了几十年，可知道每天来来往往多少只船？"老和尚回答说："我只看到两只船。一只为名，一只为利。"一语道破天机。

淡泊名利是一种境界，追逐名利是一种贪欲。放眼古今中外，真正淡泊名利的很少，追逐名利的很多。今天的社会是五彩斑斓的大千世界，充溢着各种各样炫人耳目的名利诱惑，要做到淡泊名利确实是一件不容易的事情。

旷世巨作《飘》的作者玛格丽特·米切尔说过："直到你失去了名誉以后，你才会知道这玩意儿有多累赘，才会知道真正的自由是什么。"盛名之下，是一颗活得很累的心，因为它只是在为别人而活着。我们常羡慕那些名人的风光，可我们是否了解他们的苦衷？其实大家都一样，希望能活出自我，能活出自我的人生才更有意义。

世间有许多诱惑：桂冠、金钱，但那都是身外之物，只有生命最美，快乐最贵。我们要想活得潇洒自在，要想过得幸福快乐，就必须做到：学会淡泊名利，割断权与利的联系，无官不去争，有官不去斗；位高不自傲，位低不自卑，欣然享受清心自在的美好时光，这样就会感受到生活的快乐和惬意。否则，太看重权力地位，让一生的快乐都毁在争权夺利中，那就太不值得，也太愚蠢了。

当然，放弃荣誉并不是寻常人具有的，它是经历磨难、挫折后的一种心灵上的感悟，一种精神上的升华。"宠辱不惊，去留无意"说起来容易，做起来却十分困难。红尘的多姿、世界的多彩令大家怦然心动，名利皆你我所欲，又怎能不忧不惧、不喜不悲呢？否则也不会有那么多的人穷尽一生追名逐利，更不会有那么多的人失意落魄、心灰意冷了。只有做到了宠辱不惊、去留无意方能心态平和，恬然自得，方能达观进取，笑看人生。

功成身退任自如

天上月圆月缺，地上花开花谢，海中潮涨潮落，四季暑往寒来。社会也与这变化中的万物一样，难以永恒，就像登上山顶看完壮丽的日出就要下山一样，当壮志已酬之时，也就是含蓄收敛，急流勇退的时候了。

庄子曾讲过一种"真人"，他恬淡无为，行事适可而止，功成名就时态度依然平静如常。"真人"的人生既是乐观的又是高明的。他们虽然站在最高的位置，也有很高的成就，但他所做的一切并非源自欲望驱使，而是为了天下而为之。所以贡献的一切从来不需要别人的感恩戴德，且会在合适的时机全身而退。

历来能够"功遂，身退，天道"的风流人物，是大多数人一直深感佩服的。南怀瑾先生就曾在《功成身退数风流》一文中说，"功遂，身退，天道"的几字真言，在一般人眼中总觉得消极意味太浓。然而，大家只是忘记观察自然界的"天之道"的原因。仔细看天道，日月经天，昼出夜没，暑往寒来，都是很自然的"功遂，身退"正常现象。植物世界如草木花果，都是默默无言完成了自己的使命，然后悄然消逝；动物世界一代交替一代，谁又能不自然地退出生命的行列呢？如果有，那是人类的心不死，不肯罢休，妄图占有，然而妄想违反自然，何其可悲。

功成身退乃天之道，入世时心怀天下，出世时不留一念，这才是正确的处世态度。许多人一面身在世外，心却不肯走，往往自惹烦恼和祸患。

例如东晋的抱朴子葛洪和南朝齐梁之际的陶弘景。葛洪早早抽身，自求出任"勾漏令"，以宦途当作隐遁的门面，暗暗地修炼着自己的仙道，得以善终；而陶弘景更是及早地名冠"神武门"，每天优哉乐哉地山中玩乐，做了个地道的"山中宰相"，满足自己精神领域上的追求。韦睿是汉丞相韦贤的后裔，后来跟随了梁武帝，屡次升迁至侯爵的地位。梁武帝北伐时期，韦睿奉命统部北伐，屡建奇功，他虽身体奇弱，却用兵如神，敌人对他畏惧万分。一次，前方军情告急，梁武帝派遣亲信曹景宗与他会师。韦睿对曹景宗执礼甚谨，每每有军事上的胜利，均让景宗去领功，自己则从不争功。在与曹景宗赌博的时候，韦睿也故意输给他，好不引起景宗对他的嫉恨。

梁武帝知道韦睿厉害，所以一般不委以重任，对他始终心存顾忌。好在韦睿自知苟活乱世需要圆融的手段，退隐山林不是上策，积极进取、争名逐利也不是上策，所以即便成功之时仍深自谦退，以免猜忌。所以，韦睿平平安安地活到了79岁得以善终，遗嘱上要求穿薄服葬了，也不要陪葬品。在他身死之后，梁武帝总算被他的诚信感动了，来到他坟前痛哭流涕，为他完成了最后的挽歌。

也许生活中有许多华丽的舞台在等待你走上去，但这些舞台未必总是尽如人意般美好，也许它就是暴露你弱点的契机，让你在不知不觉间掉入陷阱。就比如秦代的名相李斯。当初他贵为秦相时，"持而盈""揣而锐"，最后却以悲剧告终。临刑之时，他才对其子说："吾欲与若复牵黄犬，出上蔡东门，逐狡兔，岂可得乎？"他临死才幡然醒悟，渴望带着孩子过着牵狗逐兔的返璞归真生活，在平淡中找寻幸福，但悔之晚矣。

进一步，容易；退一步，难。成功有时易得，安然退却成难事。少数人看透功名实质，重视过程，淡看结果，终能悠然反航，而大多数人还沉迷于名利的旋涡，越陷越深，何其可悲！

学会控制不合理的欲望

合理、有度的欲望本是人奋发向上、努力进取的动力，但倘若欲望变质了我们就容易上当、受骗。人的欲望一旦转变为贪欲，那么在遇到诱惑时就会失去理性。

一个顾客走进一家汽车维修店，自称是某运输公司的汽车司机。她对店主说："在我的账单上多写几个零件，我回公司报销后，有你一份好处。"但店主拒绝了这样的要求。顾客继续纠缠道："我的生意很大，我会常来的，这样做你肯定能赚很多钱！"店主告诉她，无论如何也不会这样做。顾客气急败坏地嚷道："谁都会这么干的，我看你真的是太傻了。"店主火了，指着那个顾客说："你给我马上离开，请你到别处谈这种生意。"谁知这时顾客竟露出微笑并紧紧握住店主的手说："我就是这家运输公司的老板，我一直在寻找一个固定的、信得过的维修店，我终于找到了，你还让我到哪里去谈这笔生意呢？"

面对诱惑不动心，不为其所惑。虽平淡如行云，质朴如流水，却让人领略到一种山高海深，让人感到放心。这样的人是真正懂得如何生存的人。

荀子说："人生而有欲。"人生而有欲望并不等于欲望可以无度。宋学大家程颐说："一念之欲不能制，而祸流于滔天。"古往今来，因不能节制欲望，不能抗拒金钱、权力、美色的诱惑而身败名裂，甚至招至杀身之祸的人不胜枚举。诱惑能使人失去自我，这个世界有太多的诱惑，一不小心往往就会掉入陷阱。找到自我，固守做人的原则，守住心灵的防线，不被诱惑，你才能生活得安逸、自在。

1856年，亚历山大商场发生了一起盗窃案，共失窃8只金表，损失16万美元，在当时，这是相当庞大的数目。就在案子尚未侦破前，有个纽约商人到此地批货，随身携带了4万美元现金。当她到达下榻的酒店后，先办理了贵重物品的保存手续，接着将钱存进了酒店的保险柜中，随即出门去吃早餐。在咖啡厅里，她听见邻桌的人在谈论前阵子的金表失窃案，因为是一般社会新闻，这个商人并不当一回事。中午吃饭时，她又听见邻桌的人谈及此事，他们还说有人用1万美元买了两只金表，转手后即净赚3万美元，其他人纷纷投以羡慕的眼光说："如果让我遇上，不知道该有多好！"

然而，商人听到后，却怀疑地想："哪有这么好的事？"到了晚餐时间，金表的话题居然再次在她耳边响起，等到她吃完饭，回到房间后，忽然接到一个神秘的电话："你对金表有兴趣吗？老实跟你说，我知道你是做大买卖的商人，这些金表在本地并不好脱手，如果你有兴趣，我们可以商量看看，品质方面，你可以到附近的珠宝店鉴定，如何？"商人听后，不禁怦然心动，她想这笔生意可获取的利润比一般生意优厚许多，便答应与对方详谈，结果以4万美元买下了传说中被盗的8块金表中的3块。

但是第二天，她拿起金表仔细观看后，却觉得有些不对劲，于是她将金表带到熟人那里鉴定，没想到鉴定的结果是，这些金表居然都是假货，全部只值几千美元而已。直到这帮骗子落网后，商人才明白，从她一进酒店存钱，这帮骗子就盯上了她，而她听到的金表话题也是他们故意安排设计的。骗子的计划是，如果第一天商人没有上当，接下来他们还会有许多花招准备诱骗她，直到她掏出钱为止。

贪婪自私的人往往鼠目寸光，所以他们只瞧见眼前的利益，看不见身边隐藏的危机，也看不见自己生活的方向。贪欲越多的人，往往生活在日益加剧的痛苦中，一旦欲望无法获得满足，他们便会失去正确的人生目标，陷入对蝇头小利的追逐。贪婪者往往自掘坟墓而不自知。我们一定要随时提醒自己，控制自己不合理的欲望，因为你的贪欲很可能让你失去一切。

第三节

贪婪，最后吞噬的是自己

幸福离不开钱，但有钱不一定幸福

挣钱为了什么？这似乎是一个再简单不过的问题，但现实中却并不像想象的那么简单。

在外人眼里，他和她很穷。都是从农村出来的大学生，各自做着一份早出晚归的工作。

结婚的时候双方父母没有帮凑多少，两个人把积蓄加在一起，付了一套一居室的首付，剩下的分20年还清。一个人的工资养房，一个人的工资养家。

房子是顶楼，在寸土寸金的城市里，他们没有多余的钱装修，橱柜、鞋柜、梳妆台、衣橱都是他自己用业余时间借来工具买来材料亲手打造的。

"麻雀虽小，五脏俱全"，今年添一个热水器，明年添一台计算机……慢慢地，家里的电器竟然也添置齐全了。

面包有时都吃不上，玫瑰花就更奢侈了。日子过得青黄不接的时候，连续几天饭桌上的主打菜都是白菜和土豆。醋熘白菜、凉拌菜心、海米白菜、凉拌土豆丝、辣炒土豆片……

他惊讶地看着她不知从哪里学来的这些花样，每餐都吃得津津有味。

情侣之间那些值得纪念的日子诸如情人节、生日、结婚纪念日，他总是能带给她一些惊喜。一个精致的钥匙链、一个存放硬币的卡通钱包、一本她渴望已久的新书、一条她一见倾心的丝巾……这些礼物都不贵，甚至有的都不花钱，但每次她都喜笑颜开。

她喜欢吃零食和水果，为此他戒掉了十几年的烟瘾，省出钱给她买爱吃的话梅、新鲜的时令水果。他喜欢吃水饺，最初她买速冻水饺回家煮，慢慢地学会了自己调馅、自己和面、自己擀皮，自己包水饺。

她身上的衣服都是从路边小店淘来的，穿在身上却总是显得与众不同；他有几身名牌西装，除了出席一些正式场合，他更喜欢一些休闲的服饰。他们把省下的置装费用来孝敬乡下的父母，减轻老人的负担。

房子冬冷夏热，北方的冬天室内都能结冰，交不起暖气费，每天下班回到家里，他总是争着抢着去冰冷的厨房里做饭，给她插好电热毯，让她在床上盖上被子取暖。

夏天的时候房子像着了火，尤其是晚上，房间里的温度像一个高烧不退的病人，让人无法入睡，她总是想尽一切办法给房间降温，白天上班拉上窗帘，下班回到家里就一遍一遍地拖地。

他们的房子很小，衣食也很简单，他们的日子过得很节俭，私家车离他们很遥远，五星级酒店的山珍海味和他们不沾边，乘火车坐飞机四处游山玩水更是不现实，可是他们离幸福很近。

也许人们太在意对金钱拥有的多少，而忽略了对幸福的体会，无论你伟大还是平庸，高贵还是平淡，一份惊喜、一次感动，只要你愿意，你都有幸福的理由，你都能悟到幸福的所在。一顿久别重逢的团圆饭，一段真心以对的恋情，一碗热腾腾的手擀面……幸福的感觉有时是不能直接同钱的多少画等号的，事实上当人的基本生存条件得以满足时，幸福的感觉便更显得尤为重要。其实幸福在哪里，幸福就在我们心中，一个安稳踏实的梦，一个和谐温馨的家，一个可以停靠的臂膀……有时细想一下，我们能活着本身就是一种幸福，苦难使人懂得了珍惜，挫折使人学会了坚强。人总是在追求中充实，在坎坷中成长，在自己心灵的舞台上，你永远都是主角，所以还是尽情地享受生命带给我们的乐趣吧，此时的你很幸福，也很富有。

贪婪者并不富有

人总是不断追求更多的东西，比如名，比如权，比如金钱，然而，无尽的贪婪到最后只会是竹篮打水一场空。

我们很小的时候就听过这样一个寓言故事：

一天，一个老头在森林里砍柴。他抡起斧子正准备砍一棵树，突然从树上飞出一只金嘴巴的小鸟。小鸟对老头说："你为什么要砍倒这棵树呀？""家里没柴烧。""你不要砍倒它。回家去吧，明天你家里会有许多柴的。"说完，小鸟就飞走了。

第二天，老伴发现院子里堆了一大堆柴，就叫老头："快来看，快来看，谁在咱家院子里堆了这么一大堆柴？"

老头把遇到了金嘴巴鸟的经过告诉了老伴，老伴说："柴是有了，可是我们却没有吃的。你去找金嘴巴鸟，让它给我们点吃的。"

老头又回到森林里的那棵树下。这时，金嘴巴鸟飞来了，它问："你想要什么呀？"老头回答说："我的老伴让我来对你说，我们家没有吃的了。""回去吧，明天你们会有许多吃的东西的。"金嘴巴鸟说完又飞走了。

第二天，他们果真发现家里出现了许多肉、鱼、甜食、水果、葡萄酒和他们想要的其他食物。他们饱餐了一顿后，老伴对老头说："快去找金嘴巴鸟，让它送我们一个商店，商店里要有许许多多的东西，这样，往后我们的日子就舒服了。"

老头又来到了森林里的那棵树下。

"我的老伴让我来找你，她请你送给我们一个商店，商店里的东西要应有尽有。她说，这样我们就可以舒舒服服地过日子了。""回去吧，明天你们会有一个商店的。"金嘴巴鸟说。

第二天他们醒来后，简直都不敢相信自己的眼睛了。家里到处都是好东西：布匹、纽扣、锅、戒指、镜子……真是应有尽有。老伴仔细地清理了这些东西以后，又对老头说："再去找金嘴巴鸟，让它把我变成王后，把你变成国王。"

老头回到森林里，他找到了金嘴巴鸟，对它说："我的老伴让我来找你，让你把她变成王后，把我变成国王。"金嘴巴鸟冷漠地望了一下老头，说："回去吧，明天早上你会变成国王，你的老伴会变成王后的。"

第二天早上醒来，他们发现自己穿的是绫罗绸缎，吃的也是山珍海味，周围还有一大帮的侍臣奴仆。可是，老伴对此仍不满足，她对老头说："去，找金嘴巴鸟去，让它把魔力给我，让它来宫殿，每天早上为我跳舞唱歌。"

老头只好又去森林找金嘴巴鸟，他找了许多时候，最后总算又找到了它，老头说："金嘴巴鸟，我的老伴想让你把魔力给她，她还让你每天早上去为她跳舞唱歌。"金嘴边鸟愤怒地盯着老头，它说："回去等着吧！"

第二天起床后，他们发现自己被变成了两个又丑又小的矮人。

人有想拥有的念头不为错，但这世间美好的东西实在是太多了，我们总希望让尽可能多的东西为自己所拥有，孰不知在你贪婪地占有中，你的心灵也被腐蚀掉了。其实，我们拥有生命和快乐已是最大的拥有，又何必贪求太多呢？贪婪的结果只能是一无所有。

贪的越多，失去的也越多

一位智者在山中溪水里找到了一颗宝石。

第二天他遇到了一位饥饿的行者，智者打开自己的背包，把食物分给他吃。

饥饿的行者看到了那颗宝石，请求智者把宝石给他。智者毫不犹豫地把宝石给了他。

行者离开了，为自己的好运高兴不已。他知道这颗宝石价值连城，他一生都可享用不尽。

但几天之后，他回来了，把宝石还给了智者。

"我一直在想，"他说，"我知道这颗宝石有多么值钱，我还给你是希望你能给我更加值钱的东西。你能把这颗宝石给我，你身上一定有更为值钱的东西。"

智者拿回了宝石，瞬间就消失了。

空留行者两手空空，愣在原地。

我们的痛苦和烦恼大都来源于贪欲，源自不满足。我们人生的苦难也是如此。我们永远不知足，所以，永远无法脱离苦海。

古时，有一婆婆心地善良，在家吃斋修行。一日在家诵读经文，忽听外边有人卖香，婆婆随即出去买香，以备敬佛之用。

到街市一看，卖香人乃一位出家化缘的僧人，婆婆心中欢喜，心想：能买到出家僧人的东西，那也是上等的缘分。

故此，婆婆上前施礼道："请称香料二斤。"

出家人闻得，便随手在香袋中抓出一把，说："二斤也。"

婆婆接过香料后不太相信，想拿回家称一称，然后再付钱。

出家僧人说道："请施主自便好了。"

婆婆回家一称香料，不多不少、足足三斤也。婆婆心中暗想：他说二斤，我就给二斤香料钱，反正他也不知道有多少。

随即便出得屋来，告诉出家僧人说："这位师父好眼力，整二斤也。"

出家僧人说道："我说二斤你不信，非要称一称，真是麻烦！"

说完便收了婆婆二斤香料钱，自东向西扬长而去。

离此不远有一酒家，出家僧人到此歇脚，坐下后，买了一壶酒、一只猪腿，自饮自吃。

再说那位买香的婆婆，将香收好后，心中为贪得一时便宜而十分高兴，给佛上了香后想到邻居家串门，恰经过酒家门前，抬眼看见出家僧人在独自吃肉喝酒，心中顿生烦恼，感到自己买的香似有什么不妥，心中疑惑：买这样僧人的香回去敬佛好吗？

于是禁不住上前施礼问道："出家僧人应谨守清规戒律，一心向佛修行，你既是出家僧人，为何吃肉喝酒？难道是假冒出家人？"

出家僧人听得此言，非但不恼，反而一笑，说道："女施主请这边坐，我知道施主为何气恼，不妨听老僧几句良言，悟者，自然受益。"

僧人说："施主听清了：施主只修口来不修心，错把我三斤当二斤；老僧是修心不修口，既吃肉来又喝酒。"

当下说得这婆婆满面通红、深感惭愧、非常自责，沉思良久，欲再问以求指点，抬头望之，已空无一人，方知乃神佛降临，指点迷津，于是跪地便拜。

自此以后，婆婆幡然醒悟，重新摆正了自己的心态，戒除贪念。

我们每天想拥有更多，贪得越多，失去也会越多，所以，只有知足才能常乐。

贪欲会让你走上不归路

人性中的弱点之一就是贪婪。

一位学者曾经说过：一个人的心脏只有拳头大小，但是，如果你把整个地球全部装进去，也装不满，还会有空隙。这句话形象地说明，人是非常贪婪的一种动物。

"人为财死，鸟为食亡。"禽兽追求的只是活命的口粮，储存一点过冬的食物，便是最大的积蓄了。人却在无休止地拓宽自己的生活领域，有了基本的生存条件还要不停地让生活更为丰富多彩，于是便拼命地攫取。一只章鱼的体重可以达70磅，如此庞大的家伙，身体却非常柔软，柔软到几乎可以将自己塞进任何想去的地方。章鱼没有脊椎，这使得它可以穿过一个银币大小的洞，自由地游走在狭小的缝隙之中。它们最喜欢做的事情，就是将自己的身体塞进海螺壳里躲起来，等到鱼虾走近时，就咬断它们的头部，注入毒液，使其麻痹而死，然后美餐一顿。对于海洋中的其他生物来说，章鱼可以称得上是最狡猾、最阴险、最贪婪的动物之一。它们企图把整个海洋统治在自己手里，为此，它们利用自己的天然优势，贪得无厌地掠取其他动物的生命。它们无孔不入地活动在海洋的每一个角落，伺机满足自己的贪欲。

但是，章鱼再狡猾，人类也有办法制伏它，而且正是利用了它的这种天性，人类才想出了一个绝妙的办法。渔民们用绳子将小瓶子串在一起沉入海底，章鱼一看见小瓶子，都争先恐后地往里钻，不论瓶子有多么小、多么窄。结果，这些在海洋里无往不胜的章鱼，一下子就变成了瓶子里的囚徒，变成了渔民的猎物，变成了人类餐桌上的美餐。是什么囚禁了章鱼？是瓶子吗？不，瓶子放在海里，瓶子不会走路，更不会去主动捕捉章鱼。囚禁章鱼的不是别的，正是它们自己的贪欲。贪欲就像是一个无底洞，像是一条不归路，吸引着章鱼向里走，向着最狭窄的路越走越远，不管那是一条多么黑暗的路，即使那条路是条死胡同，它们都不舍得放弃。

我们人类也一样，也并不比章鱼聪明几分，我们的人性中也有灰暗点，也会有诸多的欲望，随着欲望的愈发强烈，渐渐就变成了贪婪。所以，在很多时候，我们也会犯和章鱼一样的错，认为自己可以拥有得更多，而那些吸引我们忘乎所以的贪欲，就像那个瓶子一样，将我们囚于其中，使我们的心灵得不到放松与解脱，使我们直到身心疲惫也难以走出命运的迷宫。历史上赫赫有名的大贪官和珅就是一个很好的例子。最初和珅也是一个不可多得的人才，他从小就显露出与众不同的聪明才智，经过多年的寒窗苦读和发愤图强之后，才有了出头之日。初到宫廷的和珅不断受到皇帝的重视，官越升越高，权力越来越大，金钱也自然越来越多。尝到了金钱和权力带来的甜头之后，和珅的心变得越来越贪婪，从而一发不可收拾，走上了一条不归路。

其实，人活着，追求功名、权力、金钱、地位本也无可厚非，但不论追求什么，总要适可而止。如果让贪欲牵着鼻子走，最终一定会走向万劫不复的深渊。

"名利"是把双刃剑

人生是什么暂且不论，名利乃身外之物却最能累人。凡是把名利看得很重的人，必将被名缰利锁所困扰。现实中有不少这样的人，当名利尚未得到时，他会精心竭力、惨淡经营，甚至把名利当作自己生命的支柱而孜孜追求，待名利得到后，还要机关算尽、战战兢兢、如履薄冰，唯恐一个闪失而丢官失利，弄得自己身心憔悴，未老先衰，宁愿承受如此这般的非人折磨，就是拥有不了淡泊名利、笑看人生的做人心态。

从前有个国王叫狄奥尼西奥斯，他统治着西西里最富庶的城市西拉库斯。他住在一座美丽的宫殿里，里面有无数价值连城的宝贝，一大群侍从恭候两旁，随时等候吩咐。

狄奥尼西奥斯有如此多的财富、如此大的权力，自然很多人都羡慕他的好运，达摩克利斯就是其中之一，他是狄奥尼西奥斯最好的朋友之一。达摩克利斯常对狄奥尼西奥斯说："你多幸运呀，你拥有人们想要的一切，你一定是世界上最幸福的人。"

有一天，狄奥尼西奥斯听厌了这样的话语，问达摩克利斯："你真的认为我比别人幸福吗？""当然是的，"达摩克利斯回答，"看你拥有巨大的财富，握有巨大的权力，你根本一点烦恼都没有，还有什么比这更美满的呢？"

"或许你愿意跟我换换位置。"狄奥尼西奥斯说。"噢，我从没想过,"达摩克利斯说,"但是只要有一天让我拥有你的财富和幸福,我就别无他求了。""好吧,跟我换一天,你就知道了。"

就这样,达摩克利斯被领到王宫,所有的仆人都被引见到达摩克利斯跟前,听他使唤。他们给他穿上皇袍,戴上金制的王冠。他坐在宴会厅的桌边,桌上摆满了美味佳肴。鲜花,美酒,稀有的香水,动人的乐曲,应有尽有。他坐在松软的垫子上,感到自己成了世上最幸福的人。

"噢,这才是生活。"他对坐在桌子那边的狄奥尼西奥斯感叹道,"我从来没有这么尽兴过。"他举起酒杯的时候,抬眼望了一下天花板,头上悬挂的是什么?尖端要触到自己的头了!达摩克利斯的身体僵住了,笑容从唇边消逝,脸色煞白,双手颤抖。他不想吃,不想喝,也不想听音乐了。他只想逃出王宫,越远越好,哪儿都行。他头顶正悬着一把利剑,仅用一根马鬃系着,锋利的剑尖正对准他双眉之间。他想跳起来跑掉,可还是忍住了,他怕突然一动会扯断细线,使剑掉落下来。他僵硬地坐在椅子上一动不动。"怎么啦,朋友?"狄奥尼西奥斯问,"你好像没胃口了。"

"那把剑!剑!"达摩克利斯小声说,"你没看见吗?""当然看见了,"狄奥尼西奥斯说,"我天天看见,它一直悬在我头上,说不定什么时候、什么人或物就会斩断那根细线。或许哪个大臣垂涎我的权力杀死我,或许有人散布谣言让百姓反对我,或许邻国的国王会派兵夺取王位。如果你想做统治者,你就必须冒各种风险,这你知道。"

"是的,我知道了。"达摩克利斯说,"我现在明白我错了。除了财富、荣誉外,你还有很多忧虑。请回到你的宝座上去吧,让我回到我自己的家。"达摩克利斯在有生之年,再也不想与国王换位了,哪怕是短暂的一刻。

达摩克利斯和国王进行角色互换后,突然发现伟大权力和财富的背后,居然隐藏那么多的危险。其实,人生就是这样,我们总会对财富和权力有很强的占有欲，却常常会忽略到这些贪欲诱惑背后的危险。

从古至今，有多少人挣扎在名利场上，正所谓，"天下熙熙，皆为利来；天下攘攘，皆为利往。"在今天，人们生活的节奏越来越快，生活的要求也越来越高，且不说生活，就是活着，都有着太多的压力，太多的诱惑，太多的欲望，当然也伴随着太多的痛苦。因此，只有常怀一颗淡泊心，我们才能在当今社会愈演愈烈的物欲和令人眼花缭乱的世相百态面前凝神静气，坚守自己的精神家园，执着追求自己的人生目标。如此，我们也就获得了人生幸福之门的钥匙。

不要让欲望拖垮你

奥地利经济学家庞巴维克在1888年出版的《资本实证论》中，在论述边际效用时，讲到了这样一个故事。

一个农民独自在原始森林中劳动和生活。他收获了5袋谷物，这些谷物要使用一年。他是一个善于精打细算的人，因而精心安排了5袋谷物的计划。第一袋谷物为维持生存所用。第二袋是在维持生存之外增强体力和精力的。此外，他希望有些肉可吃，所以留第三袋谷物饲养鸡、鸭等家禽。他爱喝酒，于是他将第四袋谷物用于酿酒。对于第五袋谷物，他觉得最好用它来养几只他喜欢的鹦鹉，这样可以解闷。显然，这五袋谷物的不同用途，其重要性是不同的。假如以数字来表示，将维持生存的那袋谷物的重要性可以确定为1，其余的依次确定为2、3、4、5。现在要问的问题是：如果一袋谷物遭受了损失，比如被小偷偷走了，那么他将失去多少效用？

故事中这位农民面前合理的选择，就是先用剩下的4袋谷物满足最迫切的4种需要，而放弃最不重要的需要。最不重要的需要，也就是经济学上所说的边际效用最低的部分。庞巴维克发现，边际效用量取决于需要和供应之间的关系。要求满足的需要越多和越强烈，可以满足这些需要的物品量越少，那么得不到满足的需要就越重要，因而物品的边际效用就越高。反之，边际效用和价值就越低。经济学家认为，人之所以执着地追求幸福，就是因为幸福能给人带来效用，即生理上和精神上的满足。

农夫拥有的5袋谷物，就好像是幸福能为我们带来的不同层级的效用——有健康，有美食，也有精神的享受。我们追求幸福其实就是为了追求需求的满足，幸福效用的实现。不过，幸福终究逃不脱边际效用递减的厄运，好不容易实现的幸福很快就会让你不满足，追求幸福的道路因此注定永远没有尽头。

曾经有一个笑话说，仙女答应一个凡人会给他实现一个愿望，不过只能是一个。凡人思虑良久说，好吧，我的愿望是：让我拥有无数次许愿的机会。可惜人生没有实现无数个愿望的机会，那么，好好地珍惜现在拥有的。有一个人想得到一块土地，地主就对他说："清早，你从这里往外跑，跑一段就插个旗杆，只要你在太阳落山前赶回来，插上旗杆的地都归你。"这个人就不要命地跑，太阳偏西了还不知足。太阳落山前，他跑回来了，但已精疲力竭，摔个跟头就再没起来。于是有人挖了个坑，就地埋了他。牧师在给这个人做祷告的时候说："一个人要多少土地呢？就这么大。"

其实，人人都有欲望，都想过美满幸福的生活。但是，如果把这种欲望变成不正当的欲求，变成无止境的贪婪，我们就成了欲望的奴隶了。我们所拥有的东西不是越多越好，凡事要适可而止。懂得适可而止，欲望会带给你快乐；不懂得适可而止，欲望只能成为你的包袱。

有一个印第安人酋长对他的臣民说："上帝给每一个人一杯水，于是，你从里面体味生活。"生活确实就是一杯水，无色无味，对任何人都一样。你有权力加盐、加糖，只要你喜欢。你有欲望，不停地往杯子里加水，或者加糖，但必须适可而止，因为杯子的容量有限。啜饮的时候，你要慢慢地体味，因为你只有一杯水，水喝完了，杯子便空了。

生活中，很多人为了让自己那杯水色香味俱佳不停地往里面加各种各样的调料。诸如爱情、友情、金钱、喜、怒、哀、乐，等等，所以都感觉活得非常"累"。其实，只要你适度地、有选择地放入调料，你的生活便会过得有滋有味。

给贪欲上一把锁

一股细细的山泉，沿着窄窄的石缝，叮咚叮咚地往下流淌，多年后，在岩石上冲出了3个小坑，那些小坑还被泉水带来的金砂填满了。

有一天，一位砍柴的老汉来喝山泉水，偶然发现了清冽泉水中闪闪的金砂。惊喜之余，他小心翼翼地捧走了金砂。

从此老汉不再受苦受穷，不再翻山越岭砍柴。过个十天半月的，他就来取一次砂，不用多久，日子很快富裕起来。

人们很奇怪，不知老汉从哪里发了财。

老汉的儿子跟踪窥视，发现了父亲的秘密，认真看了看窄窄的石缝，细细的山泉，还有浅浅的小坑，他埋怨爹不该将这事瞒着，不然早发大财了。儿子向爹建议，拓宽石缝，扩大山泉，不是能冲来更多的金砂吗？

爹想了想，自己真是聪明一世，糊涂一时，怎么就没有想到这一点？

说干就干，父子俩便把窄窄的石缝拓宽了，山泉比原来大了好几倍，又凿大凿深石坑。父子俩累得半死，却异常高兴。

父子俩天天跑来看，却天天失望而归，金砂不但没有增多，反而从此消失得无影无踪，父子俩百思不得其解。因为自己的贪婪，父子俩连最基本的小金坑都没有了，因为水流大了，金砂就不会沉下来了。

如果我们在生活中处处克制自己的贪婪，在与贪婪博弈的时候，选择无欲则刚战略，不管外在的诱惑有多么大，都要从容处之，即使错过了时机也不要后悔，因为我们对事物的信息掌握得很少，在不了解信息的情况下，我们尽量不要想获得。在我们不确定一个事物是如何形成的情况下，只靠想当然和表面现象是不行的。

世间的信息瞬息万变，我们没有全面掌握的能力，我们能做的只有防止自己的贪欲，不妄求，不妄取，以免受到伤害。

事实上，在利益面前，人人内心都会有交战和冲突。可怕的不是内心起了坏的念头，而是不能够主动地克制内心坏的闪念，无法在利益的引诱下守住自己。

在美国南北战争的一场战役中，南方奴隶主率领的军队把萨姆特堡包围了。北方军队的一个陆军上校接到命令，让他保护军用的棉花，他接到命令后对他的长官说："我不会让一袋棉花丢失的。"没过多久，美国北方一家棉纺厂的代表来拜访他，说："如果您手下留情，睁一眼闭一眼，您就将得到5000美元的酬劳。"

上校痛骂了那个人，把厂长和他的随从赶出去，说："你们怎么有这么卑鄙的想法？前方的战士正在为你们拼命，为你们流血，你们却想拿走他们的生活必需品。赶快给我走开，不然我就要开枪了。"那个厂长见势不妙，就灰溜溜地逃走了。

战争为南北两地的交通运输带来了阻碍，许多南方农场主生产的棉花运不到北方，因此，又有一些需要棉花的北方人来拜访他，并且许诺给他1万美元的酬劳。

上校的儿子最近生了重病，已经花掉了家里的大部分积蓄，就在刚才他还收到妻子发来的电报，说家里已经快没钱付医疗费了，请他想想办法。上校知道这1万美元对于他来说就是儿子的生命，有了钱儿子就有救，可他还是像上次一样把贿赂他的人赶走了。因为他已经向上司保证过："不会让一袋棉花丢失。"

又过不久，第三拨人来了，这次给他的酬劳是2万美元。上校这一次没有骂他们，很平静地说："我的儿子正在发烧，烧得耳朵听不见了，我很想收这笔钱。但是我的良心告诉我，我不能收这笔钱，不能为了我的儿子害得十几万士兵在寒冷的冬天没有棉衣穿，没有被子盖。"

那些来贿赂他的人听了，对上校的品格非常敬佩，他们很惭愧地离开了上校的办公室。后来，上校找到他的上司，对上司说："我知道我应该遵守诺言，可是我儿子的病很需要钱，我现在的职位又受到很多诱惑，我怕我有一天把持不住自己，收了别人的钱。所以我请求辞职，请您派一个不急需钱的人来做这项工作。"

他的上司非常赞赏他诚实正直的品性，最终批准了他的辞职申请，并且帮助他筹措了资金来支付医药费。

无论是生活中还是工作中，每个人都会有面临欲望诱惑的时候，善恶就在一念之间。有人做了一个很好的比喻，说人的欲望是个可怕的贼，一旦遇见了机会，他就会利用人的缺点向人进攻。而我们只有控制好自己的欲望，在利益面前守住自我，才能够不被自己的私欲所俘虏。想守住自己，不让这个贼闯进你的心里，就要懂得给自己的贪欲上把锁。

第四章 习惯成自然：
为什么人会有命运

第一节

自控力改变习惯，习惯决定命运

习惯的力量无比巨大

习惯的力量是巨大的。1873年，美国发明家克利斯托弗发明了世界上第一台打字机，键盘完全是按照英文字母的顺序排列的。慢慢地，他发现打字的速度一旦加快，键槌就很容易被卡住。他的弟弟给他出了一个主意，建议他把常用字的键符分开布局，这样每次击键的时候，键槌就不会因为连续击打同一块区域而卡死。经过这样不规则的排列后，卡键的次数果然大大减少，但同时打字速度也减慢了。在推销打字机的时候，在利润的驱动下，克利斯托弗对客户说，这样的排列可以大大提高打字速度，结果所有人都相信了他的说法。现在，人们已经习惯了这样的键盘布局，并始终认为这的确能提高打字速度。

国外一些数学家经过研究得出结论，目前的排列是最笨拙的一种，凭借目前的技术已经解决了卡键问题，可现在出现第二种排列的键盘似乎不太可能，因为人们都习惯了。在强大的习惯面前，科学有时也会变得束手无策。

说起来你可能不信，一根矮矮的柱子，一条细细的链子，竟能拴住一头重达千斤的大象，可这令人难以置信的景象在印度和泰国随处可见。原来那些驯象人在大象还是小象的时候，就用一条铁链把它绑在柱子上。由于力量尚未长成，无论小象怎样挣扎都无法摆脱锁链的束缚，于是小象渐渐地习惯了而不再挣扎，直到长成了庞然大物，虽然它此时可以轻而易举地挣脱链子，但是大象依然选择了放弃挣扎，因为在它的惯性思维里，它仍然认为摆脱链子是永远不可能的。

小象是被实实在在的链子绑住的，而大象则是被看不见的习惯绑住的。

可见，习惯虽小，却影响深远。习惯对我们的生活有绝对的影响，因为它是一贯的。在不知不觉中，习惯经年累月地影响着我们的品德，决定我们思维和行为的方式，左右着我们的成败。看看我们自己，看看我们周围，好习惯造就了多少辉煌成果，而坏习惯又毁掉了多少美好的人生！习惯一旦形成，就极具稳定性。生理上的习惯左右着我们的行为方式，决定我们的生活起居；心理上的习惯左右着我们的思维方式，决定我们的待人接物。当我们的命运面临抉择时，是习惯帮我们做的决定。

习惯是什么

狗家族出了一条很有志气、很有抱负的小狗，它向整个家族宣布：要去横穿大沙漠，所有的狗都跑来向它表示祝贺。在一片欢呼声中，这只小狗带足了食物、水，然后上路了。3天后，突然传来了小狗不幸牺牲的消息。

是什么原因使这只很有理想的小狗牺牲了呢？检查食物，还有很多；水不足吗？也不是，水壶还有水。后来经过研究，终于发现了小狗牺牲的秘密——小狗是被尿憋死的。

之所以被尿憋死是因为狗有一个习惯——一定要在树干旁撒尿。由于大沙漠中没有树，也没有电线杆，所以可怜的小狗一直憋了3天，终于被憋死了。

狗是如此，人呢？

狗是习惯的动物，同样人也是习惯的产物，习惯中的高级动物。

一个人的行为方式、生活习惯是多年养成的。比如，与人交往的形式、与人沟通的方式、与人相处的模式……都是多年习惯累积慢慢成型的。孔子在《论语》中提到："性相近，习相远也。""少小若无性，习惯成自然。"意思是说，人的本性是很接近的，但由于习惯不同便相去甚远；小时候培养的品格就好像是天生就有的，长期养成的习惯就好像完全出于自然。

一句俗话说："贫穷是一种习惯，富有也是一种习惯；失败是一种习惯，成功也是一种习惯。"如果你重视观念和思考，那么，你对此可能会有一些同感。

习惯也称为惯性，是宇宙共同法则，具有无法阻挡的一股力量。"冬天来了，春天还会远吗？"这就是无法阻挡的一股力量；苹果离开树枝必然往下掉，同样是具有无法阻挡的一股力量。

没有惯性则没有力量，例如，静止的火车，要防止其滑行只需在每个驱动轮面前放一块1寸厚的木头就行了，但如果火车以每小时100公里的速度行驶的话，哪怕是一堵5尺厚的钢筋水泥墙也无法阻挡，可见惯性的力量多么巨大！

我们可以对"习惯"下一个定义：所谓的"习惯"，就是人和动物对于某种刺激的"固定性反应"，这是相同的场合和反应反复出现的结果。所以，如果一个人反复练习饭前洗手的话，那么这个行为就会融合到他更为广泛的行为中去，成为"爱清洁"的习惯。

习惯是某种刺激反复出现，个体对之做出固定性反应，久而久之形成的类似于条件反射的某种规律性活动。它包括生理和心理两方面，即能够直接观察及测量的外显活动和间接推知的内在心理历程——意识及潜意识历程。而且，心理上的习惯，即思维定势一旦形成，则更具持久性和稳定性，在更广泛的基础上，就成了性格特征。

习惯能成就一个人，也能够摧毁一个人

有一个猎人，他在一次打猎中捡回一只老鹰蛋，回到家里，他把老鹰蛋和母鸡正在孵的鸡蛋放在一起。

没过多久，小鹰和小鸡一起出世了。在母鸡的照顾下，小鹰很开心地和小

鸡们生活在一起。

小鹰当然不知道自己是一只鹰，它和小鸡们一样学习鸡的各种生存本领。母鸡也不知道它是一只鹰，母鸡像教育其他小鸡那样教育小鹰。这只小鹰一直按照鸡的习惯生活。

在它们生活的地方，不时有老鹰从空中飞过。每当老鹰飞过时，小鹰就说："在天空飞翔多好啊，有一天我也要那样飞起来。"

听它这么说，母鸡每次都要提醒它："别做梦了，你只是一只小鸡！"

其他小鸡也一起附和："你只是一只鸡，你不可能飞那么高！"

被提醒的次数多了，小鹰终于相信它永远不可能飞那么高。小鹰再看到老鹰飞过时，它便主动提醒自己："我是一只小鸡，我不可能飞那么高。"

就这样，这只鹰到死那一天也没有飞翔过——虽然它拥有翱翔蓝天的翅膀和体格。

可见，习惯虽小，却影响深远。你可以遍数名载史册的成功人士，哪一个人没有几个可圈可点的习惯在影响着他们的人生轨迹呢？当然，习惯人人都有，我们的惰性和惯性会使我们不止一次地重复某些事情，而经常反复地做也就成了习惯，比如爱笑的习惯、吝啬的习惯，甚至于饭前洗手的习惯，等等。习惯有大有小，有好有坏，林林总总。

习惯决定命运。这里面隐藏着人类本能的秘诀。

看看我们自己，看看我们周围，看看芸芸众生，好习惯造就了多少辉煌成果，而坏习惯又毁掉了多少美好的人生！习惯一旦形成，它就极具稳定性，心理上的习惯左右着我们的思维方式，决定我们的待人接物；生理上的习惯左右着我们的行为方式，决定我们的生活起居。日常的生活本身就是习惯的反复应用，而一旦遇上突发事件，根深蒂固的习惯更是一马当先地冲到最前面，所以，当我们的命运面临抉择时，是习惯帮我们做的决定。

事物总是一分为二，凡事都有其两面性。习惯也是一样，有正面就有负面。正面的是好习惯，好习惯有助于我们的成功；而负面的是坏习惯，坏习惯则导致我们的失败。

例如，礼貌是一种好习惯，走到哪里都能够彬彬有礼、以礼相待的人一定会深受欢迎，拥有这种习惯的人则容易成功；相反，失礼就是一种坏习惯。

微笑是一种习惯，可以预先消除许多不必要的怨气，化解许多不必要的争执，而老是板着面孔的人走到哪里都会制造紧张气氛。

所以说，习惯决定命运。习惯是通往成功的最实际的保证，习惯也是通向失败的最直接的通道。

成功的习惯重在培养

美国学者特尔曼从1928年起对1500名儿童进行了长期的追踪研究，发现这些"天才"儿童平均年龄为7岁，平均智商为130。成年之后，又对其中最有成就的20%和没有什么成就的20%进行分析比较，结果发现，他们成年后之所以产生明显差异，其主要原因就是前者有良好的学习习惯、强烈的进取精神和顽强的毅力，而后者则甚为缺乏。

习惯是经过重复或练习而巩固下来的思维模式和行为方式，例如，人们长期养成的学习习惯、生活习惯、工作习惯等。"习惯养得好，终身受其益""少小若无性，习惯成自然"。习惯是由重复制造出来，并根据自然法则养成的。

孩子从小养成良好的习惯，能促进他们的生长发育，更好地获取知识，发展智力。良好的学习习惯能提高孩子的活动效率，保证学习任务的顺利完成。从这个意义上说，它是孩子今后事业成功的首要条件。

但是习惯是从哪里来的呢？

习惯是自己培养起来的。当你不断地重复一件事情，最后就有了应该和不应该，开始形成了所谓的真理，但是你还有更多的事情没有接触到。

习惯应该是你帮助自己的工具，你需要利用自己的习惯来更好地生活，如果哪个习惯阻碍了你实现这样的目标，那么就该抛弃这样的坏习惯。

下面是培养良好习惯的过程与规则：

（1）在培养一个新习惯之初，把力量和热忱注入你的感情之中。对于你所想的，要有深刻的感受。记住：你正在采取建造新的心灵道路的最初几个步骤，万事开头难。一开始，你就要尽可能地使这条道路既干净又清楚，下一次你想要寻找及走上这条小径时，就可以很轻易地看出这条道路来。

（2）把你的注意力集中在新道路的修建工作上，使你的意识不再去注意旧的道路，以免使你又想走上旧的道路。不要再去想旧路上的事情，把它们全部忘掉，你只要考虑新建的道路就可以了。

（3）可能的话，要尽量在你新建的道路上行走。你要自己制造机会来走上这条新路，不要等机会自动在你跟前出现。你在新路上行走的次数越多，它们就能越快被踏平，更有利于行走。一开始，你就要制订一些计划，准备走上新的习惯道路。

（4）过去已经走过的道路比较好走，因此，你一定要抗拒走上这些旧路的诱惑。你每抵抗一次这种诱惑，就会变得更为坚强，下次也就更容易抗拒这种诱惑。但是，你每向这种诱惑屈服一次，就会更容易在下一次屈服，以后将更难以抗拒诱惑。你将在一开始就面临一次战斗，这是重要时刻，你必须在一开始就证明你的决心、毅力与意志力。

（5）要确信你已找出正确的途径，把它当作是你的明确目标，然后毫无畏惧地前进，不要使自己产生怀疑。着手进行你的工作，不要往后看。选定你的目标，然后修建一条又好、又宽、又深的道路，直接通向这个目标。

你已经注意到了，习惯与自我暗示之间存在着很密切的关系。根据习惯而一再以相同的态度重复进行的一项行为，我们将会自动地或不知不觉地进行这项行为。例如，在弹奏钢琴时，钢琴家可以一面弹奏他所熟悉的一段曲子，一面在脑中想着其他的事情。

自我暗示是我们用来挖掘心理道路的工具，"专心"就是握住这个工具的手，而"习惯"则是这条心理道路的路线图或蓝图。要想把某种想法或欲望转变成为行动或事实，之前必须忠实而固执地将它保存在意识之中，一直等到习惯将它变成永久性的形式为止。

习惯影响一生

习惯是一种长期形成的思维方式、处事态度。习惯具有很强的惯性，像车轮一样。人们往往会不自觉地服从自己的这些习惯，不论是好习惯还是坏习惯，都是如此。习惯的力量，不经意间会影响人的一生。

有专家指出，一个人的日常活动，90%已通过不断地重复某个动作，在潜意识中，转化为程序化的惯性，也就是不用思考，便自动运作。这种自动运作的力量，即习惯的力量。一个动作，一个行为，多次重复，就能进入人的潜意识，变成习惯性动作。人的知识积累和才能增长、极限突破，等等，都是习惯性动作、行为不断重复的结果。

在我们的身上，好习惯与坏习惯并存，我们要改变自己的命运，走向成功，最重要的在于改变不良的习惯，培养并凭借好习惯的力量去搏击风浪。

养成一个好习惯，会使人受益终生；而形成一个不好的习惯，则可能会在不经意间害了自己的一生。其实不论是大事还是小事都是如此，小问题在某种程度上说，有时确实还没有导致大问题的形成，"千里之堤，溃于蚁穴"，应是这个道理。

烦恼难断，而去除习气更难。坏的习惯使我们终生受患无穷。譬如，一个人脾气暴躁，恶口伤人，习以为常，没有人缘，做事也就得不到帮助，成功的希望自然减少了。有的人养成吃喝嫖赌的恶习，倾家荡产、妻离子散，把幸福的人生断送在自己的手中。更有一些人招摇撞骗、背信弃义，结果虽然骗得一时的享受，但是却把自己孤立于众人之外，让大家对他失去了信任。

现在有些不良的青少年，虽然家境颇为富裕，但是却染上坏习惯，以偷窃为乐趣，进而做出杀人抢劫的恶事，不但伤害了别人，也毁了自己。

坏习惯如同麻醉药，在不知不觉中会腐蚀我们的心灵，蚕食我们的生命，毁灭我们的幸福，怎么能够不谨慎戒备！

习惯的形成会导致良性循环与恶性循环，好习惯多了自然形成良性循环；而坏习惯多了会渐渐形成恶性循环。

人的一生都受日常习惯的影响，好的习惯、积极的习惯，会造就一个人好的结局。

有些人过于在意那些优秀的强者表现出来的天赋、智商、魅力和工作热情，实际上我们把那些表现归纳分析，就会发现实际上存在一个简单的要点：那就是习惯。

无论我们是否愿意，习惯总是无孔不入，渗透在我们生活的方方面面。很少有人能够意识到，习惯的影响力竟如此之大。

人们日常活动的90%源自习惯和惯性。想想看，我们大多数的日常活动都只是习惯而已。我们几点钟起床，怎么洗澡，刷牙，穿衣，读报，吃早餐，驾车上班，等等，一天之内上演着几百种习惯。然而，习惯还并不仅仅是日常惯例那么简单，它的影响十分深远。如果不加控制，习惯将影响我们生活的所有方面。

小到啃指甲、挠头、握笔姿势以及双臂交叉等微不足道的事，大到一些关系到身体健康的事，比如，吃什么，吃多少，何时吃，运动项目是什么，锻炼时间长短，多久锻炼一次，等等。甚至我们与朋友交往，与家人和同事如何相处都是基于我们的习惯。再说得深一点，甚至连我们的性格都是习惯使然。既然习惯影响人的一生，我们就应该静下来思考一下，把自己身上的习惯进行归纳分类，发扬好的，抛弃坏的，使习惯成为我们成功路上的正力量。

好习惯，成功的基石

好习惯是成功的基石。一个人要想在人生道路上取得成功，就必须养成良好的习惯。

1978年，75位诺贝尔奖获得者在巴黎聚会。有人问其中一位："你在哪所大学、哪所实验室里学到了你认为最重要的东西呢？"

出人意料，这位白发苍苍的学者回答说："是在幼儿园。"这个人又问："在幼儿园里学到了什么呢？"

学者答："把自己的东西分一半给小伙伴们；不是自己的东西不要拿；东西要放整齐；饭前要洗手；午饭后要休息；做了错事要表示歉意；学习要多思考，要仔细观察大自然。从根本上说，我学到的全部东西就是这些。"这位学者的回答，回应了与会科学家的普遍看法：成功源于良好的习惯。

2001年7月，南方一家颇有名气的青年刊物，隆重地推出一篇调查报告——《告诉你一个真实的安子》。

那年，17岁的乡下姑娘安丽娇（安子），初中没毕业，怀揣着希望和茫然，独自一人从广东梅县扶大乡闯到深圳。安子进入一家港资电子厂，成了流水线上的插件工。插件工枯燥苦累，一天工作12小时。没干多少天，手指上便是一团团黑黑的瘀血，十指连心地痛。但在繁重打工之余，安子还是用学习来充实自己的每一天：从自学初中课程，一直到深圳大学中文系大专课程，打工7年间，安子坚持自学了6年半。7年的打工收入，几乎全交了学费。

1991年，安子在打工之余，将打工日记加工创作成《青春驿站——深圳打工妹写真》在报纸连载，"反响始料不及，读者的信件雪片般飞来。曾经一个星期内，收到200多封信"。随后，她的《都市寻梦》等文学作品相继面世。深圳广播电台力邀安子主持"安子的天空"。数以万计在都市寻梦的进城务工青年，渴求在这片天空中获得心灵的慰藉。

不到8年的时间，一个普通打工妹完成"变蝶"的全部过程。今天的安子，是4家公司的总经理，其中"新家政服务公司"是深圳规模最大、最规范的10家同类企业之一。

面对众多的评论，安子坚持认为，她的成功是靠努力向上的习惯一点一滴积累而成！

有位哲人说过：播种行为，收获习惯；播种习惯，收获性格；播种性格，收获命运。

俄国教育家乌申斯基说："良好的习惯乃是人在神经系统中存放的道德资本，这个资本不断地增值，而人在其整个一生中就享受着它的利息。"的确，习惯是一个人独立于社会的基础，又在很大程度上决定人的人生效率和生活质量，并进而影响他一生的成功和幸福。因此，注重养成好的习惯，是人生迈向成功的第一步。

试想，一个爱睡懒觉、生活懒散又没有规律的人，他怎么约束自己勤奋学习？一个不爱阅读、不关心身外世界的人，怎能有开阔的胸襟和见识？一个自以为是、目中无人的人，他如何去和别人合作和沟通？一个杂乱无章、思维混乱的人，他做起事来的效率会有多高？一个不爱独立思考、人云亦云的人，他能有多大的智慧和判断能力……

好习惯相当于是好方法——思维的方法、做事的方法。培养好习惯，即是在为自己奠定成功的基石。

第二节

你不控制习惯，习惯就会控制你

别踏着别人的脚印走

生活中很多人会告诉你，做事要有恒心，要有韧劲，这没错。但是，很多时候你会因此而固执己见，不知不觉中，一条道儿走到黑。事实上，坚持一个方向走到底是不太现实的，就像你开车，不可能总是方向不变，而是需要不时地调整方向。有时候，环境变化得太厉害，你不得不另辟新路，不然，你一定会栽跟头。

美国人布曼和巴克先生同在一家广告公司工作，负责调查业务。由于不愿长期寄人篱下，他们俩商量自己做老板，开一家饮食店，专营汉堡包。

当时出售汉堡包的商店鳞次栉比，竞争激烈，如何才能在竞争中立于不败之地呢？他们开始做市场调查，结果发现，大多数饮食店为争取顾客，均争相出售大型汉堡包。而美国人近年流行减肥和健美，一些怕肥胖的人不敢多吃，常常将吃剩的汉堡包扔掉，造成极大的浪费。一些店想通过制作多种口味的面包来争取顾客，效果也不理想。

于是，布曼和巴克决定改变汉堡包的规格来赢得顾客，结果他们一举成功。原来他们生产的汉堡包，体积仅有其他大汉堡包的1/6，称之为迷你型汉堡包。这种汉堡包适应了人们少吃减肥的需要，一时成为热销食品，使他们二人获得丰厚的利润，5年后，饮食店已扩展为饮食公司，有10家分店。

踏在别人的脚印里走，你永远都不会走快、走远，因而失败的人应该多多思考，走出旧框框，创出新特点。

美国纽约国际银行在刚开张之时，为迅速打开知名度，曾做过这样的广告：

一天晚上，全纽约的广播电台正在播放节目，突然间，全市的所有广播都在同一时刻向听众播放一则通知：听众朋友，从现在开始，播放的是由本市国际银行向你提供的沉默时间。紧接着，整个纽约市的电台就同时中断了10秒钟，不播放任何节目。一时间，纽约市民对这个莫名其妙的10秒钟议论纷纷，于是"沉默时间"成了全纽约市民最热门的话题，国际银行的知名度迅速提高，很快家喻户晓。

国际银行广告策略的巧妙之处在于，它一反一般广告手法，没有在广告中播放任何信息，而以全市电台在同一时刻的10秒"沉默"，引起了市民的好奇心理，从而在不知不觉中使国际银行的名字人人皆知，达到了出奇制胜的效果。

不让习惯成偏见

世俗的目光是永远看不见自己的模样的。

有一位老妇人，一直不喜欢她家对面的那位年轻妇女。老妇人抱怨说："我没见过比她更邋遢、更懒惰的人了。她的衣服永远都洗不干净。你看看她晾在院子里的衣服，你就会发现，那上面总是有斑点，她怎么会连洗衣服都洗成那个样子呢？"

有一天，一个朋友到这位老妇人家，当老妇人又开始抱怨的时候，这位细心的朋友向对面院子仔细看了一下，才发现事情的症结所在。这位朋友拿了一块抹布，把老妇人家窗户上的玻璃擦了擦，将玻璃上面的灰渍抹掉了，然后拉着她再去看对面年轻妇人的衣服，说："你看，她的衣服现在怎么样？"这位老妇人再一看，发现对面年轻妇人的衣服是干净的——原来是自己家里的玻璃脏了。

老妇人因为自己不了解真实情况，想当然地认为年轻妇女太懒惰，这时候，偏见就产生了。很多人都不了解自己，原因就在于我们把目光总是放在别人身上，而没有看到自己存在的问题。

所谓"人无完人"，我们每一个人都或多或少地存在一些缺点。在面对自己的优点与缺点时，要扬长避短，充分发挥自身优势。但是，怎样面对别人的缺点呢？宽容与理解是必不可少的。如果你总是对别人的缺点十分苛刻，就会引起别人的反感，甚至"以恶为仇，以厌为敌"。一个能够容忍别人缺点的人，必定是胸怀宽广、受人尊敬的人，而且也是拥有辉煌人生与成就的人。

容忍别人的缺点是尊重别人，同时，你也将赢得别人的尊重。相反地，一个不能容忍别人缺点的人，不可能拥有真正的朋友，而他的人生也难以成功。要改变人生，就要赢得朋友的支持。所以，在面对别人的缺点时，要尽量多一份容忍与理解。

我们都有缺点，我们可以设身处地地想一想，假如自己的缺点不能被别人容忍会有什么样的结果，对自己的影响有多大。这样，我们就能找到容忍别人缺点的理由。曾经有一位非常出色的外交家说："以前社交圈比较狭窄，只知道别人有很多缺点。现在随着社交圈的扩大，接触了形形色色的人后，才有知心朋友告诉我，其实我自己也有类似的缺点。我希望别人能够容忍我的缺点，所以我也常常容忍别人的缺点。"

敢于向权威挑战

科学理论是相对的，它们具有先进性，也有自己的局限性。有些人虽然知识不足，但初生牛犊不怕虎，思想活跃，敢于奋力拼搏，反而增加了成功的希望。权威人士常因为头脑中有了定型的见解和习惯，甚至是自己苦心研究得到的有效成果，因而紧紧抱住不放，遇到同类事项总是以习惯为标准去衡量，而不愿去参考别人的意见，哪怕是更好更有效的办法。故而曾经先进过的东西有时反而会成为创新的障碍。

19世纪末，一些科技人员开始探讨人类上天的可能，着手研制飞机，可是，反对的力量十分强大，他们都是当时世界上的科技名流。最有代表性的有：法国著名天文学家勒让德，这位最早用三角方法测量地球与月亮之间距离的科学大师认为，企图制造一种比空气重的东西去空中飞行是永远不可能的。这一观点得到德国大发明家西门子的支持。西门子认为，飞机根本上不了天。能量守恒定律的发明者之一德国物理学家赫尔姆霍茨也大泼冷水，认为要将沉重的机械送上天纯属空谈。美国天文学家纽康经过对各种科学数据的反复计算，也得出权威的结论：飞机根本无法离开地面。由于众多科学大师与学术权威的坚决反对，金融界、工业界对飞机的研制也持不合作态度，飞机研制陷入重重困难之中。

后来，没有上过大学的美国人莱特兄弟却首次将飞机送上了天，当时是1903年。莱特兄弟学历不高，有关知识都是自学得到的。他们如初生牛犊，不惧虎狼，不在乎权威的反对。他们细心观察鸟类的身体结构及翅膀的动作，从中受到启发，再运用科学原理反复试制、修改，终于取得突破性成功。

著名物理学家杨振宁谈到科学家的胆魄时曾说："当你老了，你会变得越来越胆小……因为一旦有了新想法，马上会想到一大堆永无休止的争论。而当你年轻力壮的时候，却可以到处寻找新的观念，大胆地面对挑战。"为什么有些大人物成名之后辉煌难再？其重要原因之一恐怕就在这里。反对研制飞机的那些科学大师们就是这样。因此，我们应该学习莱特兄弟，不向习惯低头，敢于挑战权威。

不为工作而工作

为工作而工作会成为一种麻木的习惯，使人陷于盲目、忙碌而无序的状态。

一个人的工作态度如果是受冲动支使，驱使自己不停地工作，拼命追求成就和别人的赞美，就会成为工作的奴隶，而不是生活的主人，他的心理压力就会很大。心理学家把这种人叫作"工作狂"。"工作狂"的生活烦恼重重，他们没有欢乐，除了工作之外没有娱乐。

你一天平均工作时间是10个小时，还是12个小时？对大多数人来说，现在拼命工作，是为了将来可以"少干活"或"不必工作"，希望有朝一日能整天游山玩水，过着享乐的日子，所以现在才努力工作。但对某些人来说，他们之所以工作，因为他们无法从工作中自拔，离不开工作，他们就像一台高速运转的机器一样，完全无法让自己停下来。

如果你属于前者，那说明你还正常；但如果是后者，恐怕你已经对工作着魔，并犯了工作上瘾的毛病。换句话说，你已经变成了一位"工作狂"。

无论从事哪种职业，都应有"敬业精神"，而所谓的"敬业精神"是指以认真负责的态度做工作，而不是日复一日、年复一年地超负荷工作。要分清是"你"在做"事"，还是"事"在做"你"，"热爱工作"与"工作上瘾"是截然不同的。

工作的态度是过犹不及的，强烈驱使和消极倦怠同样对自己无益。因此，人不应逃避工作，而要找到适合自己能力和兴趣的工作，这样就不必承担过重的心理压力。让自己适应工作情境，才能使自己的能力得到较好的发挥。

生物学家达尔文每当研究与写作时，就告诉家人别来吵他，因为他要工作赚钱养家糊口。有一天，他4岁的孩子捧着一个储蓄罐来到达尔文的书房说："爸爸！你不要工作赚钱了，请陪我玩，我把罐子里的钱都送给你。"达尔文听了孩子天真的话后，非常感动，赶紧放下工作陪孩子玩。达尔文是热爱工作的，但他知道除了努力工作之外，还有更重要的事——生活。

工作是生活的一部分，爱工作的人当然也会喜欢生活，使生活变得有情趣。"工作狂"则不然，他们依赖工作，把工作当作麻醉自己的手段，或者被工作驱使宰割。他们看起来勤奋不已，然而，一旦不工作他们就会觉得自己的生活顿失重心，无所适从，甚至崩溃。

工作与成就有关，但工作的态度却决定你的人生是否成功，生活是否幸福。人当然要努力工作，但必须是热爱工作的人，而不是做一个"工作狂"。为工作而工作实在不是一个好习惯。

不要自我设限

有个农夫在农场展览会上展出一个形同水瓶的南瓜，参观的人见了都啧啧称奇，追问是用什么方法种的。农夫解释说："当南瓜拇指般大小时，我便用水瓶罩着它，一旦它把瓶里的空间占满，便停止生长了。"

人也是这样，自我设限，就是把自己关在心中的樊笼里，就像被水瓶罩住的南瓜一样，等于是放弃自我成长的机会，成长当然有限。

一对夫妻，他们相处存在许多问题，太太经常抱怨丈夫自私、不负责任，从来没有关心过她。

当问及丈夫"为什么你不好好跟妻子沟通"时，他回答："哦！我的本性就是这样。""没办法，我就是大男人。"

丈夫对他行为的解释，是他的自我定义。这源于过去他一直如此，其实是在说："我在这方面已经定型了。""我要继续成为长久以来的那个样子。"人生若抱持这种态度，根本就是在扼杀可能的机会，从而给自己留下永远而无可改变的问题。

标定自己是何种人——"我一向都是这样，那就是我的本性"，这种态度会加强你的惰性，阻碍成长。因为我们容易把"自我描述"当作自己不求改变的辩护理由，更重要的是，它帮助你固持一个荒谬的观念：如果做不好，就不要做。

丹麦哲学家齐克果说："一旦你标定了自己是什么样的人，你就是否认自我。"一个人必须去遵守标签上的自我定义时，自我就不存在了。他们不去向这些借口以及其背后的自毁性想法挑战，却只是接受它们，承认自己一直是如此，终将带来自毁。

有一则寓言说，一只青蛙和一只蝎子同时来到河边，望着滚滚河水，正思索着如何渡过河去。

这时蝎子开口向青蛙说："青蛙老弟，不如你背着我，而我也可以辅助你指引方向，我们就可以到达对岸。"

青蛙说："我才不傻，背你，搞不好你毒针乱刺，我就会一命呜呼。"

蝎子说："不会，不会，在河中如果你溺水，那我不也完了吗？"

青蛙一想有道理，就背着蝎子向对岸游去。在河中央青蛙忽感身上一阵刺痛，破口大骂蝎子："你不是承诺不刺我的吗，为什么背叛诺言？"

蝎子脸不红气不喘、毫无悔意地说："没有办法，这是我的本性啊。"

这则寓言，不正是印证了许多人总是用"我没办法，我一直就是这样"来掩饰自己行为的过错，而不去注意约束自己吗？

没错，描述自己比改变自己容易多了。无论什么时候你要逃避某些事，或掩饰人格上的缺陷，总可以用"我怎样怎样"来为自己辩解。事实上，这些定义用了多次以后，经由心智进入潜意识，你也开始相信自己就是这样，到那时候，你似乎定了型，以后的日子好像就是这样了。

记住，无论何时，你一旦出现那些"逃避"的用语，马上大声纠正自己。把"那就是我"改成"那是以前的我";把"我没办法"改成"如果我努力,我就能改变";把"我一向是这样"改成"我要力求改变";把"那是我的本性"改成"我以前认为那是我的本性"。任何妨碍成长的"我怎样怎样",均可改为"我选择怎样怎样"。

莫跟着习惯老化

有一只小牛,见母牛在农民的鞭下汗流浃背地耕田,感到很难过,就问:"妈妈,既然世界这么大,为什么我们一定要在这里受苦,受人折磨呢?"

母牛一边挥汗如雨,一边无可奈何地回答说:"孩子,没办法呀,自从咱们吃了人家的东西,就身不由己了,祖祖辈辈都这样啊!"

世界虽大,但被奴役惯了的牛,却只能终身劳作于田间。

有一个伐木工人在一家木材厂找到了工作,报酬不错,工作条件也好,他很珍惜,下决心要好好干。

第一天,老板给他一把利斧,并给他划定了伐木的范围。这一天,工人砍了18棵树。老板说:"不错,就这么干!"工人很受鼓舞,第二天,他干得更加起劲,但是他只砍了15棵树。第三天,他加倍努力,可是仅砍了10棵。

工人觉得很惭愧,跑到老板那儿道歉,说自己也不知道怎么了,好像力气越来越小了。

老板问他:"你上一次磨斧子是什么时候?"

"磨斧子?"工人诧异地说,"我天天忙着砍树,哪里有工夫磨斧子!"

这个工人很可爱,他以为越卖力工作成果就会越大,殊不知,"磨刀不误砍柴工",没有锋利的工具,又怎么能干出有效率的工作。这个工人的失误就在于思维习惯束缚了他。

还有一则笑话，说的是有一天，某局长突然接到一封加急电报，电文是："母去世，父病危，望速回。"阅毕，局长痛不欲生，边哭边在电报回单上签字，邮递员接过回单一看，那上面写的竟是"同意"二字。原来局长已经习惯写"同意"了。

许多人大笑过后，不禁陷入了沉思，确实，习惯的影响对个人及集体实在太大了。

好习惯可以助人成长，坏习惯则可以毁人一生。

朋友，如果你不想搞出像那位局长这样的笑话，就请警惕你的老习惯吧！

还有一则寓言。一只大雁和一只狐狸都落入猎人设下的陷阱。它们都在思考如何逃过猎人的"魔掌"死里逃生。不久，猎人来了。

飞遍大江南北、见多识广的大雁知道，既然成为猎物，求饶是没用的，于是它赶快躺在地上装死。猎人以为大雁是被狐狸咬死的，就抓了出来，扔在地上。

狐狸想，民间有"不打笑脸人"一说，于是就嬉笑着说："大哥，咱们是好兄弟，你就饶了我吧。"但猎人根本不予理睬："狡猾的东西，我不会上你的当。"一棍子就打死了狐狸，再回头找大雁，谁知，大雁早拍拍翅膀飞了。

时代在不断发展，仅靠小聪明，死守老一套的习惯，已经不能适应社会的要求。在如今的社会里，只有那些敢于大胆创新，勇于挑战社会和挑战自我的人，才能成为时代的先行者。

有的人习惯于遵循老传统，恪守老经验，宁愿平平淡淡做事，安安稳稳生活，日复一日、年复一年地从事别人为他们安排的重复性的劳动，他们的生活毫无波澜，更无创造。这种人思想守旧，循规蹈矩，心不敢乱想，脚不敢乱走，手不敢乱动，凡事小心翼翼，中规中矩，虽然办事稳妥，但一般不会有多大出息。

第三节

习惯需要不断更新

习惯没有固定的模式

习惯是人脑中相对稳定的东西。它有好有坏,但不管是什么习惯都难有一个标准的答案,在西方国家中,有这样一个故事:

当一艘轮船开始下沉时,几位来自不同国家的商人正在开会。"去告诉那些人穿上救生衣跳到水里去。"船长命令大副道。

几分钟后,大副跑来报告:"他们都不往下跳。"

"你来接替我,我去看看能做点什么。"船长命令大副。

一会儿,船长回来说:"他们全都跳下去了。"

"你是怎么让他们跳的?"大副问。

"我运用了心理学。我对英国人说,那是一项体育锻炼,于是,他跳下去了;我对法国人说,那是很潇洒的,他高兴地跳了;我对德国人说,那是命令,他一转身跳了;我对意大利人说,那不是被基督教所禁止的;我对古巴人说,那是革命行动。就这样,他们全都高兴地跳了。"

"那你是怎么让美国人跳下去的呢?"

"我对他说,你已经上保险了!"

这个例子当然是笑话,但想想也有道理——人是个性动物,外形可以相似,内心却各不相同,所以,面对不同对象,得有不同办法。

上面的例子，仅仅因为国籍不同、民族不同，面对同一个问题，人们的思维习惯竟如此不同。如果再加上年龄、性别、文化、职业、政治、经济、宗教……各种各样的因素，则各类人士的思维该会怎样的丰富多彩！思维的复杂就是如此，由此也可以看到人的因素在思维中的重要地位。如果具体到每一个人，则个人的理想、志向、兴趣、爱好、修养、学识、家庭……各种各样的习惯也必将进入其间，使思维的内涵更加丰富。

但是，人是习惯的主体，我们总要认识习惯，并进而认识我们周围的一切，而明确习惯基点的直接意义就是认识自己。通过逐一审视，明白无误地认识自己的条件、责任与追求，为自己端正航标，就可以充分利用各种条件，发掘潜力，为创造性思维蓄足底气，从而可以更好地发展自己。

站在竞争的潮头

在人生的旅途中，每个人都要积极开发自己的潜力，养成创新习惯，用先人一步的智慧来获得一生的不断成功。许多人、许多企业有一个共同的苦恼：好容易想出一个好主意、好办法、好点子，可没过多久，就让人家偷走了，模仿的、克隆的、假冒的，无所不用其极。纵然是专利保护，也难得安宁，打假更是颇为辛苦。

为此，我们应该认识到，法律保护是必要的，也是明智的，但要长期保密，永远独有，也是不可能的。最可靠的办法只有一个，那就是思维永远快人一步，习惯永远高人一筹。虽然别人可以偷走你现在的成果，却永远偷不走你的智慧。因此，我们要永远开创新的路子，永远拥有独到的智慧，最终将创新变成自己的日常习惯，使自己永远立于竞争的潮头。

有一个缺水的边远小镇，居民要到5千米外的地方去挑水吃。

脑瓜灵活的村民甲看到其中的商机，他挑起水桶，以挑水、卖水为业，每担水卖2角钱，虽然辛苦点，还算是一条不错的路子。村民乙看了，觉得钱为什么只让他一个人赚呢？也走上挑水、卖水之路，并且将两个儿子也动员起来，当然荷包也鼓了。甲想，你家劳动力强，我比不过，索性买来了20副水桶，请了20个闲散劳动力，由他们挑水，自己坐镇卖水，每担水抽成5分钱。这样，既省了力气，又多赚了钱。可时间一长，这些闲散劳动力熟悉了门道，不再愿意被抽成，纷纷单干去了。于是，甲一下子成了光杆司令。

略加思索，甲请人做了两个大水柜车，并租来两头牛，用牛拉车运水，每次40担，效率又提高了，成本却降低了，因此赚头更大了。这让其他人看得直眼红。

人们很快看到规模经营的优势，于是纷纷联合起来，或用牛拉车，或用马拉车，参与到竞争中。

然而，正当竞争日益激烈时，人们突然发现，自己的水竟然卖不出去了——原来，甲买来水管，安装了管道，让水从水源地直接流到村子里，自己只要坐在家里卖水就行了，且价格大幅度下降，一下子垄断了全部市场。

社会就是这样，善于动脑筋的人走在前头，其他人则在后面跟着走。如果你是走在前边的人，你也会成为佼佼者。如果人人能够在竞争中共同前进，社会也就进步了。

培养新习惯就要变换新思路，遇事脑子多转几个弯，寻找习惯的空隙，用智慧创造奇迹，这样才能永远走在别人的面前。同时，要冷静思考，触类旁通，借他山之石以攻玉，弃人之短，取人之长。

耐心是一种习惯

著名的推销大师，即将告别他的推销生涯，应行业协会和社会各界的邀请，他将在该城中最大的体育馆，做告别职业生涯的演说。

那天，会场座无虚席，人们在热切地、焦急地等待着那位当代最伟大的推销员做精彩的演讲。大幕徐徐拉开，舞台的正中央吊着一个巨大的铁球。为了这个铁球，台上搭起了高大的铁架。

一位老者在人们热烈的掌声中走了上来,站在铁架的一边。他穿着一件红色的运动服,脚下是一双白色胶鞋。

人们惊奇地望着他,不知道他要做出什么举动。

这时两位工作人员,抬着一个大铁锤,放在老者的面前。主持人这时对观众讲:请两位身体强壮的人到台上来。好多年轻人站了起来,转眼间已有两名动作快的跑到台上来了。

老人这时开口和他们讲规则,请他们用这个大铁锤,去敲打那个吊着的铁球,直到把它荡起来。

一个年轻人抢着拿起铁锤,拉开架势,抡起大锤,全力向那吊着的铁球砸去,一声震耳的响声,那吊球动也没动。他就用大铁锤接二连三地砸向吊球,很快他就气喘吁吁。另一个人也不示弱,接过大铁锤把吊球打得很响,可是铁球仍旧一动不动。

台下逐渐没了呐喊声,观众好像认定那是没用的,就等着老人如何做出解释。

会场恢复了平静,老人从上衣口袋里掏出一个小锤,然后认真地面对着那个巨大的铁球。他用小锤对着铁球"咚"敲了一下,然后停顿一下,再一次用小锤"咚"敲了一下。人们奇怪地看着,老人就那样"咚"敲一下,然后停顿一下,就这样持续地做。

10分钟过去了,20分钟过去了,会场开始骚动起来,有的人干脆叫骂起来,人们用各种声音和动作发泄着他们的不满。老人仍然一小锤一小锤地工作着,他好像根本没有听见人们在喊叫什么。人们开始愤然离去,会场上出现了大块大块的空缺。留下来的人们好像也喊累了,会场渐渐地安静下来。

大概在老人进行到40分钟的时候,坐在前面的一个妇女突然尖叫一声:"球动了!"霎时,会场立即鸦雀无声,人们聚精会神地看着那个铁球。那球以很小的摆度动了起来,不仔细看很难察觉。老人仍旧一小锤一小锤地敲着,人们好像都听到了那小锤敲打吊球的声响。吊球在老人一锤一锤的敲打中越荡越高，它拉动着那个铁架子"哐、哐"作响，它的巨大威力强烈地震撼着在场的每一个人。终于场上爆发出一阵阵热烈的掌声，在掌声中，老人转过身来，慢慢地把那把小锤揣进兜里。

老人开口讲话了，他只说了一句话："在成功的道路上，你没有耐心去等待成功的到来，那么，你只好用一生的耐心去面对失败。"

成功者要像棋坛高手一样，要沉得住气。既然知道这是一盘永远也下不完的棋，那么就让我们耐心一些，耐心是一种成熟的标志。耐心最好的伙伴，是信心和决心。人类的决心就像魔术师一样，你想要什么，就一定能得到什么。在有效付出的保障下，有决心和耐心的人一定会得到回报。耐心是一种习惯，更是一种素质，我们头脑中充满着太多的急功近利，太多的浮躁之气，总嫌得到的回报来得太慢。"没有耐心等待成功来临，只好用一生的耐心等待失败。"这句话无疑值得我们仔细品味。

第四节

重塑习惯，改变命运

成功没有固定的模式

成功没有不变的模式，成功的道路千差万别。如果刻意地去模仿，非但不能成功，反而会适得其反。

可见，这就是缺乏审时度势、客观分析的结果。不知气候，不问土壤，种子随意撒下去，哪有不吃亏的呢？

施孟两家兄弟，所好相同，所得结果迥异。原因何在？完全是空间视角的缘故。同样一种理论，一种方法，在甲地行得通，在乙地行不通，这是不奇怪的。

春秋时期，鲁国施姓人家有两个儿子，一个好学问，一个善兵法。他们都想以自己的专长谋得好前程。于是，好学问的到齐国，以仁义道德的治国理论游说国君，深得齐君赏识，被聘为公子们的老师；爱好兵法的到了楚国，把用兵打仗、强国拓疆的道理说给楚君。楚王很高兴，封他为执法将军。兄弟俩都当了大官。

孟氏是施家近邻，也有两个儿子，也是一个好学问，一个善军事。他们仿效施家儿子的做法，也出外谋富贵去了。好学问的到了秦国，用仁义道德劝说秦王，秦王非常生气，认为是帮倒忙。秦王说：各国纷争，秦国志在发展，此时最需要的是强军，如果只知仁义，岂非要走上灭亡之路。于是将他处了宫刑，而后逐出。好兵法的到了卫国，宣传他练武强兵的治国之道。卫侯说：卫国弱小，夹于大国之间，对于大国，卫国只能顺从以求安；对于小国，只能安抚以得友。倘若武力对外，到处树敌，则灭亡的日子不远了。为免此人到其他国家宣传武功，于己不利，卫国遂将他的双脚砍掉，送回鲁国。

因为甲乙两地地况不同，齐国强盛，无人敢欺，它急需的是国内治理，是内在实力，因而仁义道德的治国之术正合齐侯口味；楚国志在拓展疆土，使列国臣服，称雄天下，欲与秦一争高低，军力的扩张正是楚王梦寐以求的。

施氏二子怀揣学识才能，各自选准了对象，选准了空间，投其所好，因而，都有好结果。孟氏二子就不够聪明了，到一心想要以武力统一天下的秦国兜售仁义道德，让他们放下武器讲仁义，岂不是自讨苦吃，自寻没趣？同样，到在夹缝中苟且偷安、勉强得以安身的卫国推销强兵之策，把卫国推向水火，当然也得不到欢迎。可见，关注思维对象所处的空间，充分考虑思维对象所处的环境，才能突破习惯窠臼。

播种行为，收获习惯

比尔·盖茨先生认为，是4种良好的习惯——守时、精确、坚定以及迅捷——造就了成功的人生。没有守时的习惯，你就会浪费时间、空耗生命；没有精确的习惯，你就会损害自己的信誉；没有坚定的习惯，你就无法把事情坚持到成功的那一天；而没有迅捷的习惯，原本可以帮助你赢得成功的良机，就会与你擦肩而过，而且可能永不再来。

亚伯拉罕·林肯就是通过勤奋的训练才练成了他讲话简洁、明了、有力的演讲风格。温德尔·菲里普斯也是通过艰苦的练习才练就了他那出色的思考能力和杰出的交谈能力。

常言道："播种一种行为，就会收获一种习惯；播种一种习惯，就会收获一种性格。"好的习惯主要依赖于人的自我约束，或者说是依靠人对自我欲望的否定。然而，坏的习惯却像芦苇和杂草一样，随时随地都能生长，同时它也阻碍了美德之花的成长，使一片美丽的园地变成了杂草丛生的芦苇丛。那些恶劣的习惯一朝播种，往往10年都难以清除。

当人到了25岁或30岁的时候，我们就很难发现他们会再有什么变化，除非他现在的生活与少年时相比有了巨大的改变。但令人欣慰的是，当一个人年轻的时候，尽管养成一种坏习惯很容易，但要养成一种好习惯同样容易；而且，就像恶习会在邪恶的行为中变得严重一样，良好的习惯也会在良好的行为中得到巩固与发展。

习惯的力量是一种使所有生物和所有事物都臣服在环境影响之下的法则。这个法则可能会对你有利，也可能对你不利，结果如何全由你的选择而定。

当你运用这一法则时，连同积极心态一起应用，所产生的力量是巨大的，而这就是你思考致富或实现任何你所希望的事情的根本驱动。

也许你并没有很好的天赋，但是，一旦你有了好的习惯，它一定会给你带来巨大的收益，而且可能超出你的想象。

那么，如何破除恶习，而代之以良好习惯呢？这样的改变往往在一个月内就可完成。办法如下：

（1）选择适当时间。事不宜迟，想改变习惯而又一再地拖延，你会更加害怕失败。在较为轻松的日子，所下的决心即使面临考验也较易应付，因此选择的月份应没有亲朋好友来你家小住，也没有太多限期完成的工作待办。不要选择年底之前，年底既要准备过节，又要赶做年终的工作，不免忙碌紧张，那种压力只会使恶习加深，令人故态复萌。

（2）运用意愿力而非意志力。习惯之所以形成，是因为潜意识把这种行为跟愉快、慰藉或满足联系起来。潜意识不属于理性思考的范畴，而是情绪活动的中心。"这种习惯会毁掉你的一生。"理智这样说，潜意识却不理会，它"害怕"放弃一种一向令它得到安慰的习惯。

运用理智对抗潜意识，简直难以制胜。因此，要戒掉恶习，意志力不及意愿力有效。

（3）找个替代品。另外培养一种新的好习惯，那么破除坏习惯就会容易得多。

有两种好习惯特别有助于戒除大部分的坏习惯。第一种是采用一个有营养和调节得宜的食谱。情绪不稳定使人更依赖坏习惯所带来的慰藉，防止因不良饮食习惯而造成的血糖时升时降，有助于稳定情绪。

第二种是经常做适度运动。这不仅能促进身体健康，也会刺激脑啡（脑内一种天然类吗啡化学物质）的产生。近年来科学研究指出，慢跑的人能够感受到自然产生的"奔跑快感"，全是脑啡的作用。

（4）按部就班。一旦决定改变习惯，就拟定当月的目标。要切合实际，善于利用目标的"吸引力"。如果目标太大，就把它化整为零。

达成一项小目标时不妨自我奖励一下，借以加强目标的吸引力。

（5）切勿气馁。成功值得奖励，但失败也不必惩罚。在改变习惯的时间内如果偶有失误，不要引咎自责或放弃，一次失误不见得是故态复萌。

人们往往认为，重拾坏习惯的强烈愿望如果不能达到，终会成为破坏力量。然而只要转移注意力，即使是几分钟，那种愿望也会消散，而自制力则会因此加强。

避免重染旧习比最初戒掉时更困难。但是如果你能够把新习惯维持得越久，就越有把握不重蹈覆辙。

比别人多做一点

生性懒惰，却还想得道成仙，这无疑是异想天开。懒惰不改，要想获得成功，必定会碰壁的。

很多人想找一条通向成功的捷径，当众里寻他千百度之后，发现"勤"字是成大事的要诀之一。

天道酬勤。没有一个人的才华是与生俱来的，在成功的道路上，除了勤奋，是没有任何捷径可走的，在每个成功者的身上，都可以看到勤劳的好习惯。

鲁迅说得更清楚:"其实即使天才,在生下来的时候第一声啼哭,也和平常儿童一样,绝不会就是一首好诗。""哪里有天才,我是把别人喝咖啡的工夫用在工作上。"

笨鸟先飞,尚可领先,何况并非人人都是"笨鸟"。勤奋,使青年人如虎添翼,能飞又能闯。

任何事情,唯有不停前进方可有生命力。在这个竞争激烈的世界里,人才云集,竞争对手强大。快节奏的生活、高度的竞争又时刻令人体会到一种莫大的压力,潜移默化地催人上进。

成功的得来可不像老鹰抓小鸡那样容易,而是勤奋工作得来的。只有辛勤的劳动,才会有丰厚的人生回报。即使给你一座金山,你无所事事,也总有一天会坐吃山空的。传说中的点石成金之术并不存在,而在劳动中获得财富才是最正确的途径。你想拥有金子,最好的办法是辛勤地耕耘。

人生是一个充满谜团的过程。在这个过程中,会有许许多多令人悲欢离合、喜怒哀乐的事情,也会有许多意想不到却又似乎是上天特意考验我们的事情出现。在这些事情的考验下,有的人充实而成功地走完了这一过程,有的人却相反,在遗憾中随风逝去。

我们每一个健康生活的人都希望自己能够走向成功,都想在成功中领略人生的激动,而成功又不是轻易予人的。

那些形成了勤奋工作习惯的人总是闲不住,懒惰对他们来说是无法忍受的痛苦。即使由于情势所迫,不得不终止自己早已习惯了的工作,他们也会立即去从事其他工作。那些勤劳的人们总是很快就会投入到新的生活方式中去,并用自己勤劳的双手寻找、挖掘出生活中的幸福与快乐。要享受成功的幸福,首先要付出你的辛劳汗水,只有这样,你才会收获耕耘的快乐。

第五章 天堂与地狱的抉择：
为什么不同的人眼中会有不同的世界

第一节

世界对不对，在于你对不对

失意的人生会让人品尝到负面能量的苦果，而当负面能量越多，人就会变得越消极，甚至会毁灭我们的人生。消极是修炼自我过程中最大的敌人。消极不仅会瓦解积极向上的思想，还会将能量用于生命的错误方向。所以，我们一定要遏制自身散发的消极能量。

打败你心中的"魔鬼"

一个人在他25岁时因为被人陷害，在牢房里待了10年。后来沉冤昭雪，他终于走出了监狱。出狱后，他开始了几年如一日的反复控诉、咒骂："我真不幸，在最年轻有为的时候竟遭受冤屈，在监狱度过本应最美好的一段时光。那样的监狱简直不是人居住的地方，狭窄得连转身都困难，唯一的细小窗口里几乎看不到阳光；冬天寒冷难忍，夏天蚊虫叮咬……真不明白，上帝为什么不惩罚那个陷害我的家伙，即使将他千刀万剐，也难解我心头之恨啊！"75岁那年，在贫病交加中，他终于卧床不起。弥留之际，牧师来到他的床边："可怜的人，去天堂之前，忏悔你在人世间的一切罪恶吧……"

牧师的话音刚落，病床上的他声嘶力竭地叫喊起来："我没有什么需要忏悔，我需要的是诅咒，诅咒那些造成我不幸命运的人……"

牧师问："您因受冤屈在监狱待了多少年？离开监狱后又生活了多少年？"他恶狠狠地将数字告诉了牧师。

牧师长叹了一口气："可怜的人，你真是世上最不幸的人，对你的不幸，我真的感到万分同情和悲痛！他人囚禁了你区区10年，而当你走出监牢本应获取永久自由的时候，你却用心底里的仇恨、抱怨、诅咒囚禁了自己整整50年！"

现实生活中，有不少人和故事中的人一样，给自己编织心理牢笼：有些人总是唠叨自己的坎坷往事、身体疾病，或抱怨自己的不平等待遇和生活的苦难；有些人还喜欢用自己不懂的事情塞满自己的脑袋，把一些不相干的事与自己联系在一起，造成了心理障碍。殊不知，那些过去的往事、不平的经历，甚或想不明白的事情，一味地责怪和抱怨是于事无补的。如果总是对想不通、想不开的事情患得患失，就很容易使自己失去判断能力，最后被囚禁的就是自己的整个人生。

人的心理牢笼千奇百怪、五花八门，但它们都有一个共同的特点，那就是这些所谓的心理牢笼都是人自己营造的。时间一长，个人就会不知不觉地把自己囚禁在"心狱"之中，就像故事中的那个可怜的人那样，至死都被囚禁在无尽的怨恨当中，哪还有时间去追求丰富多彩的人生呢？

世界上最难攻破的不是那些坚固的城堡和城池，而是自己心中的魔鬼。它阻挡了阳光的照射，妨碍了空气的流动，禁锢了生命的盛放。而这个魔鬼实际上就是我们自己，我们的每一个消极的想法，每一次对世界的抱怨，每一次对美好世界的充耳不闻，都为这个魔鬼的壮大提供了最宝贵的能量——负面能量。这个魔鬼也就是我们的消极气场。它来自于内心，依靠内心的力量成长，最终却囚禁了我们的内心。

在成长的过程中，很多人因为遭受来自社会、家庭的议论、否定、批评和打击，奋发向上的热情便慢慢冷却，逐渐丧失了信心和勇气，对失败惶恐不安，变得懦弱、狭隘、自卑、孤僻、害怕承担责任、不思进取、不敢拼搏。事实上，他们不是输给了外界压力，而是输给了自己。很多时候，阻挡我们前进的不是别人，而是我们自己。因为怕跌倒，所以走得胆战心惊、亦步亦趋；因为怕受伤害，所以把自己裹得严严实实。殊不知，我们在封闭自己的同时，也将变得越来越消极，人生的失意也就可想而知了。

一个渴望有所成就的人，必须战胜心中的魔鬼，走出负面能量构建起来的牢笼，走出消极气场的控制与支配。所以，要想开放自己的人生，取得骄人的成绩，关键在于战胜内心的魔鬼，也就是消极一面的自己。

那些为自己制造负面能量的人，他们日复一日地在迷宫般的、无法预测又乏人指引的茫茫人生中损坏了罗盘，这坏掉的罗盘可能是扭曲的是非感，或蒙蔽的价值观，或自私自利的意图，或是未设定的目标，或是无法分辨轻重缓急，简直不胜枚举。卓越人士会保护好人生罗盘，维持正确的航线，不被沿路上意想不到的障碍困住，坚定地向前行进，最终轻松而顺利地抵达终点。

有句话这样说："自己把自己说服了，是一种理智的胜利；自己被自己感动了，是一种心灵的升华；自己把自己征服了，是一种人生的成熟。大凡说服了、感动了、征服了自己的人就可以凭借潜能的力量征服一切挫折、痛苦和不幸。"其实，许多人的悲哀不在于他们运气不好，而在于他们总爱以为自己运气不好，以为自己能力不强，以为自己什么也不是，还以为这个世界不公平，这样的自己已经变成了我们的另一面——我们的敌人、负面的能量、内心的魔鬼。

我们必须战胜这个魔鬼，这个也许并不恐怖却会毁掉人生的消极的自己。打败心中的魔鬼，我们才会重获顺境的人生。而打败魔鬼的方法就隐藏在我们如何制造魔鬼并让魔鬼不断强大的奥秘中。

从不怀疑自己的能力

如果你是那种在工作中受到挫折就认输的人，最好改变你的思维方式。因为这种懦弱、犹豫、害怕承担责任、不思进取、不敢拼搏的心理意识和习惯，裹足不前的意识渐渐地捆绑住你，让你陷在自我的套子里无法自拔，久而久之，你就失去了创造热情。你的存在感越来越弱，大家都会觉得你是个靠不住的人，不再把重要的工作派给你，你锻炼的机会也就越来越少。而这个恶性循环的开始就是当你认为"我不能"的时候。

强大的人从来都不怀疑自己的能力，因为在他们的字典里没有"我不能"这三个字。相反，他们不断地告诉自己"是的，我能"。心理暗示是一种相当奇妙的力量。总给自己积极暗示的人，会拥有更加强大的底气，因为你在暗示自己更强大，潜意识就会回馈你这种想法，让人觉得你是个可靠的、负责任的伙伴。相反，总是说着"不可能"的人，那种灰色的气场会让人避之不及。想要成功，你就要将"我不能"这三个字永远地从自己的字典里去除掉，埋在坟墓当中。

50多年前，34岁的费罗伦丝·柯德威克打算创造一项新的世界纪录，因为之前她是成功游过英吉利海峡的第一位妇女，而这项新的世界纪录与此有关，就是从太平洋游向加州海岸，如果成功，她就是第一个游过这个海峡的妇女。

结果是，她在大雾天气，冰冷的海水中坚持了15个钟头后放弃了，尽管坐在船上的母亲和教练一再示意她离海岸很近了，她还是放弃了。事实上，拉她上船的地点，离加州海岸只有半英里！

事后，沮丧的费罗伦丝·柯德威克说："真正令我半途而废的不是疲劳，也不是寒冷，而是我给自己的警告——那绝对是不可能的。"不过，柯德威克女士一生中就只有这一次没有坚持到底。两个月之后，她成功地游过了这个海峡。

我们也常常会对自己有着这样或者那样的警告，这种警告最终影响的不仅仅是我们自己，还有我们的潜意识，以及潜意识为我们吸引来的一切能量。你会变得更加消极下去，直到无法承担接下来的任务，选择逃避。

"我不能"就如同形影不离的杀手一样，当你想释放你的潜力时，它便出来大喝一声，让你退缩。每件事都不能发挥到极致，这样累积起来，你的成功概率会越来越小。别人用1年时间能达到的水平，你就需要5年。自我设限对你来说不是提高成功率，恰恰相反，对你来说，它是一块顽石，阻碍你前进。

不敢去追求成功，是因为你的心里面默认了一个高度，这个高度常常暗示你：成功是不可能的，是没有办法做到的。"我不能"是人无法取得伟大成就的原因之一。假设一下，如果有人肯定地告诉你，你肯定能赚1000万元，那么你就不会给自己制定只赚100万元的目标。换言之，你有多大的野心就可能有多大的成就，如果你没有野心，肯定不会有任何成就。

有两种很好的办法可以帮助任何一个人摆脱"我不能"的限制：第一种，就像前面所说我们常常会给自己设立限制，设置高度，那么你不妨提高自己的高度。比如说，当你觉得自己只能同时处理好两件事情，那么不妨让自己同时处理四件事情。超越你自身限制的高度会激发你更多的潜能，这种能量会让你超越自己已经制定的目标。也许你最终也不能处理四件事情，但是如果能成功地处理三件事情，实际上你也就摆脱了自身限制了；第二种，不去想。在做事之前，不要去想自己能不能做到，自己怎样才能做到，把事情列一个清单，然后一件一件去解决就好了。"我不能"真正限制自身的很大一部分原因就是因为我们去想自己能不能，这种想法本身就是一种暗示。那么，想要摆脱这种暗示，我们就不要去想，而是只去做。

把"我不能"埋进坟墓中，让自己的潜能从限制中充分地爆发出来，我们才能取得自己真正能够获得的成就。同时，也可以让我们更加积极地看待生活中出现的问题，感到更加幸福。

别跟自己过不去

如果你仔细观察周围就会发现，在宁静的生活中，大多数人都是亲切的，富有爱心的，充满宽容。如果你犯了错，而且真诚地请求他人的宽恕，绝大多数人不仅会原谅你，还会把这事儿忘得一干二净，使你再次面对他们时一点愧疚感也没有。

我们这种亲切的态度对所有人都一样，没有人种、地域、民族的分别，但就只对一个人例外。谁？没错，就是我们自己。

可能有人会怀疑："人类不都是自私的吗？怎么可能严以律己，宽以待人？"是的，人总是会很容易原谅自己，不过，这只是表面上的饶恕而已，在深层的思维里，我们一定会反复地自责："为什么我会那么笨？当时要是细心一点就好了。"或是："我真该死，这样的错怎能让它发生？"

如果你还不相信，请再想想自己有没有犯过严重的错误，如果想得出来，那你一定仍在耿耿于怀，并没真正忘了它。表面上你原谅了自己，实际上你将自责收进了潜意识里。我们可以对他人这么宽大，难道自己就没有资格获得这种仁慈的待遇吗？

没错，我们是犯了错。但除了上帝之外，谁能无过？犯错只表示我们是平常之人，不代表就该承受地狱般的折磨。我们唯一能做的是正视这种错误的存在，在错误中学习，以确保未来不会发生同样的憾事。接下来就应该获得绝对的宽恕，然后就得把它忘了，继续往前行进。

人一生中犯的错误很多，如果对每一件事都深深地自责，一辈子都背着一大袋的罪恶感过活，你还能奢望自己走多远？

犯错对任何人而言，都不是一件愉快的事情。一个人遭受打击的时候，难免会格外消沉。在那一段灰色的日子里，你会觉得自己就像拳击场上失败的选手，被那重重的一拳击倒在地上，头昏眼花，满耳都是观众的嘲笑和惨败的感觉。那时，你会觉得已经没有力气爬起来了！可是，你会爬起来的。10之前，还是之后。而且，你还会慢慢恢复体力，平复创伤，你的眼睛会再度张开，看见光明的前途。你会淡忘观众的嘲笑和失败的耻辱，你会为自己找一条合适的路——不要再去做挨拳头的选手。

我们虽然没有能力拒绝所有的不幸和痛苦，但我们却同样没有任何义务去承受任何忧伤和悲哀。让烦恼和忧愁统统见鬼去吧！——我们来找个理由干一杯！

生活，是美好而沉重的。人生，更是丰富多彩而又艰难曲折的。苦乐忧欢、钟情失意、坦途坎坷、成败荣辱、花前月下、落日西风……对谁都一样；盘根错节、繁杂纷呈、五光十色、千姿百态……绝不像傍晚听音乐那样舒畅陶然，轻松愉快，也不像夏日喝啤酒那样可口可乐，开心惬意。马克·吐温说得好："谁没有蘸着眼泪吃过面包，谁就不懂得什么叫生活！"世界不给贝多芬欢乐，但他却咬紧牙关扼住命运的咽喉，用痛苦去铸造欢乐来奉献给世界。他们都找到了干杯的理由——为写作生命和人生的诗与歌，为弹奏痛苦与欢乐的主旋律，干杯！

因此，干杯吧，哪怕仅仅就为了迄今为止，我们都还活着！

钢琴有黑键有白键。人生有时想来，也好比钢琴，你不能只触黑键不触白键。所以，真正精彩的人生，就好比经典的围棋棋局，黑白交错，互相打入，互相侵削，互相渗透。在几十年说长不长、说短却也不短的人生中，人们尝过痛苦也享过快乐，从自己、从他人、从同辈、也从前辈那儿悟出了一些滋味来。其中之一是：知足知不足，有为有弗为。坦率地说，来到世界的每一个人智力虽有高低但都差不了很多，成功重在毅力。这世上有那么多美丽的诱惑，因此，终生踏踏实实地追求一个人生目标，就成了件非常非常困难的事了。特别是今天，选择的机会太多太多，像满天的星斗。这当然是好事，让社会充满了竞争和选择的活力。但太多的机会又何尝不是美丽的陷阱？它们一个个分散了你有限的生命，也使人有了更多一事无成的可能。

朋友，别跟自己过不去，我们应该感谢生命，珍惜生命。人在旅途，应该为他人、为社会、为自我尽些心力。让别人觉得你不是可有可无的人，你的生命才是有意义的。不管有没有理由，我们先来干一杯！

猜疑是蒙蔽心灵的阴云

有个农夫找不到自己的斧头了，就怀疑起邻居来。为了验证猜测，他观察了邻居的言行举止，处处都很可疑，完全符合小偷的感觉。正当他准备去理论时，妻子帮他在自家的角落里发现了斧头。第二天他再去看邻居的言行举止，发现邻居又像个正派人了。

这个故事最有趣的地方是：从斧头遗失到找到的整个过程中，邻居明明什么都没有做，但给农夫的感觉却发生了重大的改变。其实是农夫自身猜疑欺骗了他。

如果没有发现斧头，及时解开误会，那么猜疑就会导致敌意。实际上，农夫也确实准备对那个"小偷"采取一些措施了。试想你是那位邻居，本来相安无事，却无端被怀疑成罪犯，心里是个什么感觉？就算最后真相大白，恐怕你也要考虑搬家了——和一个如此多疑的人为邻，可不是什么令人愉快的事。可见，猜疑能无中生有，在没有任何实际矛盾点的情况下，也会引发与他之间的冲突。

由猜疑引发的冲突其实也就是信任危机。无论是自卑还是过于敏感、或是曾经因为轻信而受过伤害，都会让人变得不容易相信他人。比如一个曾经你很信任的人后来背叛了你，给你了留下了极大的阴影，以至于以后在与人交往时，你不相信有人会诚诚恳恳地对你，总是猜疑对方的好意后面暗藏着对你的图谋不轨。不信任这一判断会通过你的气场能量传递给对方，最后让对方"如你所愿"地关闭心扉，不会真诚面对你。

要避免陷入这种恶性循环，就要从根本上寻找猜疑的起点——找到那些让自身出现猜疑的负面能量。以下几种方法则可以有效地帮助你告别猜疑：

1.树立坦荡无私的心态

人们常说"做贼心虚"，就是说自己内心不坦荡就会猜疑他人。只有"心底无私"，才能"天地宽"，这样对他人及周围的事情才会看得比较自然。

2.要能够摆脱错误思维方法的束缚

猜疑一般总是从某一假想目标开始，最后又回到假想目标。只有摆脱错误思维方法的束缚，扩展思路，走出先入为主、按图索骥的死胡同，才能促使猜疑之心在得不到自我证实和不能自圆其说的情况下自行消失。

3.及时沟通，解除疑惑

世界上不被误会的人是没有的，关键是我们要尽量消除误会，如果误会得不到尽快解除，就会发展为猜疑；猜疑不能及时解除，就可能导致不幸。所以如果可能，最好同你怀疑的对象开诚布公地谈一谈，以便弄清真相，解除误会。

4.学会深藏不露

产生猜疑，你可以有所警惕，但不要表露于外。这样，当猜疑有道理时，你因为做好了准备而免受其害；而当猜疑毫无道理时，就可以避免误会好人。

5.学会自我安慰

一个人在生活中，听到有关自己的流言，与他人产生误会，没有什么好大惊小怪的。在一些生活细节上不必斤斤计较，可以糊涂些，这样就可以避免自己烦恼。如果觉得别人怀疑自己，应当安慰自己不必为别人的闲言碎语所纠缠，不要在意别人的议论，这样不仅解脱了自己，而且还取得了一次小小的精神胜利，产生的怀疑也烟消云散了。

运用以上几种方法，能够让我们更好地理解对方的变化，更加真实地感受到对方，而不是将自身感觉当作对于他人的认知。这样也就可以有效改善自身与他人之间的交流，避免双方因为交流不畅产生冲突。

忘记心中的恐惧

恐惧能摧残一个人的意志和生命，能影响人的胃、伤害人的修养、减少人的生理与精神的活力，进而破坏人的身体健康。它能打破人的希望、消退人的志气，而使人的气场衰弱至不能创造或从事任何事业。在一个人的生活中，几乎没有比恐惧或者沮丧的念头更加折磨人的了。在《圣经》流传最盛行的时代里，人们把遭受恐惧折磨的人称作是被魔鬼附身。

从下面这个故事中，也许你能找出战胜恐惧这个敌人的方法。

哈利为了领略山间的野趣，一个人来到一片陌生的山林，左转右转，迷失了方向。正当他一筹莫展的时候，迎面走来了一个挑山货的美丽少女。

少女嫣然一笑，问道："先生是从景点那边迷失的吧？请跟我来吧，我带你抄小路往山下赶，那里有旅游公司的汽车在等着你。"

哈利跟着少女穿越丛林，阳光在林间映出千万道漂亮的光柱，晶莹的水汽在光柱里飘飘忽忽。正当他陶醉于这美妙的景致时，少女开口说话了："先生，前面就是我们这儿的鬼谷，是这片山林中最危险的路段，一不小心就会摔进万丈深渊。我们这儿的规矩是路过此地，一定要挑点或者扛点儿什么东西。"

哈利惊问："这么危险的地方，再负重前行，那不是更危险吗？"

少女笑了，解释道："只有你意识到危险了，才会更加集中精力，那样反而会更安全。这儿发生过好几起坠谷事件，都是迷路的游客在毫无压力的情况下一不小心摔下去的。我们每天都挑东西来来去去，却从来没人出事。"

哈利冒出一身冷汗，对少女的解释并不相信。他让少女先走，自己去寻找别的路，企图绕过鬼谷。

少女无奈，只好一个人走了。哈利在山间来回绕了两圈，也没有找到下山的路。

眼看天色将晚，哈利还在犹豫不决。夜里的山间极不安全，在山里过夜，他恐惧；过鬼谷下山，他也恐惧；况且，此时只有他一个人。

后来，山间又走来一个挑山货的少女。极度恐惧的哈利拦住少女，让她帮自己拿主意。少女沉默着将两根沉沉的木条递到哈利的手上。哈利胆战心惊地跟在少女身后，小心翼翼地走过了鬼谷。

过了一段时间，哈利故意挑着东西又走了一次鬼谷。这时，他才发现鬼谷没有想象中那么可怕，最可怕的是自己心中的恐惧。

哈利的恐惧来自自己的内心。心中的恐惧引发了负面能量，负面能量的累积导致了自身的消极。消极所吸引来的负面能量就会越来越多，哈利也就会觉得越来越恐怖了。

恐惧是消极情绪中最为难解的症结之一。面对自然界和人类社会，人类发展从来都不是一帆风顺、平安无事的，总会遭到各种各样、意想不到的挫折、失败和痛苦，都会影响甚至破坏我们的情绪。当一个人预料将会有某种不良后果产生或受到威胁时，就会产生这种消极的情绪，为此紧张不安，程度从轻微的忧虑到惊慌失措。现实生活中每个人都可能经历某种困难或危险的处境，从而体验不同程度的焦虑。恐惧作为一种消极气场的痛苦体验，是一种心理折磨。人们往往并不为已经到来的，或正在经历的事而惧怕，而是对结果的预感产生恐慌，人们害怕无助、害怕排斥、害怕孤独、害怕伤害、害怕死亡的突然降临；同时人们也害怕失官、害怕失职、害怕失恋、害怕声誉的瞬息失落。

马克·富莱顿说："人的内心隐藏任何一点恐惧，都会使他受到魔鬼的利用。"当人们的心中充满了恐惧的时候，就会变得不自信、盲从，看不清前面的路，也就失去了强大的实力。因为恐惧，人们会失去很多做大事的机缘，停止住了探索的脚步。所以，我们一定要忘记心中的恐惧，重新燃起气场中的正面能量，大胆地前行。只有这样，我们才不会因为胆怯而错过了太多的机遇。

换个角度看待人生失意

在我们周围，很多人在面对困难、失败、烦恼等情况时，总是喜欢把自己逼到一个死胡同里面去，让自己无法从悲观低沉的情绪中解脱出来。这是因为自己太过执着于一个方向、一个角度、一个逻辑了，导致自己无法原谅自己，而这只会让坏的情况更糟糕。执着在很多时候有利于我们克服困难，但在另一些时候也会把我们限制在一个角度当中，让我们的能量无法自由地激发出来。遇到问题的时候，我们不妨试着改变一种想法和态度，尝试站在不同的角度来思考，或许这样你能看到不一样的状况。在这种状况下，你才能真正激发出属于自己的全部能量。

记得有位哲人曾说："我们的痛苦不是问题的本身带来的，而是我们对这些问题的看法而产生的。"这句话很经典，它引导我们学会解脱，而解脱的最好方式是面对不同的情况，用不同的思路去多角度地分析问题。因为事物都是多面性的，视角不同，所得的结果就不同。

相信一句话：要解决一切困难是一个美丽的梦想，但任何一个困难都是可以解决的。一个问题就是一个矛盾的存在，而每一个矛盾找到了合适的介点，都可以把矛盾的双方统一。这个介点在不停地变幻，它总是在与那些处在痛苦中的人玩游戏。转换看问题的视角，就是不能用一种方式去看所有的问题和问题的所有方面。如果那样，你就会钻进一个死胡同，离那个介点越来越远，处在激烈的矛盾中而不能自拔。

生活需要一点睿智。如果你不够睿智，至少可以豁达。以乐观、豁达、体谅的心态看问题，就会看出事物美好的一面；以悲观、狭隘、苛刻的心态去看问题，你会觉得世界一片灰暗。这种想法不仅会让你的心中充满了负面能量，还会限制自身潜能的发挥。负面思维会指引你向毁灭自己的方向前进，而你的正面能量就会受到限制，潜能也会继续隐藏在正面能量当中。只有当你选择换一个角度看问题时，你的潜能才有可能被你发现。

换个角度看问题，你就会从容坦然地面对生活。当痛苦向你袭来的时候，不要悲观气馁，要寻找痛苦的原因、教训及战胜痛苦的方法，勇敢地面对这多舛的人生。换个角度看问题，你就不会为战场失败、商场失手、情场失意而颓废，换个角度看问题，是一种突破、一种解脱、一种超越、一种高层次的淡泊宁静，从而获得自由自在的乐趣。转一个视角看待世界，世界无限宽大；换一种立场对待人事，人事无不和谐。

任何事情都有两面性，换个角度去看事情，会给我们更多的启示。"司马光砸缸"的故事也说明了同样的道理。常规的救人方法是从水缸中将人拉出，即让人离开水。而司马光却急中生智，用石砸缸，使水流出缸中，让水离开人，这就是从另外一个角度看问题。

换个角度看问题可以让你发现自己的另一面，也会发现心中被隐藏起来的能量。当我们沮丧、悲哀的时候，就应该学会寻找生命中那些会激起我们斗志的能量，因为这些能量会帮助我们而不是毁灭我们。

摆脱烦恼如此容易

生活中的每一种阴晴圆缺、每一次悲欢离合，都需要我们用心慢慢地去体会、去感悟。如果我们的心是暖的，那么在自己眼前出现的一切都是阳光灿烂的，无论生活多么的清苦和艰辛，都会感受到天堂般的快乐；心若冷了，再炽热的烈火也无法给这个世界带来一丝的温暖，我们的眼中也充斥着无边的黑暗，残花败絮般的凄凉。

所以，心是指引我们生活的全部力量。心中有什么，眼睛里就会看到什么，头脑里就会反应什么：把贪图财贿看作正确的人，不会让人利禄；把追求显赫看作正确的人，不会让人名声；迷恋权势的人，不会授人权柄。掌握了利禄、名声和权势，便唯恐丧失而整日战栗不安，而放弃上述东西又会悲苦不堪，而且心中没有一点鉴识，目光只盯住自己无休止追逐的东西，这样的人只能算是被大自然所刑戮的人。

如果不因为高官厚禄而喜不自禁，不因为前途无望、穷困贫乏而随波逐流、趋势媚俗，荣辱面前一样达观，那就无所谓忧愁。心中没有忧愁和欢乐，才是道德的极致。

一个人被苦恼缠身，于是四处寻找摆脱苦恼的秘诀。

有一天，他来到一个山脚下，看见在一片绿草丛中有一位牧童骑在牛背上，吹着横笛，逍遥自在。他走上前问道："你看起来很快活，能教给我摆脱苦恼的方法吗？"

牧童说:"骑在牛背上,笛子一吹,什么苦恼也没有了。"

他试了试,却无济于事。于是,他继续寻找。不久,他来到一个山洞里,看见有一个老人独坐在洞中,面带满足的微笑。他深深鞠了一个躬,向老人说明来意。老人问道:"这么说你是来寻求解脱的?"

他说:"是的!恳请不吝赐教。"

老人笑着问:"有谁捆住你了吗?"

"没有。"

"既然没有人捆住你,何谈解脱呢?"

他蓦然醒悟:什么苦恼与忧愁,都不是别人强加于你的。所有的痛苦,不过是我们自己在折磨自己。只要心中肯释怀,放下所有的忧伤和不幸,那么我们的生活自然不会再有苦恼。

所以,生活中我们不怕天降的灾祸,不怕外物的牵累,不怕世人的议论,更不怕鬼神的责罚,唯一害怕的就是自己困住自己、自己折磨自己。遭遇了困惑,我们可以冷静下来,努力寻找解决问题的方法。如果自己已经乱了阵脚,那么即使再简单的事情,也很难找出头绪了。碰到挫折,给自己一点希望,别被悲伤和失望迷住了眼睛,那么所有的难关都有被攻克的希望。

第二节

改变不了世界，就改变自己

在我们身边，似乎有着这样一种显而易见的规律：成功者往往是那些乐观向上、锐意进取的人，而失败者则总是那些萎靡不振、抱怨连天的人。欢喜与烦忧，热忱与漠然，坚韧与自弃……心态在一念之间影响着人生命运的方向。积极的心态可以引导我们向着积极强势的方向蓄积发展，而消极的心态则会使我们陷入软弱、无能的状态。所以，学会调适心轴，引爆心态能量，是收获成功最直接有效的途径。

真正的魅力不是外表，是心态

众所周知，艺术院校的女孩一般都青春靓丽，优雅动人，举手投足间散发着强大的气场。这是为什么呢？难道这种充满魅力的气场是天生的吗？不！好莱坞经典电影《出水芙蓉》中的一个片段为我们揭秘了这种神奇的心态养成术：在形体室里，女孩们一字排开，练习着芭蕾手位。这时，老师对她们说："你们想不想成为世界上最有魅力的女人？""想！""那就从现在开始，告诉自己——我就是世界上最有魅力的女人！"

由此可见，真正的魅力不是来自脸蛋，而是源自心态。也许外表会让你拥有比较强大的气场，但是想要让自己的气场散发无穷的魅力，我们就必须拥有阳光心态。因为阳光心态会让你的能量不断向外涌动，在与他人进行能量交流时有效地感染对方，让对方感受到自己的强大魅力。

美国内华达州有一个13岁的女孩儿叫玛丽。她总觉得自己不讨男孩子喜欢，因此很自卑。一天，玛丽在上学的路上经过一个商店，被里面一只绿色蝴蝶结发卡深深吸引住了。她戴上它的时候，人们都说很漂亮，这个发卡很适合她，于是玛丽用所有的零用钱买下了这只蝴蝶发卡，她兴致勃勃地去了学校。

"玛丽！你今天看起来真漂亮！"平时不怎么跟她说话的同桌赞美她；老师也在课前拍拍玛丽的肩膀说："你昂起头的样子真美！可爱的玛丽！"真是神奇的发卡！她那天收到了很多夸奖和赞美，这是以前从来没有过的！甚至有男孩子约她出去玩！玛丽变得开朗、活泼了，同学们更加夸她比以前漂亮了许多。

玛丽心想，这一切都是因为这只神奇的发卡啊！既然它这么有魔力，为什么不再买一只呢？放学后，她立即跑到那个商店。

这时，店主笑呵呵地迎上来说："可爱的小姑娘，我就知道你会回来取你的发卡的，早上我发现它躺在地上的时候，你已经跑远了。喏，现在物归原主。"

原来玛丽的头上根本没有戴所谓的发卡！是信念使她变得漂亮，让玛丽拥有了无与伦比的魅力气场，她才能在一天里吸引那么多人的注意和赞美！真正吸引人的不是外表，而是心态。当你相信自己是最美丽的女孩时，让自己的心中充满阳光时，你的身上就会散发出光彩夺目的气场，让周围的人不由自主地被你吸引；而如果你认为自己的心中充满了乌云，那么即使是再美丽动人的外表也会黯然失色的。如果能够时刻让自己拥有阳光的心态，总是愿意从积极的角度去看待问题、不断强化你的气场，那么你就会如太阳一样散发自己的魅力光芒。

那么，在竞争激烈的社会中，我们又如何拥有阳光心态，散发自己的魅力呢？

第一，要树立多元化成功思维模式。

在现代社会中，太多的人不由自主地陷入了一元化成功的陷阱和圈套中。其实，条条大路通罗马，成功的道路不止一条，成功的标准也不止一个。在竞争中脱颖而出是成功，有勇气不断超越自己、不断超越过去的人，同样是成功者。做最阳光的自己就要求我们抛弃一元化成功思维模式，树立多元化成功思维模式，完整、均衡、全面地理解和阐释成功的定义，在活出真实的自我中享受到阳光般的幸福和快乐。

第二，要能够做到操之在我，褒贬由人。

每个人都希望能够得到别人的认可与肯定，这是人的基本心理需求之一。其实，在很多情况下，我们真的没有自己想象的那么重要。别人邀请你参加晚会或发言，有时只是出于礼貌，甚至希望你最好能知趣地谢绝，或者简单地应付一下即可。因此，不必处处要求别人的认可，如果认可降临，你就坦然地接受它；如果它未能如期而至，你也不要过多地去想它。你的满足应该来自你的工作和生活本身，你的快乐是为你自己，而不是为别人。

第三，时刻审视"职业竞争不相信眼泪"的道理。

在崇尚效率和结果的今天，职业竞争是不相信眼泪的，一个人的成功速度取决于他对不良情绪的调整速度。在日新月异的竞争时代，我们没有时间为刚才发生的事情懊恼不已或追悔莫及，我们能做的就是让那些不愉快的事情如瞬间飘逝的烟云，用阳光迅速驱除消极的阴霾，让自己去享受工作的挑战、生活的美好和生命的过程。

拥有阳光心态，不仅可以让我们拥有强大的魅力，也会让我们周围的人感受到生活中的阳光。阳光心态会让每个人都拥有真正的魅力，让我们的未来更加美好。

冲破禁锢心态的心茧

心态是无法伪装的，也是无法修饰的。从一个人的眼神，面部表情，以及他的言行举止，我们都可以感知这个人的心态处于什么样的水平。一个总是将自己内心的能量禁锢起来的人，即便他伪装得对未来充满信心，总是向他人露出笑脸，我们还是能够感受到他内心的虚弱。

不信，你可以观察生活中那些总是陶醉在回忆旋涡中的人，他们对眼前的世界和生活，要么觉得索然无味，要么觉得百般煎熬，总是打不起精神。在他们的身上，我们不仅看不到任何激情的影子，更感受不到他们的任何力量和气势。

客观地讲，时光不能倒流，无论过去怎样，是失败抑或辉煌，我们都无法回到过去。我们若身处当下，心境却一直处在过去的日子里，就造成心态消极下去，内心情绪就会发生紊乱，无法帮助我们走出困境。

一个夏天的下午，在纽约的一家中国餐厅里，奥里森·科尔在等待着，他感到沮丧而消沉。由于在工作中有几个地方出现错误，他没有做成一项相当重要的项目。即使在等待见他一位最珍视的朋友时，他也不能像平时一样感到快乐。

科尔的朋友终于从街那边走过来了，他是一名了不起的精神病医生。医生的诊所就在附近，科尔知道那天他刚刚和最后一名病人谈完了话。

"怎么样，年轻人，"医生不加寒暄就说，"什么事让你不痛快？"科尔直截了当地告诉他使自己烦恼的事情。医生说："来吧，到我的诊所去。我要看看你的反应。"

医生从一个硬纸盒里拿出一卷录音带，塞进录音机里。"在这卷录音带上，"他说，"一共有三个来看我的人所说的话。当然没有必要说出来他们的名字。我要你注意听他们的话，看看你能不能挑出支配了这三个案例的共同因素，只有四个字。"他微笑了一下。

在科尔听起来，录音带上这三个声音共有的特点是不快活。第一个是男人的声音，显示他遭到了某种生意上的损失或失败。第二个是女人的声音，说她为了照顾寡母，以至于一直没能结婚，她心酸地述说她错过了很多结婚的机会。第三个是一位母亲，因为她十几岁的儿子和警察有了冲突，她一直在责备自己。

在三个声音中，科尔听到他们一共六次用到四个字——"如果，只要"。

"你一定大感惊奇，"医生说，"你知道我坐在这张椅子里，听到成千上万用这几个字作开头的内疚的话。他们不停地说，直到我要他们停下来。有的时候我会要他们听刚才你听的录音带，我对他们说：'如果，只要你不再说"如果""只要"，我们或许就能把问题解决掉！'现在就拿你自己的例子来说吧。你的计划没有成功，为什么？因为你犯了一些错误。那有什么关系？每个人都会犯错误，错误能让我们学到教训。但是在你告诉我你犯了错误，而为这个遗憾、为那个懊悔的时候，你并没有从这些错误中学到什么。"

"你怎么知道？"科尔问道。

"因为，"医生说，"你的心态没有脱离过去式，你没有一句话提到未来。从某些方面来说，你十分诚实，你内心还以此为乐。我们每个人都有一点不太好的毛病，就是喜欢一再讨论过去的错误。因为不论怎么说，在叙述过去的灾难或挫折的时候，你还是主要角色，你还是整个事情的中心人……"

无论是科尔，还是录音中的三位自述者，都是被过去绊住了自己前进的步伐。于是，遗憾、懊恼、抱怨、悔恨等，诸多不良的心态侵袭着自身，禁锢了潜能的自由发挥。同时在这些人的现实生活中也大有体现：他们消沉、沮丧，做什么都打不起精神，甚至本该做起来很快乐的事情也感觉不到丝毫的快乐，更不用谈前进和成功了。

一个人要及时走出过去的阴影和光圈。因为没有一个人是没有过失的，如果有了过失能够下决心去修正，即使不能完全改正，只要继续不断地努力下去，也就对得住自己的良心了。徒有感伤而不从事切实的补救工作，那是最要不得的！

我们应当吸取过去的经验教训，但也不能总在阴影下活着。内疚是对错误的反省，是人性中积极的一面，却属于心态中消极一面。我们应该分清这二者之间的关系，反省之后迅速调整心态，把消极的一面变积极，让积极的一面更积极。

始终拥有积极心态

"君不见，黄河之水天上来，奔流到海不复回。君不见，高堂明镜悲白发，朝如青丝暮成雪。"伟大诗人李白这样感慨时间的有限以及生命的易逝。百年不过为一梦，这一梦，就需要自己好好去设计。既然生命那么有限，我们更不能浪费时间去哀叹这种短暂了，而要用一种积极的心态去面对眼前的生活。这里说到的积极心态，包含触及内心的每件事情——荣誉、自尊、怜悯、公正、勇气与爱。

心态影响着我们潜能的发挥，能够让天堑变通途，腐朽化神奇。积极的心态，能在任何时候享受到花的芳香、阳光的温暖，没有一种东西能阻止积极心态的力量。积极心态帮助人们成就事业。它能使人在忧患中看到机会，看到希望，保持进取的旺盛斗志去克服一切困难。美国心理学家杰弗·P.戴维森认为："积极的心态源于对工作和学习的乐观精神，凡事不要想得太悲观、太绝望，否则你眼中的世界将是一片灰暗、一片混沌，工作起来自然也就打不起精神。"

看待同样的事情，不同的心态，就会拥有不同的想法，吸引来不同的结局。成功无处不在，只有怀着一种积极乐观的态度，才能收获成功。积极与不积极，决定着自身能量的走向。人们不管做什么事情，都要保持良好的心态，抱什么样的心态，就会导致相应结果的产生。行走在生命中的此刻，你不愿意生活没有激情，也不愿意经历失败吧？那么，随时保持一颗积极向上的心是很有必要的。

1939年，德国军队占领了波兰首都华沙，此时，卡亚和他的女友迪娜正在筹办婚礼。卡亚做梦都没想到，他和其他犹太人一样，在光天化日之下被纳粹推上卡车运走，关进了集中营。卡亚陷入了极度的恐惧和悲伤之中，在不断的摧残和折磨中，他的情绪极其不稳定，精神遭受着痛苦的煎熬。一同被关押的一位犹太老人对他说："孩子，你只有活下去，才能与你的未婚妻团聚。记住，要活下去。"卡亚冷静下来，他下定决心，无论日子多么艰难，一定要保持积极的精神和情绪。

所有被关在集中营的犹太人，他们每天的食物只有一块面包和一碗汤。许多人在饥饿和严酷刑罚的双重折磨下精神失常，有的甚至被折磨致死。卡亚努力控制和调适着自己的情绪，把恐惧、愤怒、悲观、屈辱等抛之脑后，虽然他的身体骨瘦如柴，但精神状态却很好。

5年后，集中营里的人数由原来的4000人减少到不足400人。纳粹将剩余的犹太人用脚镣铁链连成一长串，在冰天雪地的隆冬季节，将他们赶往另一个集中营。许多人忍受不了长期的苦役和饥饿，最后死于茫茫雪原之上。在这人间炼狱中，卡亚奇迹般地活下来。他不断地鼓舞自己，靠着坚韧的意志力，维持着衰弱的生命。1945年，盟军攻克了集中营，解救了这些饱经苦难、劫后余生的犹太人。卡亚活着离开了集中营，而那位给他忠告的老人，却没有熬到这一天。若干年后，卡亚把他在集中营的经历写成一本书。他在前言中写道："如果没有那位老者的忠告，如果放任恐惧、悲伤、绝望的情绪在我的心间弥漫，很难想象，我还能活着出来。"是卡亚自己救了自己，是他用积极乐观的情绪救了自己。

卡亚正是凭着这样一种积极的心态才在存活率微乎其微的困境中活了过来，这是积极的想要生存下去的气场在起作用。卡亚的积极心态救了他自己，让他能够运用自己的气场能量抵抗悲观、恐惧、绝望等情绪的侵袭，度过一个又一个艰难的日子。正是因为他积极的心态，他才最终度过了艰难的岁月。如果我们想获得生活的幸福与美满，或者事业的成功与辉煌，不再成为阴霾的奴隶，那么我们就要让心态永远积极。

拥有积极的心态，做自己想做的事，而不是被动地做别人告诉你做的事，你的力量就会逐渐强大起来。这时候，你会发现，任何挫折和困难都不是问题。因为积极的心态会让自己不再胆怯和退缩，让自己永远昂首阔步，走向成功。

完美心态在于容纳不完美

"喜欢月亮的明亮，就要接受它有黑暗与不圆满的时候；喜欢水果的甜美，也要容许它通过苦涩成长的过程。"人生总是"一半一半"，永远都是有缺憾的。

每个人心里都有追求完美的冲动，当他对现实世界的残酷体会得越深时，对完美的追求就会越强烈。这种强烈的追求会使人充满理想，但追求一旦破灭，也会使人充满绝望，他们永远只朝着一个最完美的方向，他们不惜耗尽所有能量，只为追求那精彩的完美一瞬。在生活中，很多人对爱情或者友情给予过高的厚望，当对方不能满足他时，就产生了强烈的负面情绪，损耗了自身的能量。

追求完美能够让我们强大，其本身也并不是错误的。但是，如果我们无法承受自己的不完美，也不能接受在追求完美过程中的失败，那么这种追求对我们所造成的损失会远远超过追求中带来的好处。

要知道，这个世界上没有任何一种事物是十全十美的，或多或少总有瑕疵，我们只能尽最大的努力使之更加美好，却永远不可能做到完美。

有个叫伊凡的青年，读了契诃夫"要是已经活过来的那段人生，只是个草稿，有一次誊写，该有多好"这段话，十分神往，打了份报告递给上帝，请求在他的身上做个试验。上帝沉默了一会儿，看在契诃夫的名望和伊凡的执着份上，决定让伊凡在寻找伴侣一事上试一试。

到了适婚年龄，伊凡碰上了一位绝顶漂亮的姑娘，姑娘也倾心于他，伊凡感到非常理想，他们很快结成夫妻。不久伊凡发觉姑娘虽然漂亮，可她一说话就"豁边"，一做事就"翻船"，两人心灵无法沟通，他把这一次婚姻作为草稿抹了。

伊凡第二次的婚姻对象，除了绝顶漂亮以外，又加上绝顶能干和绝顶聪明。可是也没多久，他发现这个女人脾气很坏，个性极强，聪明成了她讽刺伊凡的利器，能干成了她捉弄伊凡的手段，他不像她的丈夫，倒像她的牛马、她的工具。伊凡无法忍受这种折磨，他祈求上帝，既然人生允许有草稿，请准予三稿。上帝笑了笑，也答应了。

伊凡第三次成婚时，他妻子的优点，又加上了脾气特好一条，婚后两人和睦亲热，都很满意。半年下来，不料娇妻患上重病，卧床不起，一张病态的脸很快抹去了年轻和漂亮。

从道义角度看，伊凡应与她厮守终生；但从生活角度看，无疑是相当不幸的。伊凡的每个婚姻对象都有优点，但也有缺点。伊凡无法忍受这种能量偏差，他认为，人生只有一次，一次无比珍贵，他试探能否再给他一次"草稿"和"誊写"。上帝面有愠色，但最后还是宽容他再作修改。

伊凡经历了这几次折腾，个性已成熟，交际也老练，最后终于选到了一位年轻漂亮能干温顺健康要怎么好就怎么好的"天使"女郎。他满意透了，正想向上帝报告成功时，不想"天使"却要变卦：因为她了解了伊凡是一个朝三暮四、贪得无厌、连病中人也不体恤的浪荡男人，提出要解除婚约。这对伊凡来说是个讽刺，他对"天使"百分百满意，但他曾经对其他人的不公待遇却在"天使"这里得到了回应。"力的作用是相互的"，能量永远是守恒的，他追求完美的气场终于导致这种"被选择"的命运降临在自己身上。

"天使"说，我们许多人被伊凡做了草稿，如果试验是为了推广，难道我们就不能有一次草稿和誊写的机会？满腹狐疑的伊凡，正在人生路上踟蹰，忽见前方新竖一杆路标，是契诃夫二世写的："完美是种理想，允许你修改10次也不会没有遗憾！"

过分苛求完美只能带给自己终身遗憾，允许不完美存在，才是真正完美

的心态。

苏轼词曰:"月有阴晴圆缺,人有悲欢离合,此事古难全。"能够包容不完美的存在,我们才会拥有完美的心态。因为凡事都追求完美的人就会经常去抱怨、去嫉妒等等,这些情绪都会影响自己的心态,让自己的人生充斥着消极和悲观。自己的心态无法积极起来,自然无法发挥出强大的作用了。

改变自己,世界因你而不同

当一个人想要改变世界的时候,必定会做出很多努力和付出,如果把希望寄托在改变别人上,难免会受限于别人而止步不前。智者懂得,改变自己是改变世界的最好方式,他们会把自己当作中心,用心经营自己的心态、改变自己的心态,让自己以更积极的心态对世界做出影响,让自己独立强大的心态对外界进行冲击和引导,无形中对世界做出改变。而在改变世界的过程中,他们的心态日益积极。

在威斯敏斯特教堂地下室里,英国圣公会主教的墓碑上刻着这样的一段话:

当我年轻自由的时候,我的想象力没有任何局限,我梦想改变这个世界。

当我渐渐成熟明智的时候,我发现这个世界是不可能改变的,于是我将眼光放得短浅了一些,那就只改变我的国家吧!但是我的国家似乎也是我无法改变的。

当我到了迟暮之年,抱着最后一丝努力的希望,我决定只改变我的家庭、我亲近的人。但是,唉!他们根本不接受改变。

现在在我临终之际,我才突然意识到:如果起初我只改变自己,接着我就可以依次改变我的家人。然后,在他们的激发和鼓励下,我也许就能改变我的国家。再接下来,谁又知道呢,也许我连整个世界都可以改变。

这段墓志铭令人深思。是的，很多人从一开始就跟墓碑主人一样，选错了前进的方向，越走反而离自己所定的目标越远。这时，我们就要反思自己了，既然改变不了世界，也改变不了别人，那就从改变自己开始吧。方向改变了，你看到的将是另外一种别样的风景。

原一平，美国百万圆桌会议终生会员，荣获日本天皇颁赠的"四等旭日小绶勋章"，被誉为日本的推销之神。其实他小时候脾气暴躁、调皮捣蛋、叛逆顽劣，被乡里人称为无药可救的"小太保"。

有一天，他来到东京附近的一座寺庙推销保险。他口若悬河地向一位老和尚介绍投保的好处。老和尚一言不发，很有耐心地听他把话讲完，然后以平静的语气说："听了你的介绍之后，丝毫引不起我的投保兴趣。年轻人，先努力去改造自己吧！""改造自己？"原一平大吃一惊。"是的，你可以去诚恳地请教你的投保户，请他们帮助你改造自己。我看你有慧根，倘若你按照我的话去做，他日必有所成。"

从寺庙里出来，原一平一路想着老和尚的话，若有所悟。接下来，他组织了专门针对自己的"批评会"，请同事或客户吃饭，目的是为让他们指出自己的缺点。原一平把大家的看法一一记录下来。通过一次次的"批评会"，他把自己身上的劣根性一点点消除了。与此同时，他总结出了含义不同的39种笑容，并一一列出各种笑容要表达的心情与意义，然后对着镜子反复练习。他像一条成长的蚕，悄悄地蜕变。

最终，他成功了，并被日本国民誉为"练出价值百万美金笑容的小个子"，且被美国著名作家奥格·曼狄诺称为"世界上最伟大的销售人员"。

"我们这一代最伟大的发现是，人类可以由改变自己而改变命运。"原一平用自己的行动印证了这句话。你无法让别人对你微笑，但你可以对别人微笑，对每一个你见到的人微笑，你慢慢会发现，你的周围在不知不觉中，已经被微笑包围了。这种心态可以帮助我们淡然地看待生命中出现的各种情况，解决眼前遇到的各种问题。

生活对每个人都是公平的，就看你有没有把握住自己的人生。有的人用习惯的力量让自己抓住了命运的手；有的人虽然最初与命运擦肩而过，但是他们改变了自己，又让命运转回了微笑的脸。

做好你自己吧！也许你不能改变别人、改变世界，但你可以改变自己，进而改变身边的环境，改变自己的生存状态，慢慢地实现自己的梦想。幸福、成功、快乐，一切都掌握在你自己手里。

拿破仑说："一个人能飞多高，并非由其他因素决定，而是由他的心态所致。假如你对自己目前的环境不满意，想力求改变，则首先应该改变你自己。"我们要知道，你才是你自己的中心，一个人无须刻意追求他人的认可，只要你保持这种心态，按自己的方式生活，生活中没有什么可以压倒你，你可以活得很快乐、很轻松。因为生活中原本就没有什么一成不变的条条框框，只要你去改变，世界也会随着你变。成为通过改变自己而改变世界的人，你就是最聪明、最强大的人！

第三节

人一生必备的9种黄金心态

希望：给自己种下"希望的种子"

在心中播下希望的种子，这样你就能够在艰苦的岁月里抱有一份希望，不至于被各种困难吓倒，最终走出困境，达到梦想的目标。世事无常，我们随时都会遇到困厄和挫折。当遇见生命中突如其来的困难时，你都是怎么看待的呢？不要把自己禁锢在眼前的困苦中，眼光放远一点，当你看得见成功的未来远景时，你就会不畏艰难险阻。

希望是引爆生命潜能的导火索，是激发生命激情的催化剂。自己给生活带来希望的人，每天都将活得生机勃勃、激昂澎湃，我们将忘记叹息和悲哀，不再将生命浪费在一些无足轻重的小事上。

当我们处于厄运的时候，当我们面对失败的时候、当我们面对重大灾难的时候，只要我们仍能在自己的生命之杯中盛满希望之水，那么，无论遭遇什么样的坎坷和不幸之事，我们都能永葆快乐心情，我们的生命才不会枯萎。

我们要懂得给自己种下希望的种子，让它生根发芽。然后变成最美丽的大树。

"二战"时期，在纳粹集中营里，一个叫玛莎的犹太女孩写过这样一首诗：

这些天里我一定要节省，虽然我没钱可节省

我一定要节省健康和力量，足够支持我很长时间

我一定要节省我的神经我的思想我的心灵和我精神之火

我一定要节省流下的泪水

我需要它们安慰我

我一定要节省忍耐，在这些风暴肆虐的日子

在我的生命里我有那么多需要的

情感的温暖和一颗善良的心

这些东西我都缺少

这些我一定要节省

这一切，上帝的礼物，我希望保存

我将多么悲伤

倘若我很快就失去了它们

即使在随时都可能死去的时刻，玛莎仍然热爱着生命。她节省泪水、节省精神之火，用稚嫩的文字给自己弱小的灵魂取暖，用坚韧的希望照亮黑暗的角落。很多人在绝望中死去，而这个当时只有12岁的小女孩玛莎，终于等到了"二战"结束，看见了新生的曙光。

人在任何时候都不应该放弃希望，希望是生命的维系。只要一息尚存，就要追求、就要奋斗。无论面对怎样的环境，面对再大的困难，都不能放弃对生活的热爱。

内心充满希望，它可以为你增添一分勇气和力量，它可以支撑起你一身的傲骨。当莱特兄弟研究飞机的时候，许多人都讥笑他们是异想天开，当时甚至有句俗语说："上帝如果有意让人飞，早就使他们长出翅膀。"

我们生活在一个竞争十分激烈的社会，有时在某方面一时落后，有时困难重重，有时失败连连，有时甚至被人嘲笑……但无论什么时候，我们都不能放弃努力，要为自己播下希望的种子。

1942年，德国人围住列宁格勒。普京在回忆当时的情况时说，每天都有人饿死。饥饿让人变得疯狂。不少人看上了研究所的那些粮食，这可能是当时列宁格勒城中唯一储备大量粮食的地方。

驻守的军队来过，可是科学家说，这是种子，是苏维埃将来的希望，如果希望没了，那么国家就没了，无奈下驻守军队撤退了。

前线浴血奋战的将军也来过，他要把粮食全部交给军队，因为部队马上要坚持不住了，如果没有粮食，战士们都会饿死在战场上。但科学家说，这是种子，不能吃掉。将军暴跳如雷，但科学家告诉他们："当我们打退了德国人，农民们可以用这些种子过上幸福的生活。"将军听完，向科学家敬礼，然后带领士兵离开了。

几个月后，看守仓库的科学家饿死在粮堆旁。列宁格勒的那座粮仓，成为世界粮食史上的一个奇迹。

科学家保住了希望的种子，他留给后人的是无尽的财富与更大的希望。高情商的人都应该具备这样的心态。

在不断前进的人生中，凡是能看得见未来的人，也一定能掌握现在，因为明天的方向他已经规划好了，知道自己的人生将走向何方。留住心中的"希望种子"，相信自己会有一个无可限量的未来，心存希望，任何艰难都不会成为我们的阻碍。只要怀抱希望，生命自然会充满激情与活力。

以下建议可以让我们充满希望：

★越担惊受怕，就越会遭遇灾祸。因此，一定要懂得积极态度所带来的力量，希望和乐观能引导你走向胜利。

★即使处境危难，也要寻找积极因素。这样，你就不会放弃取得微小胜利的努力。你越乐观，克服困难的勇气就越会倍增。

★以幽默的态度来接受现实中的失败。有幽默感的人，才有能力轻松地克服困难，有更好的心态面对生活。

★既不要被逆境困扰，也不要幻想出现奇迹，要脚踏实地，坚持不懈，全力以赴去争取胜利。

★不管多么严峻的形势向你逼来，你也要努力去发现有利的因素，这样，自信心自然也就增强了。

★不要把悲观作为保护你的缓冲器。乐观是希望之花，能赐人以力量。

★当你失败时，你要想到你曾经多次获得过成功，这才是值得庆幸的。如果10个问题，你做对了5个，那么还是完全有理由庆祝一番，因为你已经成功地解决了5个问题。

★在闲暇时间，你要努力接近乐观的人，观察他们的行为。通过观察和学习，能培养自己乐观的态度，乐观的火种会慢慢地在你内心点燃。

生活中不可能总是阳光明媚的艳阳天，狂风暴雨随时都有可能来临。每一个人都要以一种勇敢的人生姿态去迎接命运的挑战，跌倒了再爬起来，坚持下去，种下希望的种子，就一定能成功。

一个人最大的危险是迷失自己，特别是在苦难接踵而至的时候。命运的天空被涂上一层阴霾的乌云，但高情商者始终高昂着那颗不愿低下的头。因为他心中有盏灯，能点亮所有的黑暗，那盏灯就是高情商者永远都不会放弃的希望。无论一个人多么不幸，无论生活有多么难，只要心中有希望，就一定能走出阴霾。

乐观：悲观者的天敌

积极向上的生活态度，对幸福生活的主动追求，需要你总是乐观，乐观的人总能以阳光的心态迎接生活。

牛顿曾说过："愉快的生活是由愉快的思想造成的，愉快的思想又是由乐观的个性产生的。"乐观的人总是变通地看待生活和问题，他们总能在困难和不幸中发现美好的事物。他们总向前看，他们相信自己，相信自己能主宰一切，包括快乐和痛苦。

玛格丽特·莫斯是新西兰一位建筑商的女儿，移居美国后，曾在休斯敦一家电视台工作，1990年起任CNN摄影记者。1992年6月，她被派往萨拉热窝进行战地采访。在那里，曾有多名记者丧生。

莫斯在萨拉热窝逗留6个星期，虽然每天都很危险，但是她热爱自己的工作，即使危险，她也勇往直前。然而好运没有一直伴着她。

一天清早，她正在车里，一颗子弹击穿车玻璃，正好击中她的脸部。这是致命的打击，子弹几乎掀掉了她的半边脸，她的颧骨被打得粉碎，牙齿没有了，舌头被打断。送到诊所时，大夫们直摇头，认为她不行了，肯定没存活的希望了。

然而，奇迹就发生了。经过20多次手术后，她又奇迹般地回到了工作岗位。这时的她，下颌仍无感觉，脸部还留着弹片，体重减轻了8千克，她从一个美丽的女孩变成了一个面部狰狞的人。令大家吃惊的是，她要求重返萨拉热窝。

她幽默地说："说不定我还能在那里找回我的牙齿。"她甚至想认识一下当初袭击她的枪手。有人问她，见到那个枪手后怎么办。她说："我会请他喝一杯，问他几个问题，比方说当时距离有多远。"

莫斯面对厄运的乐观态度证明她是一个具有坚韧毅力的女孩，她还用幽默的态度对待悲剧，正是这种乐观的性格，使她能够迅速摆脱挫折的阴影，积极地投入到新的生活中去。

乐观是积极情绪，高情商的人都有一个乐观的心态，所以他们都是幸福的。其实幸福本没有绝对的定义，许多平常的小事往往能撼动你的心灵。能否体会幸福，只在于你的心怎么看待。想要拥有幸福的生活，就要怀有一颗乐观的心。

哈佛告诉学生：真正的快乐来自内心体验和乐观心态。而金钱、名车、豪宅等那些外部的条件并不能成为你真正快乐的来源。

我们要善于发现事情光明的一面。要想赢得人生、做一个高情商的人，就不能总把目光停留在那些消极的东西上，那只会使我们沮丧、自卑，徒增烦恼，还会影响我们的身心健康。结果，我们的人生就可能被消极的阴影遮蔽它本该有的光辉。

我们要选择正面，便能乐观自信地舒展眉头，面对一切。选择背面，我们就只能是眉头紧锁，郁郁寡欢，最终成为人生的失败者。悲观失望的人在挫折面前，会陷入不能自拔的困境；乐观向上的人即使在绝境之中，也能看到一线生机，并为此而努力。

爱默生经常以愉快的方式来结束每一天。他告诫人们："时光一去不返，每天都应尽力做完该做的事。疏忽和荒唐在所难免，要尽快忘掉它们。明天将是新的一天，应当重新开始，振作精神，不要使过去的错误成为未来的包袱。"

令人后悔的事情，在生活中经常出现。许多事情做了后悔，不做也后悔；许多人遇到了后悔，错过了更后悔；许多话说出来后悔，不说出来也后悔……人生没有回头路，也没有后悔药。过去的已经过去，你再也无法重新设计。一味后悔，只会让你错过未来的美好，给未来的生活增添阴影。

诗人胡德说：到处都有明媚宜人的阳光，勇敢的人一路纵情歌唱。即使在乌云的笼罩之下，他也会充满对美好未来的期待，跳动的心灵一刻都不曾沮丧悲观；不管他从事什么行业，他都会觉得工作很重要、很体面；即使他穿的衣服褴褛不堪，也无碍于他的尊严；他不仅自己感到快乐，也给别人带来快乐。

"人要看到事物阳光灿烂的一面。"这个世界应该更加光明、更加美好，如果我们懂得保持快乐是自己的责任，懂得开开心心地生活，那么，这个世界就会美妙多了。每天都快乐地生活，也是让别人幸福的最好保证。

高情商的人对生活抱一种乐观的态度，所以他们就不会稍有不如意就自怨自艾。大部分终日苦恼的人，实际上并不是遭受了多大的不幸，而是自己的内心素质存在着某种缺陷，存在对生活的认识偏差。事实上，生活中有很多坚强的人，即使遭受不幸，精神上也会岿然不动。生活是喜怒哀乐之事的总和。我们必须清楚，不顺心、不如意是人生不可避免的一部分，这些都不是我们个人的力量所能左右的。明白了这一点，我们就会对生活抱一种达观的态度，而当这种态度占据一个人的心灵后，他就拥有了阳光的心态。

你是个乐观主义者，还是个悲观主义者？你是透过亮丽的镜子，还是灰暗的镜子来看待人生？做完这套试题，你就明白了。

1.如果半夜里听到有人敲门，你会认为那是坏消息，或是有麻烦发生了吗？

2.你随身带着安全别针或一根绳子，以防衣服或别的东西裂开了吗？

3.你跟人打过赌吗？

4.你曾梦想过赢了彩票或继承一大笔遗产吗？

5.出门的时候，你经常带着一把伞吗？

6.你会用大部分的收入买保险吗？

7.度假时你曾经没预订宾馆就出门吗？

8.你觉得大部分的人都很诚实吗？

9.外出度假时，把家门钥匙托朋友或邻居保管，你会把贵重物品事先锁起来吗？

10.对于新的计划你总是非常热衷吗？

11.当朋友表示一定会还时，你会答应借钱给他吗？

12.大家计划去野餐或烤肉时，如果下雨你仍会按原计划行动吗？

13.在一般情况下，你信任别人吗？

14.如果有重要的约会，你会提早出门以防塞车或别的情况发生吗？

15.每天早上起床时，你会期待美好一天的开始吗？

16.如果医生叫你做一次身体检查，你会怀疑自己有病吗？

17.收到意外寄来的包裹时，你会特别开心吗？

18.你会随心所欲地花钱，等花完以后再发愁吗？

19.上飞机前你会买保险吗?

20.对未来的生活充满希望吗?

评分标准:

每道题答"是"得1分,答"否"得0分,计算总分。

结果分析:

0~7分:你是个标准的悲观主义者,看人生总是看到不好的那一面。解决这一问题的唯一办法,就是以积极的态度来面对每一件事和每一个人,即使偶尔会感到失望,你仍可以增加信心。

8~14分:你对人生的态度比较正常。不过你仍然可以再一进步,只要你学会以积极的态度来应付人生的起伏,那么你的人生将充满幸福。

15~20分:你是个标准的乐观主义者。看人生总是看到好的一面,将失望和困难摆到一旁,不过过分乐观也会使你对事情掉以轻心,反而误事。

幽默:情绪的开心果

生活中需要幽默,幽默是高情商的表现,它更是管理自我应具备的心态。发现幽默,它是情绪的开心果;应用幽默,它可缓解矛盾,调节心情,促使心理处于相对平衡状态。著名的喜剧大师卓别林曾说:"通过幽默,我们在貌似正常的现象中看出了不正常的现象,在貌似重要的事物中看出了不重要的事物。"

生活中的你,是整天一副严肃的表情,还是常能于妙趣横生中化干戈为玉帛呢?幽默并不仅仅是一种单纯的说笑,它还是一种智慧的迸发、善良的表达,是交往的润滑剂,更是一种胸怀和境界。幽默不仅能增加你和他人之间的友谊,更能使一些误解得到消除。幽默就像阳光一样,可以使这个世界变得温暖明媚。

幽默的人生是乐趣无穷的人生。学会和善于运用幽默,会令我们的工作、生活更为丰富和快乐。幽默的方式方法有多种,从其性质来看,有滑稽的、荒谬的,有出人意料的,有戏谑、诙谐、反讽、挖苦等。需要强调的是，运用幽默谈吐时，要考虑场合和对象。一般情况下，在日常社交场合中，可多用幽默；在学术性或政治性交往活动中则要慎用幽默，应注意不适当的幽默会削弱听众对主题的注意；对待敌人、恶人则要用讽刺性幽默，以便在用幽默讥讽、鞭挞对方的同时，又不至于失去风度。

一位年轻的画家拜访德国著名的画家阿道夫·门采尔，向他诉苦说："我真不明白，为什么我画一幅画只用一会儿工夫，可卖出去却要整整一年。""请倒过来试试吧，亲爱的。"门采尔认真地说，"要是你花一年的工夫去画它，那么只用一天，准能卖掉它。"那个画家笑了。

门采尔对画家所说的话不仅化解了那个画家的郁闷，而且幽默中蕴涵深刻哲理，让人们在笑声中增长智慧。

幽默在日常生活中是很重要的，它充当着调味剂，让我们的生活更加有滋有味。它能使严肃、紧张的气氛顿时变得轻松、活泼，它能让人感受到说话人的温厚和善意，使其观点变得很容易让人接受。

然而真正的幽默是充满智慧的。在日常生活中，常有人由于言语不慎而使我们身处窘境，或是向我们提一些非分的请求，或是问一些我们不好回答或暂时不知道答案的问题。此时，我们如果直接表明"不满意""不可能"或"无可奉告""不知道"，往往会给彼此带来不快。如果我们想从窘境中脱身而出，不妨借用幽默的力量。

有一次，萧伯纳为庆贺自己的新剧本演出，特发电报邀请邱吉尔看戏："今特为阁下预留戏票数张，敬请光临指教。并欢迎你带友人来——如果你还有朋友。"邱吉尔看到后立即复电："本人因故不能参加首场公演，拟参加第二场公演——如果你的剧本能公演两场。"邱吉尔善用幽默的特点由此可见一斑。

不仅在生活中如此，即便是在政治上，邱吉尔也能够将这种智慧应用自如。邱吉尔有一个习惯，即洗澡后裸着身体在浴室里来回踱步，以事休息。

"二战"期间，有一次，邱吉尔来到白宫，要求美国给予军事援助。当他正在白宫的浴室里光着身子踱步时，有人敲浴室的门。"进来吧，进来吧。"他大声喊道。

门一打开，出现在门口的是罗斯福。他看到邱吉尔一丝不挂，便转身想退出去。"进来吧，总统先生。"邱吉尔伸出双臂，大声呼喊，"大不列颠的首相是没有什么东西需要对美国总统隐瞒的。" 看到此景的罗斯福会心一笑，也被邱吉尔的机智幽默所折服。

就是通过这样直白坦率而又幽默的方式，邱吉尔最终赢得了美国总统的信任，让美国和英国结成了同盟，从而帮助自己的国家走出了困境。邱吉尔的幽默是一种智慧的力量。

然而，幽默并非天生就有，而是需要自己用心培养。那么，怎样培养幽默感呢？

★首先要领会幽默的真正含义

幽默不是油腔滑调，也非嘲笑或讽刺。正如有位名人所言：浮躁难以幽默，装腔作势难以幽默，钻牛角尖难以幽默，捉襟见肘难以幽默，迟钝笨拙难以幽默，只有从容、平等待人、超脱、游刃有余、聪明透彻，才能幽默。

★观察幽默的人

我们观察幽默的人，其实从他们身上学会幽默的节奏。幽默的人其实都有一种节奏，你可以通过现场观察来学习。你有意识或者无意识地就学会了别人的这种模式，用一种新的思维方式来替代过去的缺少幽默的方式。因此，我们的生活中一定要有一些幽默的人存在，或者是我们制造一些幽默的人存在——去读马克·吐温的作品，读钱锺书和林语堂，我们也可以尝试着用一种幽默的眼光去读那些名著。俗话说熟读唐诗三百首，不会作诗也会吟，当我们熟读幽默大师的作品时，我们自己的节奏也就会变得幽默了。

★扩大知识面

幽默是一种智慧的表现，它必须建立在丰富的知识基础上。一个人只有拥有了审时度势的能力、广博的知识，才能做到谈资丰富，妙言成趣，从而做出恰当的比喻。因此，要培养幽默感，必须广泛涉猎，充实自我，不断从浩如烟海的书籍中收集幽默的浪花，从名人趣事的精华中撷取幽默的宝石。

★打破常规模式

如果我们总是处在一成不变的环境中，很容易变得审美疲劳，自然也就缺少了很多幽默的活力。如果我们能偶尔改变一下自己的处境，或者是结识一些新的朋友，我们会发现值得自己高兴的事情有很多。

★培养敏锐的洞察力

提高观察事物的能力，培养机智、敏捷的能力，是提高幽默的一个重要方面。只有迅速地捕捉事物的本质，以诙谐的语言做出恰当的比喻，才能使人们产生轻松的感觉。当然，在幽默的同时还应注意，重大的场合总是不能马虎，不同问题要不同对待，在处理问题时要极具灵活性，做到幽默而不俗套，使幽默为人们的精神生活提供真正的养料。

感恩：是一种生活态度

感恩源于一颗懂得珍惜的心灵，更是一种被放大的爱。因为拥有感恩之心的人会主动回馈命运的恩赐，那些爱则会以辐射状向四周散发，惠及身边每一个需要帮助的人。最初，这种感恩之心可能只是一种内在的精神修炼，但是时间长了，便会成为一种惠及他人的广阔胸怀。

懂得感恩的人，不会只把感恩之心停留在精神层面，他们会通过各种方式的行为来回馈命运的恩赐，即使只是对卑微生命的悲悯，却也承载着他们的一番心意。

"我的手还能活动；我的大脑还能思维；我有终生追求的理想；我有爱我和我爱着的亲人与朋友；对了，我还有一颗感恩的心……"

谁能想到这段豁达而美妙的文字，竟出自一位在轮椅上生活了30余年的高位瘫痪的残疾人——世界科学巨匠霍金。

命运之神对霍金，在常人看来是苛刻得不能再苛刻了：他口不能说，腿不能站，身不能动。可他仍感到自己很富有：一根能活动的手指，一个能思考的大脑……这些都让他感到满足，并对生活充满了感恩之心。因而，他的人生是充实而快乐的。

与霍金相比，我们有的人什么也不缺，要手有手，要脚有脚，要金钱有金钱，可生活给了他一点磨难，他就开始怨天尤人了。这样的人没有感恩之心，快乐也就与他失之交臂。

感受和感激他人恩惠的能力，是我们维护自己的内心安宁感、提高自己的幸福充裕感必不可少的心理能力。"滴水之恩，当涌泉相报"的原意就是告诉人们要知道回报。在社会中，知道感谢，怀有一颗感恩之心是很必要的，可促进社会各成员、群体、阶层、集团之间的关系相处融洽、协调，促进人与人之间互相尊重、信任、帮助。

在一个小镇上，饥荒让所有贫困的家庭都面临着危机。小镇上最富有的人要数面包师卡尔了，他是个好心人。为了帮助人们度过饥荒，他把小镇上最穷的20个孩子叫来，对他们说："你们每一个人都可以从篮子里拿一块面包。以后你们每天都在这个时候来，我会一直为你们提供面包，直到你们平安地度过饥荒。"

那些饥饿的孩子争先恐后地去抢篮子里的面包，有的为了能得到一块大点的面包甚至大打出手。面包师注意到一个叫格雷奇的小女孩儿，在别人抢完以后，她才到篮子里去拿最后的一小块面包，她还亲吻面包师的手，感谢他为自己提供食物，然后拿着它回家。面包师想："她一定是回家和自己的家人一起分享那一小块面包，多么懂事的孩子呀！"

第二天，格雷奇拿着面包到家后，当她妈妈把面包掰开的时候，一个金币从面包里掉了出来。妈妈惊呆了，对格雷奇说："这肯定是面包师不小心掉进来的，赶快把它送回去吧。"小女孩儿拿着金币来到了面包师家里，对他说："先生，我想您一定是不小心把金币掉进了面包里。"面包师微笑着说："我是故意把这块金币放进最小的面包里的。你是一个懂得感恩的女孩子，这块金币算是对你的奖赏。"

故事告诉我们，要想拥有幸福的生活，首先就要怀有一颗感恩的心。有一颗感恩的心，才更懂得尊重：尊重生命、尊重劳动、尊重创造。有一颗感恩的心，会让我们的社会多一些宽容与理解，少一些指责与推诿，多一些和谐与温暖，少一些争吵与冷漠，多一些真诚与团结，少一些欺瞒与涣散……

如果你改变不了世界，那就改变你自己吧，换一种眼光去看世界，你会发现所有的磨难其实都是促进你生命成长的"清新氧气"，都是值得你感恩的。

怀着感激去生活，我们便拥有了一份理智、一份平和、一份进取，才不会浮躁、不会抱怨、不会悲观，更不会放弃，人们常说，保持微笑可以延缓衰老，使我们更显年轻，而常怀感激则会使我们的心永远充满希望，生机盎然。

巴西是一个足球王国，大人小孩都喜欢踢足球。在里约热内卢的一个贫民窟里，有这样一个男孩，他非常喜欢足球，可是又买不起，于是就踢塑料盒，踢汽水瓶。

碰巧有一天，当他在一个干涸的小池塘里猛踢一只猪膀胱时，被一位足球教练看见了，他发现这男孩子踢得很是那么回事，便送给他一只足球。小男孩得到足球后踢得更卖劲了，不久，他就能准确地把球踢进远处随意摆放的一只水桶里。

这时，圣诞节快到了，男孩的妈妈说："我们没有钱买圣诞礼物送给我们的恩人，就让我们为他祈祷吧。"小男孩跟妈妈祷告完毕，向妈妈要了一只铲子跑了出去，他来到教练别墅前的花圃里，开始挖坑。

男孩正在吃力地挖坑的时候，教练从别墅里走了出来，他问小孩在干什么。小男孩抬起满是汗珠的脸蛋，说："教练，圣诞节到了，我没有礼物送给您，我愿给您的圣诞树挖一个树坑。"

过了3年后，这位17岁的小男孩在1958年世界杯上率领巴西队第一次捧回金杯。一个原本不为世人所知的名字——贝利，随之传遍世界。小贝利用自己的实际行动，表达了对教练的爱心和感激，他因此也得到教练的喜爱和培养，最终成为世界球王。

没有没意义的生活，只有不懂感谢的人。生活中有许多人值得我们去感谢：朋友、家人、老师、同事，甚至是陌生人……

感恩之心会给我们带来无尽的快乐。为生活中的每一份拥有而感恩，能让我们知足常乐。感恩是把所有的拥有看作是一种荣幸、一种鼓励，在深深感激之中产生回报的积极行动，与他人分享自己的拥有。感恩之心使人警醒并积极行动，更加热爱生活，创造力更加活跃；感恩之心使人向世界敞开胸怀，投身到仁爱行动之中。没有感恩之心的人，永远不会懂得爱，也永远不会得到别人的爱。

拥有感恩之心的人，会随时得到快乐，正如康德所说："在晴朗之夜，仰望天空，就会获得一种快乐，这种快乐只有高尚的心灵才能体会出来。"

而一个不知道感恩的人，只会向别人索取，而不能给予社会什么，他只能是一个自私自利的人，更严重的是，他们会因此更觉得生活缺少快乐，无法相互给予。他们将无法融入社会大家庭，甚至，他们的生存将会受到威胁，以致产生极端心理，做出危害社会的行为。

懂得感恩并怀有一颗感恩的心，便如那聚焦镜，把周围人的关爱收集到自己的心里，在阳光下，享受着阳光带来的温暖；而在没有阳光的时候，会用蕴藏在心中的暖意给自己取暖，等待着阳光的再次到来。虽身处一样的红尘，可懂得感谢的人却拥有更多的温暖和幸福。

如果你有一颗感恩的心，你会对你所遇到的一切都抱着感激的态度，这样的态度会使你消除怨气。早上起来的时候，你看到窗外的阳光，你会感恩；吃一块面包，你会感恩；接到朋友的电话，你会感恩；在树上看到一只鸟在唱歌，你会感恩；看到猫咪睡在你的床头，你会感恩；然后你的一天乃至你的一生，就在这感恩的心情中度过，那你还有什么不幸福的呢?

包容：海纳百川的度量

人与人之间需要包容，包容是海纳百川的度量，包容更能让我们去影响他人，从而成就自己。

服装界有名的商人史瓦兹是一个善于容人的经营者，他的成功就和他善于包容不同个性人才的品格有很大关系。

史瓦兹刚入服装行业的时候，有一次他拿着样衣经过一家小店，却无缘无故地被店主讥讽嘲笑了一通，说他的衣服只能堆在仓库里，再过10年也卖不出去。史瓦兹并未反唇相讥，而是诚恳地请教，这小店主说得头头是道。

史瓦兹大惊之下，愿意高薪聘用这位怪人。没想到这人不仅不接受，还讽刺了史瓦兹一顿。史瓦兹没有放弃，运用各种方法打听，才知道这小店主居然是一位极其有名的服装设计师，只是因为他自诩天才、性情怪僻而与多位上司闹翻，一气之下发誓不再设计服装，改行做了小商人。

史瓦兹弄清原委后，三番五次登门拜访，并且诚心请教。这位设计师仍然是火冒三丈，劈头盖脸地骂他，坚决不肯答应。史瓦兹毫不气馁，常去看望他，经常和他聊天并给予热情的帮助。这位怪人到最后也很不好意思了，终于答应史瓦兹，但是条件非常苛刻，其中包括他一旦不满意可以随意更改设计图案，允许他自由自在地上班。史瓦兹都一一答应。果然，这位设计师虽然常顶撞史瓦兹，让他下不了台，但其创造的效益很巨大，帮助史瓦兹建立了一个庞大的服装帝国。

善于容人就要掌控好自己的情绪，这样才可能去容忍他人个性上的缺点。这位设计师的脾气不可谓不怪异，甚至有点恃才傲物，但是史瓦兹慧眼识金，懂得他的价值所在，对他的缺点和不足都一一宽容，使他帮助自己走上了事业的成功之路。

林肯的强敌斯坦顿因为某些原因而憎恨他，斯坦顿想尽办法在公众面前侮辱他，毫无保留地攻击他的外表，故意制造事端为难他。尽管如此，当林肯当选美国总统，需要选一位最重要的参谋总长时，他没选别人，而选了斯坦顿。

当消息传出时，一片哗然，街头巷尾议论纷纷。林肯不为所动，他回答说："我认识斯坦顿，我也知道他从前对我的批评，但为了国家前途，我认为他最适合这份职务。"果然，斯坦顿为国家以及林肯做了不少的事。

过了几年，当林肯被暗杀后，许多颂赞的话语都在形容这位伟人。然而，所有颂赞的话语中，要数斯坦顿的话最有分量了。

他对躺在福特戏院里的林肯说："这里躺着有史以来最完美的统治者。"

林肯总统的一生是仁爱的象征，他用宽容这种高贵的力量征服了一个又一个政治对手，有许多人还因此成为他的忠实追随者。当时的战争部长斯坦顿，以及著名的拖延将军麦克莱伦等，他都用一颗博大的心来宽恕他们的辱骂与诅咒，并最终赢取了他们的支持和拥护。

气量是一种高尚的人格修养，一种成大事的大将风度。气量实际上反映了一个人的素养和品性。气量的真正内容是宽容，用博大的态度对待他人，就等于给自己送了一份价值不菲的礼物。生活里多一点宽容，生命就会多一份空间和爱心，多一分温暖和阳光。

包容是心与心的交融，无语胜有声；包容是仁者的虔诚，是智者的宁静。正因为深邃的天空容忍了雷电风暴一时的肆虐，才有风和日丽；辽阔的大海容纳了惊涛骇浪一时的猖獗，才有浩渺无垠。

一个人20多岁时被人陷害，在牢房里待了10年。后来冤案告破，他终于走出了监狱。出狱后，他开始了几十年如一日的反复控诉、咒骂："我真不幸，在最年轻有为的时候遭受冤屈，在监狱度过本应最美好的一段时光。那样的监狱简直不是人居住的地方……"

75岁那年，在贫病交加中，他终于卧床不起。弥留之际，牧师来到他的床边："可怜的孩子，去天堂之前，忏悔你在人世间的一切罪恶吧……"牧师的话音刚落，病床上的他声嘶力竭地叫喊起来："我没有什么需要忏悔，我需要的是诅咒，诅咒那些施与我不幸命运的人……"

牧师问："你因受冤屈在监狱待了多少年？离开监狱后又生活了多少年？"他恶狠狠地将数字告诉了牧师。牧师长叹了一口气："可怜的人，你真是世上最不幸的人，他人囚禁了你区区10年，而当你走出监牢本应获取自由的时候，你却用心底里的仇恨、抱怨、诅咒囚禁了自己整整50年！"

记恨的心理对我们的情绪起了不可低估的作用。有人今天记恨这个，明天记恨那个，结果朋友越来越少，对立者越来越多，严重影响人际关系和社会交往，最终成为"孤家寡人"。

人与人之间常常因为一些彼此无法释怀的坚持，而造成永远的伤害。如果我们都能从自己做起，开始包容地看待他人，就能让自己活得更自在、更轻松。别忘了，帮别人开启一扇窗，也是让自己看到更完整的天空。

包容是一种大度，一种豁达。包容心能够容纳万物。心旷为福之门，心狭为祸之根。心胸坦荡，不以世俗荣辱为念，不为世俗荣辱所累，不为凡尘琐事所扰，不为痛苦烦闷所惊，就会活得轻松、潇洒、磊落、舒心。

面对许多不愉快的事情，如果我们都能够换位思考，那么矛盾就会趋于缓和，误会也能消融。当你熟悉的人伤害了你时，想想他往日在学习或生活中对你的帮助和关怀，以及他对你的一切好处，这样，心中的火气、怨气就会大减，就能以包容的态度谅解别人的过错或消除相互之间的误会，化解矛盾，和好如初。这样，包容的是别人，受益的是自己。无论在学习和生活中遇到何种不顺利的事情，你都可以在一言一行之间，显示出包容、仁爱的心态，你将因此受用一生。

包容，意味着你有良好的心理。包容，对人对己，都可成为一种无需投资便能获得的精神补品。学会包容不仅有益于身心健康，而且对赢得友谊、保持家庭和睦、婚姻美满，乃至事业的成功都是必要的。多一点包容，少一些计较，有了一颗坦荡的心，无论做任何事，都会感到愉快而宁静。

豁达：衡量风度的标尺

在生活中，常常会见到这样一类人：他们受到一点委屈便斤斤计较、耿耿于怀；听到别人的批评就接受不了，甚至痛哭流涕；对学习、生活中一点小失误就认为是莫大的失败、挫折，长时间寝食难安；人际交往面窄，只同与自己一致或不超过自己的人交往，容不下那些与自己意见有分歧或比自己强的人……这些人就是典型的狭隘型性格的人。

其实为人处世，要有"豁达大度"的胸怀。豁达，即性格开朗；大度，即气量宏大。合起来就是说，我们在处理人际关系时，要气量宽宏，能够容人。气量和容人，犹如器之容水，器量大则容水多，器量小则容水少，器漏则上注而下逝，无器者则有水而不容。

气量大的人，能和各种不同性格、不同脾气的人都处得来；能兼容并包，听得进批评自己的话；也能忍辱负重，经得起误会和委屈。

牛顿考入大学。当时，他还是个年仅18岁的少年。有幸得到导师伊萨克·巴罗博士的悉心教导。巴罗是当时知名的学者，他把毕生所学毫无保留地传授给了牛顿。牛顿大学毕业后，继续留在该校当研究生，不久就获得了硕士学位。

又过了一年，牛顿26岁，巴罗以年迈为由，辞去数学教授的职务，积极推荐牛顿接任他的职务。其实巴罗这时还不到花甲，更谈不上年迈，他辞职是为了让贤。从此，牛顿就成了学校公认的大数学家，还被选为三一学院管理委员会成员，在这座高等学府中从事教学和科研工作长达30年之久。他的渊博学识和辉煌的科学成就，都是在这里取得的。

而牛顿这些成绩的取得与巴罗博士的教导、让贤密不可分。可以说，牛顿的奖章中，巴罗也有一半。

在这个故事中，巴罗用他的豁达和大度为我们做了很好的榜样。一个人若有宽宏的度量，他的身边就会集结起大群的知心朋友。大度，表现为对人、对友能求同存异，以事业上的志同道合为交友基础。大度，也表现为能听得进各种不同意见，尤其能认真听取相反的意见。大度，还要能容忍朋友的过失，尤其是当朋友对自己犯有过失时，能不计前嫌，一如既往。大度，更应表现为能够虚心接受批评，发现自己的过失便立即改正，和朋友发生矛盾时，能够主动检查自己，而不文过饰非，推诿责任。大度者，能够关心人、帮助人、体贴人，责己严，待人宽。

雨果曾说过："没有豁达就没有宽容。无论你取得多大的成功，无论你爬过多高的山，无论你有多少闲暇，无论你有多少美好的目标，如果没有宽容心，你仍然会遭受内心的痛苦。世界上最大的是海洋，比海洋更大的是天空，比天空更大的是人的胸怀。"

豁达的度量，从根本上说是来自一个人宽广的胸怀。一个人倘若没有远大的生活理想和目标，其心胸必然狭窄，就像马克思所形容的那样：愚蠢庸俗、斤斤计较、贪图私利的人，总是看到自以为吃亏的事情。眼睛只盯着自己的私利，根本不可能有豁达和宽容的胸怀和度量。"心底无私天地宽"，只有从个人私利的小圈子中解放出来，心里经常装着更远、更大目标的人，才能具备宽广的胸怀，领略到海阔天空的精神境界。

然而豁达不仅表现在与人交往中，也表现在对人生的豁达上。

在戴尔·卡耐基小的时候，有几年旱灾非常严重。那时整个美国经济大萧条，农民受到更大的煎熬，没有人知道到底是什么原因让春天该来的雨缺席了，使新种的玉米和小麦得不到雨水的滋润。卡耐基的父亲把他所存下来的一点点积蓄都花在做种子用的玉米上了。

卡耐基看到家里最后的一点钱都换成了种子，他一直在担心，父亲怎么敢将种子撒在那片土地上，种子可能会干枯而一无所获。于是，他问父亲："为什么要冒这个险呢？"

"不会冒险的人永远不会成功！"这是父亲的哲学。只要无惧于尝试，就没有人会彻底失败。

然而，小河里的水日趋减少并干涸，随后，整个夏季被大旱折磨着，河流干枯了，鱼儿一条条死去，最可怕的是，谷物全都枯萎了。

到了秋天收获时，卡耐基的父亲从这半英亩土地上仅获得了半辆货车都不到的玉米。卡耐基忘不了父亲那晚在餐桌前的一段话："仁慈的上帝，感谢您让我今年什么都没有失去，您把种子还给了我，谢谢您！"

这是对人生的一种豁达，如果，卡耐基的父亲没有一颗豁达的心，一心只想着狭隘的得与失，那么他们或许连仅有的收获都没有。

那么，我们要怎么做才能克服狭隘、豁达处世呢？

★待人要宽容

在生活中，人与人之间难免会出现一些磕磕碰碰，如有的人伤了自己的面子，有的人对自己抱有成见等等。遇到这些事情，我们应该宽容大度以促使他人反躬自省。如果针锋相对，互不相让，就会把事态扩大，甚至激化矛盾，于己于人都没有好处。"退一步海阔天空"，我们应该以这种胸怀，妥善处理日常工作、生活中遇到的问题，这样才能处理好人际关系，更好地享受工作、学习、生活的乐趣。

★办事要理智

很多人不够成熟，遇事易受情绪控制，一旦受了委屈，遇到挫折，容易失去理智而做出一些蠢事傻事来。因此，遇事都要先问问自己："这样做对不对？这样做的后果是什么？"多问几个为什么之后，就可以有效地避免"豁出去"的想法和做法，避免更大冲突的发生。

★处世要豁达

凡事要想开一些，要胸怀宽广，能容人，能容事，能容批评，能容误解。遇到矛盾时，只要不是原则性问题，都可以大而化小、小而化了。即使有人故意"冒犯"自己，也应以团结为重，冷静对待和处理。

豁达一点，我们的生活会更美好！

真诚：真正的快乐

真正的人格魅力是真诚的自我表露。当你把自己最真实的一面真诚地显示给别人时，你就赢得了信任。

真诚是一种自发、自愿的行为，真诚的心是透明的，没有杂质，它告诉身边的人：我没有撒谎，也没有伪装，我所说的和做的都是自然情感的流露。真诚的人被别人误解了，也会伤心难过，但是至少对自己的心负了责任，无愧于自己。

一位年老的国王膝下无子，便决定从全国所有的孩子中选择一个人来继承他的王位。他把臣民们召集在一起，当众给每个孩子一包花种子，承诺说，3个月内谁能种出最美丽的花朵，就把王位给谁。

每个孩子都小心翼翼地侍弄着属于自己的那包花种。一个黑瘦的小男孩也是，但是他要帮家里干活，只是在每天早上和晚上的时候去看看花盆。3

个月的时间很快就到了,他的花盆里却什么都没有长出来。他很伤心。

他妈妈说:"既然国王做出了这个承诺,就算不能够赢得王位,你也应该去给个答复。"

小男孩点点头,抱着空空的花盆到了王宫。那里花团锦簇,其他孩子们手中的花一盆比一盆娇艳,小男孩更羞愧了。

这时,国王走了出来,看着这么多花,似乎心情也很好。他走到愁眉苦脸的小男孩身边,问:"我的孩子,你怎么了?"

小男孩低着头说:"我已经很努力地照顾它了,可还是什么都没有。我来,只是想给你一个交代。"

老国王满意地点点头,然后当众宣布说,他的王位将由这个小男孩继承。因为那些种子都是煮过的,根本不可能开出花来。

用真诚的心对待别人,你才无愧于别人,也无愧于自己。真诚的人,不会弄虚作假,所以他们可以敞开心扉,不怕别人置疑。

真诚伴随所有人,人生离不开真诚,任何人无论怎样伪装掩饰也会流露真性情,因为人总有放松的时候。但是,也有些人习惯阿谀奉承、逢场作戏,每次面对他人时都要戴上面具,日子久了,面具就成了他们的一部分。有一天,当他们想真诚地对待某个人时,自己也不相信自己了。这样的人,不是活得太可悲了吗?所以,请尽量真诚地对待他人,或许他们会误解你一时,但是总有一天他们会看见真正的你。

哈佛刚毕业的女大学生乔瑟琳到一家公司应聘财务会计工作,面试时即遭到拒绝,因为她太年轻,她说:"请再给我一次机会,让我参加完笔试。"主考官看她很真诚,答应了她的请求。结果,她通过了笔试,由人事经理亲自复试。

通过交谈人事经理知道她没有工作经验,便直接说:"今天就到这里,如有消息我会打电话通知你。"乔瑟琳从座位上站起来,向人事经理点点头,从口袋里掏出一美元双手递给人事经理:"不管是否录取,都请给我打个电话。"

人事经理问:"你怎么知道我不给没有录用的人打电话?""您刚才说有消息就打,那言下之意就是没录取就不打了。"

人事经理对年轻的乔瑟琳产生了浓厚的兴趣,问:"如果你没被录用,我打电话,你想知道些什么呢?""请告诉我,在什么地方我不能达到你们的要求,我在哪方面不够好,我好改进。""那一美元……"

没等人事经理说完,乔瑟琳微笑着解释道:"给没有被录用的人打电话不属于公司的正常开支,所以由我付电话费,请你一定打。"人事经理马上微笑着说:"我现在就正式通知你,你被录用了。"

乔瑟琳被录用一方面因为她的聪明,但另一方面就是她的真诚,她真诚地对待这份工作,真诚地对待面试她的人。而恰恰是这份真诚,才打动了考官与人事经理。

真诚,是为人的根本。那些取得巨大成功的、高情商的人都有许多共同的特点,其中之一就是为人真诚。道理其实很简单,因为如果你是一个真诚的人,人们就会容易了解你、相信你,不论在什么情况下,人们都知道你不会掩饰、不会推托,都知道你说的是实话,都乐于同你接近,因此你也就容易获得好人缘。

以诚待人,能够在人与人之间架起一座信任之桥,能向对方心灵彼岸靠近,从而消除猜疑、戒备心理,彼此成为知心朋友。

想成为一个高情商的、真正管理好自我的人,真诚是最基本的品质。我们可以从生活中的小细节来体现真诚:

★坦率回答问题

不想暴露自己的弱点,以免降低自己在对方心目中的形象是人之常情。因此有不少人在人前绝不肯承认自己对某个问题不知道,反而装出一副很了解的样子。实际上,对于自己不知道的事情,坦率地说不知道,可以强烈地给人以正直、诚实的印象。

★失误后不辩解

有了失误千万不要为自己辩解，而应诚恳地道歉，然后提出弥补过错的方法。即使无法挽回的事情，也要表示尽量减少损失。这样可以体现你强烈的责任感和诚意，令人刮目相看。

★遵守诺言

不遵守诺言往往使人感到你不诚实。如果你许下了诺言，或者像开玩笑似的做过承诺，对方并不抱有希望，而你一旦忠实地做到了，必定使对方感到意外，也可以使你的诚实更加突出、醒目。

★做陷入逆境者的忠实听众

人们在陷入逆境、心中烦闷、焦躁不安的时候，往往借说话来调解心情。此时，你千万不要急于劝说、安慰他，搞不好会使他更加烦闷，陷入恶性循环之中，要做一个忠实的听众，真诚的倾听者，这样会从不同程度上减少对方的痛苦。

热情：激情的种子

西塞罗说得好："做人如同制酒，坏酒禁不住时间的考验，容易变酸发臭，而好酒却会更显芳香。一旦拥有了热情，我们能够在满头银发时依然保持心灵上的年轻，正如墨西哥湾过来的北大西洋暖流滋润了北欧的土地一样。"热情是激情的种子，人如果没有了热情，生命就像一口枯井，了无生趣。

当你充满热情地起床，充满热情地吃早餐时，你在这美好的一天里将会大有作为。一天虽然只是一生的一小部分，但是你只要有许多美好的一天，你就会有一个美好的一生。热情比感冒更容易传染，你一旦有了它，就会散布给你的家人与朋友，而每个人都会因此受益。

热情虽然是激情的种子，但是热情与激情还是有所不同。激情可能是来自一时的兴趣，可能是出于好奇，或者是对别人的羡慕，对陌生事物的新鲜感，带着你不知不觉地前进。在追求的过程中，如果那份激情还能继续推动你前进，那么你真是一个幸运的人，因为这份激情已经成了对生活的热情。激情，是一根小小的火柴，可以把整个火炬点燃；而热情，正是那把火炬，它不是一时的心血来潮，而是像熊熊燃烧的火炬，路途中遇到的挫折都会被燃成灰烬。

热情，是一种无法抗拒的力量。每一个深陷困境，备受折磨的人都不能没有它。对生活充满热情的人都有着积极的心态、积极的精神状态。

在人群当中，热情是用一种极富感染力的表达方式来表示对别人的支持的。热情的人，无论碰到什么事情，都能够以积极的心态去面对、去行动。

俄罗斯的一位女大学生说她是凭借热情赢得工作的。她从秘书学校毕业出来，想找一份医药秘书的工作，由于她缺少这方面的工作经验，面试了好几次都没有成功，她就开始运用热情原则。在她去面试的途中，她给自己打气说："我要得到这个工作。"她说，"我懂这个工作。我是一个勤快而好学的人，我能够做好这个工作。医生将会视我为不可缺少的人。"她一再对自己重复这些话。她充满信心地走进办公室，并且热情地回答医生的问题，医生也就雇用了她。几个月以后医生告诉她，当他看到她的申请上写着没有任何经验的时候，他决定放弃她，只是给她一次形式上谈话的机会而已，但是她的热情使他觉得应该试用她看看。她把热情带进了工作，最终成为一名很好的医药秘书。

热情的人总是面对朝阳，远离黑暗。因而，他们不仅性格灿烂，而且命运也是铺满阳光的，即使是危难之时，他们也总是能转危为安。因为不仅命运之神青睐他们，人们也愿意把友谊奉送给感染自己的人，热情像是真善美的使者，热情的人就像一只吉祥的鸟儿，传递给人间幸运的福音。

一个人成功的因素很多，而其中一个重要原因就是热情，这也是高情商人必备的情操。热情是出自内心的兴奋，能散发、充满到整个人。热情也就是内心里的光辉——这种炽热的、精神的特质深存于内心。

如果一个人能以精益求精的态度、火热的激情，充分发挥自己的特长来生活与工作，那他做什么都不会觉得辛苦；如果一个人鄙视、厌恶自己的生活与工作，那他一定会失败。

没有热情的生活，就是没有完全体验生活的奇观异景、喜怒哀乐和悲欢离合。饱含热情的生活会使你体会到你的心智正在发挥到极致。把热情化作前进的动力，它就是驱使你超越障碍、实现梦想的能量。

平静：万事平常心

宝贵的平常心会让你宠辱不惊。一个人，无论成败，只要能拥有一颗宁静的心，他就是幸福的。

平常心贵在平常，波澜不惊，生死不畏，就像于无声处听惊雷，平常心是一种超脱眼前得失的清静心、光明心。贫贱不能移，富贵不能淫，威武不能屈。安贫乐富，富亦有道。

无论处于何种环境下，都能拥有平常心，那一定是个了不起的人，不是个圣人，也是个贤人。只要我们努力，就能够以平常心去对待纷杂的世事和漫长的人生，至少也能够做到以平常心跨越人生的障碍。所以平常心，看似平常，实不平常。

一位澳大利亚商人到东南亚去旅游，他住在海边的一个小渔村里。他注意到那里有一位渔民，每天在大海中打捞几条鱼便回来。

商人很奇怪，问："你为什么不多花些时间多捕一些鱼呢？"

渔民说："这些鱼已经够我吃的了，何必多操那份心呢？"

商人问："那你每天还有那么多时间都干些什么？"

渔民说："回来和孩子们玩一会儿，和老婆聊聊天，和老哥们一起喝喝酒。"

商人告诉渔民："如果你能按照我说的去做，也许你会生活得更好。"

商人又说:"你在大海中多停留一会儿,抓到更多的鱼,可以赚到更多的钱。有了钱之后,你可以拥有一只大船,甚至一支船队。你就会拥有大量金钱,有了钱之后你可以去洛杉矶甚至纽约。"

渔夫问:"到那儿做什么呢?"

商人说:"到了那里,你可以做更大的生意,变成一个大富翁。"

渔夫问:"那么,再然后呢?"

商人哈哈大笑:"然后你就可以退休啦!到时你可以搬到你家乡的小渔村去住。每天睡到自然醒,出海随便抓几条鱼,和孩子玩儿,与老婆说说话,到了黄昏再和老哥们儿喝喝酒,你的一生就算过去了。"

渔夫说:"可我现在就在过这样的生活啊。"

商人沉默了。

万事平常心,并不是只满足现在,而是放下过多的欲望,这样的生活才不会有痛苦。平淡、平常才是人们最终想追求的生活。

世界就像座城堡,城里的人想逃出来,城外的人想冲进去。身居繁华都市的人,往往追求悠闲平静的田园生活;身在林深竹海的乡下人,却向往灯红酒绿的都市生活。其实,平静是福,真正生活在喧嚣吵闹的都市中的人们,可能更懂得平静的弥足珍贵,与平静的生活相比,追逐名利的生活是多么不值得一提。平静的生活是在真理的海洋中,在波涛之下,不受风暴的侵扰,保持永恒的安宁。

环境影响心态,快节奏的生活,无节制地对环境的污染和破坏,以及令人难以承受的噪声等都让人难以平静,环境的搅拌机随时都在把人们心中的平静撕个粉碎,让人遭受浮躁、烦恼之苦。然而,生命的本身是宁静的,只有内心不为外物所感,不为环境所扰,才能做到像陶渊明那样身在闹市而无车马之喧,正所谓"心远地自偏"。平常心是一种心态,是生命盛开的鲜花,是灵魂成熟的果实。平常心,在于修身养性,平静便无处不在。只要有一颗看淡荣辱之心,追求自然者,便能心胸开阔,不被生活物

第六章 **熬出来的胜利：**
为什么乌龟能跑赢兔子

第一节

耐心是成功的基础

用耐心将冷板凳坐热

四位谋职的男士坐在某公司的会客室等待主管面试,时间一分钟一分钟地过去,第一位等得不耐烦,走了,第二位也走了,第三位及第四位仍耐心地等待着。

第三位先生为了打破沉寂的氛围,问第四位应征者:"你也是来应征的?"

第四位说:"不是,我是公司主管,我是来与你们面谈的!"

原来如此。理所当然,第三位被录用了。他的成功,就在于"耐心"两个字。

我们现在这个时代,浮躁之风吹拂起满天灰尘。不少人睁大眼睛,焦急地觅寻出路,结果反而迷失方向,因为尘埃吹进了他们的双眼。而有些人则耐心地闭目思考,等尘埃落定时,再伺机出动,反而成为时间的主人。时间可以考验意志,也可以滋润情谊。耐心是一种成功机制,等待有时可带来成功的时机与运气。

犹如幼鹰在蛋壳中静静地孵化,耐心赋予了生命力量;犹如蓓蕾在枝头上悄悄地守候,耐心给予了生命美丽。

许多人都知道,在非洲极其干旱的沙漠之中,生长着一种神圣的花朵——依米花,让人惊叹的是,一株依米花为了积聚开放所需要的水分,竟需要耐心地等待四五年。然后，在吸足蓓蕾所需要的全部水分和养分后，它开花了。这是世界上最艳丽的花朵，美得令人惊心动魄，似乎把整个荒漠都照亮了。

能够年少成名当然好，就如人们常说的，出名要趁早，可是具有天赋的人毕竟是少数，我们很多人都需要经过较长时间的努力才会在自己的领域有所得、有所获。

正如"台上十分钟，台下十年功"，成功之前往往需要经历长时间的寂寞与艰苦跋涉。那些奥运赛场上的冠军，无一不是多年苦练的结晶。就连诺贝尔奖的各项得主，也有不少是在古稀甚至是耄耋之年才获此殊荣的。

可遗憾的是，许多人耐不住寂寞，他们浮躁、急功近利，总是想着一步登天。他们在乎的不是历练和经验，而是结果，最好是能一夜成名。这样的人缺乏坚定的目标感，缺乏踏踏实实和持之以恒的心态，太急于求成，最后往往难以有所成就。

我们不得不正视这样一个现实，当今社会由于信息的轰炸、各种欲望与成功的诱惑，让现代人目不暇接，不少人认为人生苦短，没有时间去等待，于是烦躁的心态、急功近利的想法常常让现代人焦虑不安。

一天建不成罗马，一步到不了长城，一夜成功的机会更是少之又少。在人生的征途上，我们需要用耐心和毅力去忍受和改变刚进社会时的无知与无人喝彩，用耐心和毅力去面对社会对你的熏陶和锤炼。事实上，命运对谁都是公平的，而有人什么也没找到，有人却找到了很多，这并非后者更幸运，关键是他更能努力、更能坚持。

成功从做好小事开始

常言道："勿以善小而不为，勿以恶小而为之。"小事正可于细微处见精神，有做小事的精神，就能产生做大事的气魄。人人都从小事做起，用小事堆砌起来的事业大厦就是坚固的，用小事堆砌起来的工作长城就是强硬的。

人只要一心一意地做事，世间就没有做不好的事。这里所讲的事，有大事，也有小事，所谓大事小事，只是相对而言。很多时候，小事不一定就真的小，大事不一定就真的大，关键在于做事者的认知能力。不要小看做小事，不要讨厌做小事，只要有益于工作、有益于事业的事都是应该做的事。那些一心想做大事的人，常常对小事嗤之以鼻，不屑一顾，然而，连小事都做不好的人，大事是很难成功的。大事往往都是由小事而成就的，我们要放下架子，踏踏实实从小事做起。

有这样一个故事：

一位老人带着一位年轻人远行，途中发现一块马蹄铁，老者让年轻人捡起来，不料年轻人觉得这是不足挂齿的小事，就没有及时捡起。

老者没说什么，自己弯腰捡了起来，用它在铁匠那儿换了三文钱，并用钱买了十八颗樱桃。

出了城，经过茫茫荒野，老者猜到年轻人可能渴得厉害，就让藏在袖子里的樱桃悄悄掉了一颗，年轻人一见，赶紧捡了起来。老者边走边掉，年轻人也狼狈地弯了十几次腰。

于是老者笑眯眯地对年轻人说："要是你刚才及时弯一次腰，就不会在后来没完没了地弯腰。小事不干，将在更小的事上操劳。"

拾起小小的一块马蹄铁，却可以让自己在未来的沙漠旅途中不至于因饥渴而亡。

那些不屑做小事的人，一辈子只能做小事，成不了大事。

把大事做细，把小事做好，正是我们需要做的，也只有认真负责的态度，才能让我们获得更多机会。抱怨工作不好，环境不好，而又不屑做一些所谓的小事，这只能让一个人失去一次次机会，最终还可能让自己无路可走。

小事，一般人都不愿意做，但成功者与一般人最大的不同，就是他愿意做别人不愿意做的事情。一般人都不愿意付出这样的代价，可是成功者愿意，因为他渴望成功。别人不愿意端茶倒水，你就要更加端出水平；别人不愿意洗涮马桶，你就要洗刷得更加明亮；别人不愿意操练，你就要更加自我操练；别人不愿意做准备，你就多做准备；别人不愿意付出，你就多付出。只要你每件事都多做一点，你的成功率就一定会提高不少。

成功最重要的秘诀，就是去做别人不愿意做的小事。虚荣是追求个人荣誉的利己欲望，是只图表面光彩的感情心理，是争名逐利的不良品质。虚荣是恶德之种，它只会结出人生的苦果。

不要因为事情很小就不去做它，哪怕小到一个螺丝钉、随手关闭一个水龙头，都应该及时地去做。这些恰恰培养了一个人严谨的作风、一丝不苟的性格，而这正促使一个人更快地走向成功。每个人的生命里都会遇到一些小事情，我们要及时地把它们做好，因为它们是走向成功的垫脚石。

一屋不扫，何以扫天下？"小事不愿做，大事做不来"的人切记：小事的小事是大事，它是迈向成就大事旅途的起点，是通向成功的开始。

等待是生命的常态

当你兴致勃勃地进入新开张的饭店吃饭，遇到慢吞吞的上菜速度，你只能愤然等待；当你开车经过一个繁华的街道、遇到红灯的时候，你只得无可奈何地等待；当你去购物、买票的时候，前面已经排了更早的人，你不得不安静地等待。

等待中的人会有一种莫名的烦恼，这种烦恼中含有对他人的怨恨、对生活的急躁。很多时候，我们不是没有时间等待，不是不能继续等待，只是因为等待给我们带来焦虑。

你以为没有了等待，你的步伐会走得更快一点？其实，行走也只能减轻我们焦虑的心情，却不能使我们更快地到达目的地，有时反而使我们离目的地更远。

从前，有一个年轻人与女朋友约会。因为来得太早，但他又不喜欢等待，所以长吁短叹。突然，他的面前出现了一个天使，天使送给他一样东西，只要按一下按钮，就可以逃过所有的等待时间。

年轻人马上按了一下按钮，女朋友立即出现在他面前。要是现在马上结婚就好了，他想。于是他又按了一个按钮。出现在他面前的是隆重的婚礼现场，他和女朋友走上了红地毯。要是现在我们就有了孩子，多好啊！于是，他的想法又实现了。

他心中的愿望不断地超前实现。一时之间，妻子、孩子、房子、事业都有了，可是看看自己，已经是风烛残年。他一直追求快点实现自己的愿望，很多东西都没有享受就已经过去了。这时他才明白，在生命中，即使等待也有很大的意义。

历史的前进就像黄河九曲十八弯，哪个弯都少不了。或者说，历史就是在黄河九曲十八弯中蜿蜒，在进两步退一步中前进，在不断的跌倒中积累经验。所以，我们只能等待。即便你再着急，也要等待下去，等待历史走到那一步再说。

谁都可以品出等待的滋味，但是味道因人因时而异。是香草的芬芳、巧克力的甜美，还是像未加糖的咖啡苦涩得令人心碎？

等待总显得那么平淡无奇，等待总是一副鸡毛蒜皮琐琐屑屑的样子。的确，等待没有惊天动地的大动静，也没有石破天惊的大声势，等待是平凡甚至平庸的，但又是不可或缺的。没有漫长的等待，就不会有卓越的成功或成就。

将等待进行到底，才有翻牌的机会

迟了半分钟下楼，远远望见巴士就在自己眼前开走，下一班车，起码要再等15分钟，虽无奈，但你不得不等。

生活中，等待是常事。搭车等巴士、吃饭等座位、排队等过关……等待，浪费了多少光阴，消耗了多少耐性，但你又不得不等。

对于小孩而言，等待相对简单：等待放假父母陪他玩、等待一年一度的生日礼物、等待一切新奇事物的出现……

但是对于大人而言，等待的结果可能出人意料：一个女孩，和香港人交友、结婚，等了5年终于移居香港。哪晓得两人真正生活在一起没多久，就闹离婚分开。难道，她的等待只是为了分离？

有人等待昙花一现。虽然那美丽的花开是那么短暂，但只要亲眼目睹，也就无憾。事实上，在现实生活中，我们常常等不到铁树开花，更等不到天上掉下馅饼，当你整天坐在那里等待，等来的是岁月的流逝，是皱纹爬上额头，是心里深深的懊恼……

我们总幻想机会将眷顾自己，总坐在原地等待，机会却不会主动出现；机会要靠人积极寻找，要靠人像猎鹰一样去攫取。所以，等待也并不是消极等待。

记得听过这样一句话：每个人都是独一无二的，上帝造你出来，不是让你躲在角落里等待和哭泣，而是要扬帆出海，尝试各种可能性，开拓美好的人生。

但是，生活中有些事却是必须耐心等待的：春天播下粒粒种子，等待秋天收成硕果；抚养一个孩子，等待他长大成人，目送他出外闯荡，等待他疲惫时回家疗伤；你一生辛勤耕耘，当年老的时候，你将有资格等待岁月的馈赠。

慢慢地我们会体会到，等待其实是一种智慧。

因为等待带来的，是无尽的希望。实际上，只有耐心等待的人，才会在失败后重新崛起，打个漂亮的翻身仗。

等待是一种希望。在寒冷的冬天，我们会安静地等待温暖的春天；在很多次失败后，我们会坚持等待下一次的成功；在犯了不该犯的错误后，我们会真诚地等待别人的谅解，这便是我们对生活的希望。

等待是一种情感。当你出门在外的时候，亲人在家默默地等待你的归来；当你犯下错误，亲人耐心地等待你改过自新；当你受到伤害，亲人在默默地等待你的痊愈。这便是亲人对你的情感。

等待也是一种责任。当爱人与你每说一句话的时候，他在等待你的回答；当爱人每给你发送一封邮件的时候，他在等待你的回复；当爱人每为你做一件事情的时候，他在等待你的评价。这便是爱人对我们的责任。

因此，我们不能说等待是一种悲伤，是一种疼痛，是一种无奈，有时候，它是一种被我们忽略的美好和喜悦。

生活本来就不易，耐心等待才能发现转机

有一天，小王和朋友一起出门办事，在站台前他们翘首盼望着1路车的到来。因为临近年关，城市的人流量骤然增加了好几倍，公交车也忙碌了起来，好不容易等到一辆，探头往里一望，里面被挤得没有一丝缝隙。朋友说："算了，还是等下一班车吧！"望着黑压压的人群，小王皱了皱眉头，然后无可奈何地点点头说："好吧！"

几分钟后又来了一辆车，但依然十分拥挤，他们摆摆手，又退回了路边。小王有些不耐烦地对朋友说："不等了，干脆我们叫辆出租车，既方便又快捷。"朋友说："没事，再等等吧。反正我们也不赶时间，或许下一班车就不那么挤了，再说通货膨胀下能省则省。"朋友说的也有几分道理，于是小王只好耐着性子继续等待。

几分钟后，果然又来了一辆车。然而却并非如朋友所愿，仍然拥挤得密不透风。小王再也耐不住性子了，东张西望地四下寻找着出租车。朋友也有些失望，但他还是坚定地说："再等一分钟，如果还是如此，那咱们就叫车走。"说来也真巧，就在一分钟后，又到了一辆1路车，并且上面只有稀稀拉拉的几个人。

从出发点到目的地，如果他们两个人打车要花去27元钱左右，而坐公交车只需2元即可。因为朋友的一句"再等一分钟"，他们就节省了大约25元钱，小王不得不佩服朋友的耐心与坚持。

仔细想想，我们的人生又何尝不是如此呢？很多时候，我们不是缺乏才气和机遇，而是缺少一份信心和耐心，缺少等到"下一分钟"的坚持，结果错过了人生中许多美丽的风景，留下许多终生也难以弥补的遗憾。

在成就事业的路上，如果我们能学会等待，多一分耐心，多一分坚持，也许下一分钟将是另一番人生。

曾看过一幅漫画，说的是一个寻找水源的挖井人。水距地面有50米，他费了很大的力气挖了49米，发现没有水，然后就放弃了，又选了另一个地方挖，结果挖了很多个坑，也没有取得水。这看似荒诞的画面，在我们的生活中却时常上演着。人们往往就是差这么一步，结果与成功失之交臂。

生活中难免有许多磕磕碰碰，当遭遇挫折时，要始终保持一份不渝的信心。因为一切都是暂时的，月有圆缺，天有风霜雨雪，道路有平坦和曲折，再长的雨天也有转晴的时候，再长的黑夜也有黎明到来的时候，再汹涌的波涛也有平静的时候，一切都会过去的。凡事我们都应该看到积极有利的一面，就像从一滴水中，我们要看到宽阔浩瀚的大海。

人生不能跳跃着前行，任何事都急不得

"母亲从乡下来，开车带她行驶在高速路上，看着车前车后一辆接一辆疾驰而过的汽车，她良久不解地问我：'这些车都急嗖嗖地干什么？'

"我一时也回答不出来，因为我也在急嗖嗖地开车赶在堵车高峰到来之前冲出城去，杀奔回在郊区的家。

"那些车主有的要回家和家人吃晚饭，有的要去见客户应酬，有的要去看将要晚点的电影……不管去做什么，司机们都要快一点，因为时间太紧了，城市里的每个人都没法慢下来。

"这是个'急时代'。电梯明明多等半秒钟就可以自动关闭，总有人急切地伸出手去按关闭键；绿灯亮了汽车起步晚半秒钟，后面的司机就会按喇叭或闪灯催促；人行道上每个人都行色匆匆，不小心撞了下肩膀，两个人怒目相视一下便各自急匆匆地离开，连吵嘴的工夫也不愿意浪费。

"我想要慢下来。

"于是,有一次在一家餐馆吃完饭取车准备走时,发现道路中央被一辆车挡住了,车边几个人在寒暄,借着酒劲大声说笑、逐一握手,我耐心地等,没按喇叭,没闪灯。可时间一分一秒地过去了,我终于还是没能忍过5分钟,愤怒地按起了喇叭。我事后对自己的行为感到后悔,觉得失去了风度。可问题是,在这个'急时代',想保持风度太难了。

"我在地铁或公交站里经常看到,有人为了挤上将要开走的这班车,挤散了头发,挤掉了高跟鞋,挤丢了手机,也有人挤得破口大骂,厮打成一团……能保持衣冠整齐就不错了,风度根本无从谈起。"

上文中"我"的感慨可能道出了都市很多人的心声:想要从容一点、优雅一点地生活,当务之急是不能"急",重中之重是"慢"下来。

不急首先得有慢下来的心境。事由心生,祸由怨起。

少关注一点车市、房市、股市,多与内心交谈,搞明白活着的意义与价值是什么,弄清楚自己想要的究竟是什么,或许能够帮自己慢下来。想事情的时候要放长远,不要人云亦云,万事不急着发言,不被虚假现象和信息蒙蔽,自然就不会那么急躁了。

其次得有慢下来的行动。对要去的地点和要办的事情及早规划,设定好目标、地点和路线,留出足够充裕的时间,宁可早到等人,也别在路上看手表、打手机,焦灼万分。没有紧要的事情,走路不要一路小跑,要强制自己慢慢走,看一下街景,欣赏一眼海报,你会发现世间万物有很多是静止的,它们等待被发现,它们的存在只是为了存在本身,而不像我们一样,存在永远是为了某个目的。

生活是一种感受的过程,放慢脚步,放慢心境,我们才能从容生活,才能真正感受生活之美。

第二节

修炼专注的力量

人这一辈子总有一个时期需要卧薪尝胆

人生不如意事十之八九，即使是一个十分幸运的人，在他的一生中也总有一个或几个时期处于十分艰难的情况下，总能一帆风顺的时候几乎没有。看一个人是否成功，我们不能看他成功的时候或开心的时候怎么过，而要看其在不顺利的时候，在没有鲜花和掌声的落寞日子里怎么过。有句话是这么说的："在前进的道路上，如果我们因为一时的困难就将梦想搁浅，那只能收获失败的种子，我们将永远不能品尝到成功这杯美酒芬芳的味道。"

在中国商界，史玉柱代表着一种分水岭。

他曾经是20世纪90年代最炙手可热的商界风云人物，但也因为自己的张狂而一赌成恨，血本无归。下了很大的决心后，史玉柱决定和自己的三个部下爬一次珠穆朗玛峰，那个他一直想去的地方。

"当时雇一个导游要800元，为了省钱，我们四个人什么也不知道就那么往前冲了。"1997年8月，史玉柱一行四人就从珠峰5300米的地方往上爬。要下山的时候，四人身上的氧气用完了。走一会儿就得歇一会儿。后来，又无法在冰川里找到下山的路。

"那时候觉得天就要黑了，在零下二三十摄氏度的冰川里，如果等到明天天黑肯定要冻死。"

许多年后，史玉柱把这次的珠峰之行定义为自己的"寻路之旅"。之前的他张狂、自傲，带有几分赌徒似的投机秉性。33岁那年刚进入《福布斯》评选的中国大陆富豪榜前十名，两年之后，就负债2.5亿，成为"中国首负"，自诩是"著名的失败者"。珠峰之行结束之后，他沉静、反思，仿佛变了一个人。

不管在高耸入云的珠穆朗玛峰上，史玉柱找没找到自己的路，一番内心的跌宕在所难免。不然，他不会从最初的中国大陆富豪榜第8名沦落到"首负"之后，又发展到如今的百亿身价。其中的艰辛常人必定难以体会。正因为如此，有人用"沉浮"二字去形容他的过往，而史玉柱从失败到重新崛起的经历，也值得我们长久地铭记。

20世纪90年代，史玉柱是中国商界的风云人物。他通过销售巨人汉卡迅速赚取超过亿元的资本，凭此赢得了巨人集团所在地珠海市第二届科技进步特殊贡献奖。那时的史玉柱事业达到了顶峰，自信心极度膨胀，似乎没有什么事做不成。也就是在获得诸多荣誉的那年，史玉柱决定做点"刺激"的事：要在珠海建一座巨人大厦，为城市争光。

大厦最开始定的是18层，但史玉柱的手在一次又一次的跟中央高层握过之后，大厦层数节节攀升，一直飚到72层。此时的史玉柱就像打了鸡血一样，明知大厦的预算超过10亿，手里的资金只有2亿，还是不停地加码。最终，巨人大厦的轰然倒地让不可一世的史玉柱尝尽了苦头。他曾经在最后的关头四处奔走寻觅资金，但"所有的谈判都失败了"。

随之而来的是全国媒体的一哄而上，成千上万篇文章骂他，欠下的债也是个极其恐怖的数字。史玉柱最难熬的日子是1998年上半年，那时，他连一张飞机票也买不起。"有一天，为了到无锡去办事，我只能找副总借，他个人借了我一张飞机票的钱，1000元。"到了无锡后，他住的是30元一晚的招待所。女招待员认出了他，没有讽刺他，反而给了他一盆水果。那段日子，史玉柱一贫如洗。如果有人给那时的史玉柱拍摄一些照片，那上面的脸孔必定是极度张狂到失败后的落寞，焦急、忧虑是史玉柱那时最生动的写照。

经历了这次失败，史玉柱开始反思。他觉得性格中一些癫狂的成分是他失败的原因。他想找一个地方静静，于是就有了一年多的南京隐居生活。

在中山陵前面的一块地方，有一片树林，史玉柱经常带着一本书和一个面包到那里充电。那段时间，他读了洪秀全和毛泽东的书，包括第五次"反围剿"及长征的内容，在史玉柱看来，这些书都比较"悲壮"。那时，他每天十点多左右起床，然后下楼开车往林子那边走，路上会买好面包和饮料。部下在外边做市场，他只用手机遥控。晚上快天黑了就回去，在大排档随便吃一点，一天就这样过去了。

后来有人说，史玉柱之所以能"死而复生"，就是得益于那时候的"卧薪尝胆"。他是那种骨子里希望重新站起来的人。事业可以失败，精神上却不能倒下。经过一段时间的修身养性，他逐渐找到了自己失败的症结：之前的事业过于顺利，所以忽视了许多潜在的隐患。不成熟、盲目自大、野心膨胀，这些，就是他性格中的不安定因素。

他决心从头再来，此时，史玉柱身体里"坚强"的秉性体现出来。他在那次珠峰以及多次"省心"之旅后踏上了负重的第二次创业。这次事业的起点是保健品脑白金。

因为之前的巨人大厦事件，全国上下已经没有几个人看好史玉柱。他再次的创业只是被更多的人看作赌徒的又一次疯狂。但脑白金一经推出，就迅速风靡全国，到2000年，月销售额达到1亿元，利润达到4500万元。自此，巨人集团奇迹般地复活了。虽然史玉柱还是遭到全国上下诸多非议，但不争的事实却是，史玉柱曾经的辉煌确实慢慢回来了。

赚到钱后，他没想到为自己谋多少私利，他做的第一件事就是还钱。这一举动，再次使其成为众人的焦点。因为几乎没有人能够想到史玉柱有翻身的一天，更没想到这个曾经输得一贫如洗的人能够还钱。但他确实做到了。

认识史玉柱的人，总说这些年他变化太大。怎么能没有变化呢？一个经历了大起大落的人，内心难免泛起些波澜。而对于史玉柱，改变最多的，大概是心态和性格。几番沉浮，很少有人再看到他像早些年那样狂热、亢奋、浮躁，更多的是沉稳、坚忍和执着。即使是十分危急的关头，他也是一副胸有成竹、不慌不忙的样子。

回想自己早年的失败时，史玉柱曾特意指出，巨人大厦"死"掉的那一刻，他的内心极其平静。而现在，身价百亿的他也同样把平静作为自己的常态。只是，这已是两种不同的境界。前者的平静大概象征一潭死水，后者则是波涛过后的风平浪静。起起伏伏，沉沉落落，有些人就是在这样的过程中变得强大和不可战胜。良好的性情和心态是事业成功的关键，少了它们，事业的发展就可能徒增许多波折。

人生难免有低谷的时候，在这样的时刻，我们需要的就是忍受寂寞，卧薪尝胆。就像当年越王勾践那样，三年的时间里，作为失败者他饱受屈辱，被放回越国之后，他选择了在寂寞中品尝苦胆，铭记耻辱，奋发图强，最终得以雪耻。

不要羡慕别人的辉煌，也不要眼红别人的成功，只要你能忍受寂寞，满怀信心地去开创，默默付出，相信生活一定会给你丰厚的回报。

只专注于脚下的路

我们之所以没有成功，很多时候是因为在通往成功的路上，我们没能耐得住寂寞，没有专注于脚下的路。

张艺谋的成功在很大程度上来源他对电影艺术的诚挚热爱和忘我投入。正如传记作家王斌所说的那样："超常的智慧和敏捷固然是张艺谋成功的主要因素，但惊人的勤奋和刻苦也是他成功的重要条件。"

拍《红高粱》的时候，为了表现剧情的氛围，他亲自带人去种出一块100多亩的高粱地；为了"颠轿"一场戏中轿夫们颠着轿子踏得山道尘土飞扬的镜头，张艺谋硬是让大卡车拉来十几车黄土，用筛子筛细了，撒在路上；在拍《菊豆》中杨金山溺死在大染池一场戏时，为了给摄影机找一个最好的角度，更是为了照顾演员的身体，张艺谋自告奋勇地跳进染池充当"替身"，一次不行再来一次，直到摄影师满意为止。

我们如果还在抱怨自己的命运，还在羡慕他人的成功，就需要好好反省自身了。很多时候，你可能就输在对事业的态度上。

1986年，摄影师出身的张艺谋被吴天明点将出任《老井》一片的男主角。没有任何表演经验的张艺谋接到任务，二话没说就搬到农村去了。

他剃光了头，穿上大腰裤，露出了光脊背。在太行山一个偏僻、贫穷的山村里，他与当地乡亲同吃同住，每天一起上山干活，一起下沟担水。为了使皮肤粗糙、黝黑，他每天中午光着膀子在烈日下暴晒；为了使双手变得粗糙，每次摄制组开会，他不坐板凳，而是学着农民的样子蹲在地上，用沙土搓揉手背；为了电影中的两个短镜头，他打猪食槽子连打了两个月；为了影片中那不足一分钟的背石镜头，张艺谋实实在在地背了两个月的石板，一天三块，每块150斤。

在拍摄过程中，张艺谋为了达到逼真的视觉效果，真跌真打，主动受罪。在拍"舍身护井"时，他真跳，摔得浑身酸疼；在拍"村落械斗"时，他真打，打得鼻青脸肿。更有甚者，在拍旺泉和巧英在井下那场戏时，为了找到垂死前那种奄奄一息的感觉，他硬是三天半滴水未沾、粒米未进，连滚带爬拍完了全部镜头。

在通往成功的道路上，如果你能耐得住寂寞，专注于脚下的路，目的地就在你的前方，只要努力，你一定会走到终点；如果你专注于困难，始终想不到目的地就在离你不远的前方，你永远都走不到终点！

可能在人生旅途中我们会有理想也会有很多目标，但我们从来都不知道会遇到什么困难，所以你努力地朝着终点前进，你在过程中变得更自信、更坚强，最终也走到了目的地。但如果你已经预测到了我们的旅途是何等的艰辛，它困难重重，我们千方百计地去设想、规划每个可能碰到的困难，结果我们在攻克中迷失了方向，在想的过程中目的地已经离我们太远了。

在通往成功的路上，没有平坦，没有捷径，唯有脚踏实地、一步一个脚印地前行。过程是艰辛、漫长甚至是寂寞的，但请你相信，经历过所有的这一切，胜利也就离你不远了。

脚踏实地是最好的选择

当我们不具备成功的天赋时，只有脚踏实地才能让自己站稳脚跟。正如山崖上的松柏，经过无数暴风雪的洗礼，只有坚定地盘固于土地，它们才长成坚固的树干。

一个人若不敢向命运挑战，不敢在生活中开创自己的蓝天，命运给予他的也许仅是一个枯井的地盘，举目所见将只是蛛网和尘埃，充耳所闻的也只是唧唧虫鸣。

所以，成功需要付出，希望需要汗水来实现，人生需要勤奋来铸就。

在美国，有无数感人肺腑、催人奋进的故事，主人公胸怀大志，尽管他们出身卑微，但他们以顽强的意志、勤奋的精神努力奋斗，锲而不舍，最终获得了成功。林肯就是其中的一位。

幼年时代，林肯住在一所极其简陋的茅草屋里，没有窗户，也没有地板，用当代人的居住标准来看，他简直就是生活在荒郊野外。但是他并没放弃希望，为了希望他流再多的汗水也不会后悔。当时他的住所离学校非常远，一些生活必需品都相当缺乏，更谈不上可供阅读的报纸和书籍了。然而，就是在这种情况下，他每天还持之以恒地走二三十里路去上学。晚上，他只能靠着木柴燃烧发出的微弱火光来阅读……

众所周知，林肯成长于艰苦的环境中，只受过一年的学校教育，但他努力奋斗、自强不息，最终成为美国历史上最伟大的总统之一。

任何人都要经过不懈努力才可能有所收获。世界上没有机缘巧合这样的事存在，唯有脚踏实地、努力奋斗才能收获美丽的奇迹。

亨利·福特从一所普通的大学毕业之后，便开始四处奔波求职，但均以失败告终。福特没有丧失对生活的希望，他依旧信心十足，自强不息、永不气馁。

为了找一份好工作，他四处奔走。为了拥有一间安静、宽敞的实验室，他和妻子经常搬家。短短的几年时间里，夫妻俩到底搬过几次家连他们自己也说不清了，但他们依旧乐此不疲。因为每一次搬迁，夫妇俩都有新的收获。贫困和挫折不仅磨炼了福特坚韧的性格，也锻炼了他的耐力和恒心，更使他有机会熟悉社会、了解人生，为未来新的冲刺做好了思想和技术的准备。

尽管贫困和挫折给他增添了不少的麻烦，但为了理想福特依然勤奋努力着，依然奋力拼搏着。功夫不负有心人，福特自强不息的精神和奋不顾身的打拼终于得到了回报。他应聘到爱迪生照明公司主发电站负责修理蒸气引擎，终于实现了自己的心愿。不久，他又因为工作出色，被提升为主管工程师。

坚定自强不息的信念，让它深深地根植于你的心中，它就会激发你各方面的潜能，使你勇敢地面对工作中的一切困难和障碍。

努力把自己的事做得更好，就是一种创造！厨师把菜做得更美味可口，裁缝把衣服做得更美观耐穿，建筑师盖出更舒适的房屋，司机开车更安全，作家努力写出更好的文章，都会为自己带来幸运，同时也为他人带来幸福。

无论是在生活中还是在工作中，都需要我们脚踏实地，时时衡量自己的实力，不断调整自己的方向，一步一步达到自己的目标。

人生有各种各样的舞台，但最能展现你才华的舞台，却只有一个。只有准确地选择这个舞台，脚踏实地地干下去，你的才华才能得到更好的发挥，从而实现自己的人生梦想。

急于求成，往往会适得其反

面对困难，有的人心烦气躁，有的人则临危不乱，沉着冷静，理智地面对危机。显然，前者是失败者的表现，后者是成功者的性格。成功者的这种沉着冷静与理智反应也正是一种耐得住寂寞的表现。

急于求成是许多人身上常见的败因，它是造成人们做事目的与结果不一致的一个重要原因。《论语·子路》中有一句话："欲速则不达。"意思是说一味主观地求急图快，违背了客观规律，造成的后果只能是欲速则不达。一个人只有摆脱了速成心理，一步步地努力才能达到自己的目的。

急于求成只会导致最终的失败，所以做人做事都应放远眼光，注重自身知识的积累，厚积薄发，自然会水到渠成，达到自己的目标。今时今日许多事业都必须有一个痛苦挣扎、奋斗的过程，而这个过程本身就是将你锻炼得更坚强，使你成长，使你有力的过程。

急于求成，一日千里，只会"欲速则不达"，很多人知道这个道理，却总是背道而驰。很多历史上的名人是在犯过此类错误之后才懂得成功的真谛。宋朝的朱夫子是个绝顶聪明之人，他十五六岁就开始研究禅学，然而到了中年之时才感觉到速成不是创作良方，之后经过下一番苦功，方有所成。他有一句十六字真言将"欲速则不达"做了一番精彩的诠释："宁详毋略，宁近毋远，宁下毋高，宁拙毋巧。"

急于求成的人往往性格浮躁，做一件事情总想马上做好。追求效率原本没错，然而，一旦过分追求速度便会丧失做事的目的性，最终一无所成。

要想处处得力、事事顺心自然很难。要想摆脱失意，最有效的方法就是苦练内功，切不可浮躁。

一个屡屡失意的年轻人来到普济寺，慕名寻到老僧释圆，沮丧地对他说："人生总不如意，活着也是苟且，有什么意思呢？"

释圆静静地听着年轻人的叹息和絮叨，末了才吩咐小和尚说："施主远道而来，烧一壶温水送过来。"

不一会儿，小和尚送来了一壶温水，释圆抓了些茶叶放进杯子，然后用温水沏了，放在茶几上，微笑着请年轻人喝茶。杯子冒出微微的水汽，茶叶静静浮着。年轻人不解地询问："宝刹怎么喝温茶？"

释圆笑而不语。年轻人喝一口细品，不由摇摇头："一点茶香都没有啊。"

释圆说："这可是闽地名茶铁观音啊。"

年轻人又端起杯子品尝，然后肯定地说："真的没有一丝茶香。"

释圆又吩咐小和尚："再去烧一壶沸水送过来。"

又过了一会儿，小和尚便提着一壶冒着浓浓白汽的沸水进来。释圆起身，又取过一个杯子，放茶叶，倒沸水，再放在茶几上。年轻人俯首看去，茶叶在杯子里上下沉浮，丝丝清香不绝如缕，望而生津。

年轻人欲去端杯，释圆作势挡开，又提起水壶注入一线沸水。茶叶翻腾得更厉害了，一缕更醇厚、更醉人的茶香袅袅升腾，在禅房弥漫开来。释圆这样注了五次水，杯子终于满了，那绿绿的一杯茶水，端在手上清香扑鼻，入口沁人心脾。

释圆笑着问："施主可知道，同是铁观音，为什么茶味迥异吗？"

年轻人思忖着说："一杯用温水，一杯用沸水，冲沏的水不同。"

释圆点头："用水不同，则茶叶的沉浮就不一样。温水沏茶，茶叶轻浮水上，怎会散发清香？沸水沏茶，反复几次，茶叶沉沉浮浮，释放出四季的风韵：既有春的幽静和夏的炽热，又有秋的丰盈和冬的清冽。世间芸芸众生，也和沏茶是同一个道理。也就相当于沏茶的水温度不够，就不可能沏出散发诱人香味的茶水一样；你自己的能力不足，要想处处得力、事事顺心自然很难。要想摆脱失意，最有效的方法就是苦练内功，切不可急于求成。"

如今，做事不能踏踏实实，急于求成的心态在很多人身上存在。然而，就像泡茶，水温够了，时间够了，茶香自然会飘散出来。你要沉下那颗急于求成的心，给自己一个独处的空间，在寂寞中耐心思考，积极地寻找解决方案，才能有所成。

如果我们想要成就一番事业，做大人生的格局，就必须从现在开始静下心来，摆脱速成心理的牵制，一步一个脚印地走下去。

在人生当中，有很多问题都需要你时刻能够耐得住寂寞，不急不躁，从容应对，认真思考，你才能做出正确的决策，开辟出一条属于自己成功的人生之路，最终取得成功，因为急于求成，往往会适得其反。

沉住气，成大器

随着CPI上涨、房价暴涨、股市暴跌，在我们的心灵深处，总有一种力量使我们茫然不安，让我们无法宁静，这种力量叫浮躁。"浮躁"在字典里解释为："急躁，不沉稳。"浮躁常常表现为：心浮气躁，心神不宁；自寻烦恼，喜怒无常；见异思迁，盲动冒险；患得患失，不安分守己；这山望着那山高，既要鱼也要熊掌；静不下心来，耐不住寂寞，稍不如意就轻易放弃，从来不肯为一件事倾尽全力。

随着经济发展如浪潮般步步攀高，这种浮躁的气息在社会中蔓延，几乎触及了参与其中的每一个人：某些官员领导急功近利，大搞不切实际的形象工程；演员不苦练基本功，借助绯闻来炒作自己；商人不一心一意经营自己的产业，却去炒股、炒房；学生不专心念书，妄想通过不相干的社会活动增加综合测评分数或通过考试作弊拿到高分；还有的人做事具有更强的目的性，交朋友具有更强的工具性，处世具有更强的功利性。很多人都想成功，却总是被成功拒之门外。

有一个人叫小付，他看到有人要将一块木板钉在树上，便走过去管闲事，想要帮那个人一把。小付对那人说："你应该先把木板头子锯掉再钉上去。"于是，小付找来锯子，但没锯两三下又撒手了，想把锯子磨快些。于是他又去找锉刀，接着又发现必须先在锉刀上安一个顺手的手柄。于是，他又去灌木丛中寻找小树，可砍树又得先磨快斧头……

后来人们发现，小付无论学什么都是半途而废。小付从未获得过什么学位，他所受过的教育也始终没有用武之地，但他的祖辈为他留下了一些本钱。他拿出10万元投资办一家煤气厂，可造煤气所需的煤炭价钱昂贵，这使他大为亏本。于是，他以9万元的售价把煤气厂转让出去，开办起煤矿来。可又不走运，因为采矿机械的耗资大得吓人。因此，小付把在矿里拥有的股份变卖成8万元，转入了煤矿机器制造业。从那以后，他便像一个滑冰者，在有关的各种工业部门中滑进滑出，没完没了。

正如小付困惑的那样，为什么自己付出那么多，终究一事无成呢？答案很简单，小付总是这山望着那山高，急于追求更高的目标，而不是在一个既定的目标上下工夫。要知道，摩天大厦也是从打地基开始的。小付这种浮躁的心态只能导致他最后落个两手空空。

很多人在做事情的时候不能静下心来扎扎实实地从基础开始，总是觉得踏踏实实地做事情的方法很笨，于是做什么事情都求快，想以最小的付出获得最大的利益，浮躁的心态让人不会专注地做一件事情，所以也就很难成功。在人生的牌局中，要想赢牌，浮躁就是最大的敌人。

《士兵突击》中，许三多显然是一个"异类"，他不明白做人做事为什么要如此复杂，一切投机取巧、偷奸耍滑的世故做法，他都做不来，或者根本就没有想过。他有的只是本性的憨厚与刻入骨髓的执着。他做每一件小事都像抓住一根救命稻草一样，投入自己所有的能量和智慧，把事情做到最好，他这样做并不是为了得到旁人的赞赏与关注，只是因为这是有意义的。他面对困难从来不说"放弃"，而是默默地承受，慢慢地解决，毫无抱怨，绝不气馁。当一个又一个问题被他以执着的劲头解决之后，他俨然成长为了一个巨人。他不会面对诱惑放弃忠诚，当老A部队的队长向他发出邀请时，许三多用一句"我是钢七连的第4956个兵"做出了态度鲜明的回答。

"许三多"已成为家喻户晓的人物形象，他被定格为一种沉稳、踏实的文化符号，成为"浮躁"的反义词。毛主席曾经教导我们说："世界上怕就怕'认真'二字。"如果我们能安下心来认真做一件事情，就没有做不好的。很多人开始做事情时会满腔热血，但慢慢地这种热情会消退，最后就会被完全放弃。是什么原因让那么多人半途而废呢？是急于求成、不愿直面困难的浮躁心理。很多人好高骛远，总是急于看到事情的结果，而不能忍受事情完成的过程，当他们觉得这些事情没有意义时，于是选择了放弃。

古往今来，那些成大器者，无不是沉稳、干练、能够耐得住寂寞的人。在当今中国市场经济的大背景下，很少有人能按捺住自己一颗烦躁的心，守住自己可贵的孤独与寂寞，而变得越发盲目和急功近利。浮躁是一种情绪，一种并不可取的生活态度。人浮躁了，会终日处在又忙又烦的应急状态中，脾气会暴躁，神经会紧绷，长久下来，会被生活的急流所挟裹。凡成事者，要心存高远，更要脚踏实地，这个道理并不难懂。

踏实、沉稳、心平气和、不急不躁，抛开浮躁的心态，从身边的小事做起，脚踏实地地坚持，坚忍不拔地努力，我们才有可能达成人生的目标，走到成功的那一步。

纵观现实生活，灯红酒绿，歌舞升平，可谓热闹非凡。但生活终将归于平静，每个人也将归于平淡。耐得住寂寞，平淡对待得失，冷眼看尽繁华，在人生的历练中，是一种气度与志向。但愿"守得住寂寞"不只是当下的一句警世通言，更是每个人的自觉行为。

面对诱惑时懂得坚持

传说中，西西里岛附近海域有一座塞壬岛，长着鹰的翅膀的塞壬女妖日日夜夜唱着动人的魔歌引诱过往的船只。在古希腊神话中，特洛伊战争的英雄奥得修斯曾路过塞壬女妖居住的海岛。之前早就听说过女妖善于用美妙的歌声勾人魂魄，而登陆的人总是要死亡。奥得修斯嘱咐同伴们用腊封住耳朵，免得他们被女妖的歌声所诱惑，而他自己却没有塞住耳朵，他想听听女妖的声音到底有多美。为了防止意外发生，他让同伴们把自己绑在桅杆上，并告诉他们千万不要在中途给他松绑，而且他越是央求，他们越要把他绑得更紧。

果然，船行到中途时，奥得修斯看到几个衣着华丽的美女翩翩而来，她们声音如莺歌燕啼，婉转跌宕，动人心弦。听着这美妙的歌声，奥得修斯心中顿时燃起熊熊烈火，他急于奔向她们，大声喊着让同伴们放他下来。但同伴们根本听不见他在说什么，他们仍然在奋力向前划船。有一位叫欧律罗科斯的同伴看到了他的挣扎，知道他此刻正在遭受着诱惑的煎熬，于是走上前，把他绑得更紧。就这样，他们终于顺利地通过了女妖居住的海岛。

这是一个很熟悉的传说，不过它正在越来越多地被运用到情商（EQ）上作为自制能力成功的正面范例。似乎有越来越多的例子证明，能够耐得住寂寞的人比较容易成功。哈佛大学心理学家丹尼尔·戈尔曼的《情商》一书，把情绪智力（也称情商）定义为"能认识自己和他人的感觉，自我激励，以及很好地控制自己在人际交往中的情绪的能力。"情商分为五种情绪能力和社会能力：自知、移情、自律、自强和社交技巧。自知，意味着知道自己当前的感受。因为我们整天都忙忙碌碌，所以就无暇顾及反省和自知。一个人的自我形象与其在他人眼中的形象越一致，他的人际关系就越成功。情商的第二个组成部分（移情），能培养我们的同情心和无私精神，并能带来合作。情商的第三部分是控制自己情绪的能力。情商高的人能更好地从人生的挫折和低潮中恢复过来。第四部分是自强。自强的人能够很好地控制情绪，不靠冲击或刺激就能采取行动。第五部分，社交技巧指的是通过与他人友好地交流来掌握人际关系的能力。一个高智商的人，完全可以与一个低智商但有着高水平交往技巧的人很好地合作。

戈尔曼和研究人员针对4岁小孩子成长过程中对诱惑的控制来说明抵制诱惑、强烈自制的重要性，以及和个人成功的关系。调查表明，那些在4岁时能以坚忍换得第二颗软糖的孩子常成为适应性较强、冒险精神较强、比较被人喜欢、比较自信、比较独立的少年；而那些在早年经不起软糖诱惑的孩子则更可能成为孤僻、易受挫、固执的少年，他们往往屈从于压力并逃避挑战。对这些孩子分两级进行学术能力倾向测试的结果表明，那些在软糖实验中坚持时间较长的孩子的平均得分高达210分。研究还发现，那些能够为获得更多软糖而等待得更久的孩子要比那些缺乏耐心的孩子更容易获得成功，他们的学习成绩要相对好一些。在后来的几十年的跟踪观察中发现，有耐心的孩子在事业上的表现也较为出色。

在一粒芝麻与一个西瓜之间，你一定明白什么是明智的选择。如果某种诱惑能满足你当前的需要，却会妨碍达到更大的成功或长久的幸福，那就请你屏神静气，站稳立场，耐得住寂寞。一个人是这样，一个企业，一个社会也是这样。

具备坚强的意志和高度的自控能力，能抵制住通往成功道路上的一切诱惑，是取得最后胜利的必要条件。因为诱惑分散了人的精力，腐蚀了人的意志，让人误入歧途，迷失了原有的方向。

辉煌的背后，总有一颗努力拼搏的心

2009年的春节联欢晚会上，和小品大师赵本山一起合作表演小品《不差钱》的演员"小沈阳"沈鹤，一夜之间红遍中国。他的那几句台词也成为很多人模仿的样本："人这一生其实可短暂了，有时候一想跟睡觉是一样儿一样儿的。眼睛一闭，一睁，一天过去了，眼睛一闭，不睁，这一辈子就过去了。""人不能把钱看得太重，钱乃身外之物。人生最痛苦的事情你知道是什么吗？人死了，没钱花了。"

沈鹤靠着春晚迅速蹿红，一时之间全国各大媒体上都会看见小沈阳的影子，不论是赞扬的还是质疑的，但无可厚非的一个事实就是他的表演起码已经被大部分的电视观众所接受。这么快的蹿红对于一个艺人来说是求之不得的事情，但是在光鲜的背后，小沈阳也有着心酸的回忆。

小沈阳家境贫寒，他很早就辍学了。为了将来有口饭吃，他曾经学过武术，但发现不适合自己，最终他选择了二人转，报考了铁岭县剧团。学成之后，他又去了长春小剧场进行表演，这一演就是七年。七年之后，赵本山接纳了他，收他为徒，从此他跟着赵本山认真学艺，直到2009年被更多的人认识。

早在2008年的时候，沈鹤其实已经"进军"春晚，但是几个回合下来，他的节目被刷下来了。而他的节目本来打算上央视的元宵晚会，但是又临时被取消了，当时的沈鹤这样对自己说，连大艺术家都有被刷下的可能，更何况自己呢？他依旧努力跟师傅赵本山学习二人转，学习表演。直到2009年，他终于踏入春晚的大门，并且真正地红了。

如今的小沈阳是令人羡慕的，就像有人说的那样，很多人关心的只是我们跑得快不快，而很少有人关心我们跑得累不累。在这一行，如果出名了，你大红大紫；如果不出名，那么，便只是一个默默在后面跑台的小角色，不会有人注意你，你的去留没有人在乎。所以，在每一个出人头地者的背后，不知道隐藏了多少委屈和艰辛的泪水。

香港喜剧大王周星驰也是一样，在成名之前，他自己一个人默默地奋斗着，对于自己追逐的梦想从没想过要放弃。在他的好友梁朝伟已经春风得意的时候，他却在《射雕英雄传》里饰演一个刚一出场就被打死的士兵。他甚至问导演，在死之前伸出手去挡一下可以吗？

他在演艺这条道路上默默地前行、摸索。今天的周星驰已不可同日而语，他算得上是香港电影史上的里程碑，他开创了周氏幽默。凡是讲到香港电影史，一定不能落下周星驰的电影，它是一个时代的标志，是香港喜剧的集大成者。

那些仍然在黑暗中努力拼搏的人们，千万不要丧失了信心，失去前进的动力。任何成功都充满着艰辛，或许，再坚持一会儿，你就会看到前面灿烂的阳光；或许再坚持一会儿，人生就会改变。

许多人做事时非常努力，却坚持不到最后。其实，若心中有梦，总会有实现的那一天，哪怕现在我们仍在黑暗中摸爬滚打，哪怕别人认为我们现在是如何的不起眼，没有关系，只要自己相信自己，付出努力，坚持向着梦想的方向努力，就会让我们心中的幼芽开花、结果。

人生在世，要有所为，有所不为，选准自己的目标，踏踏实实地去做，不要被别人的成功晃花眼睛，不要被别人的成功搞得三心二意，争一时之长短，计一时之得失，更不要为眼前的蝇头小利所迷惑。

大收获必须付出长久努力

幸运、成功永远只能属于辛劳的人，有恒心不易变动的人，能坚持到底、绝不轻言放弃的人。

耐性与恒心是实现目标过程中不可缺少的条件，是发挥潜能的必要因素。耐性、恒心与追求结合之后，形成了百折不挠的巨大力量。

一位青年问著名的小提琴家格拉迪尼："你用了多长时间学琴？"格拉迪尼回答："20年，每天12小时。"

我们与大千世界相比，或许微不足道，不为人知，但是我们能够耐心地增长自己的学识和能力，当我们成熟的那一刻、一展所能的那一刻，将会有惊人的成就。正如布尔沃所说的："恒心与忍耐力是征服者的灵魂，它是人类反抗命运、个人反抗世界、灵魂反抗物质的最有力支持。从社会的角度看，考虑到它对种族问题和社会制度的影响，其重要性无论怎样强调也不为过。"

凡事没有耐性，耐不住寂寞，不能持之以恒，正是很多人最后失败的原因。英国诗人布朗宁写道：

实事求是的人要找一件小事做，

找到事情就去做。

空腹高心的人要找一件大事做，

没有找到则身已故。

实事求是的人做了一件又一件，

不久就做一百件。

空腹高心的人一下要做百万件，

结果一件也未实现。

拥有耐力和恒心，虽然不一定能使我们事事成功，但却绝不会令我们事事失败。古巴比伦富翁拥有恒久的财富秘诀之一，便是保持足够的耐心，坚定发财的意志，所以他才有能力建设自己的家园。任何成就都来源于持久不懈的努力，要把人生看作一场持久的马拉松。整个过程虽然很漫长、很劳累，但在挥洒汗水的时候，我们已经慢慢接近了成功的终点。半路放弃，我们就必须要找到新的起点，那样我们只会更加迷失，可是如果能坚持原路行进，终点不会弃我们而去。也许，我们每个人的心里都有一个执着的愿望，只是一不小心把它丢失在了时间的蹉跎里，让天下间最容易的事变成了最难的事。然而，天下事最难的不过十分之一，能做成的有十分之九。想成就大事大业的人，尤其要有恒心来成就它，要以坚忍不拔的毅力、百折不挠的精神、排除纷繁复杂的耐性、坚贞不变的气质，作为涵养恒心的要素，去实现人生的目标。

人生像一场马拉松赛跑，有耐力能支持到最后的就是成功者，中途脱队倒下都不行。只要我们有恒心达到目标，比别人慢没有关系，到终点时一样会有人为我们鼓掌。

第三节

低谷时不放弃，在寂寞中悄然突破

不是每一次播种都有收获

并不是你的每一份努力都会收到效果，并不是你的每一次坚持都会有人看到，并不是你每一点付出都能得到回报，并不是你的每一个善意都能被理解……也许这就是世道。有很多时候，人需要一点耐心，一点信心。每个人总会轮到几次不公平的事情，而通常情况下，耐心等待是最好的应对办法。

有很多时候我们需要等待，需要耐得住寂寞，等待属于自己的那一刻。周润发等待过，刘德华等待过，周星驰等待过，王菲等待过，张艺谋也等待过……看到了他们如今的功成名就，你可曾看到当初他们的等待和耐心？你可曾看到金马奖影帝在街边摆地摊？你可曾看到德云社一群人在剧场里给一位观众说相声？你可曾看到周星驰当年的角色甚至连一句台词都没有？每一个成功者都有一段低沉苦闷的日子，闭上眼睛，几乎就能想象得出来他们当年借酒浇愁的样子，也可以想象得出他们为了生存而挣扎的窘迫。在他们一生中最灿烂美好的日子里，他们渴望成功，但却两手空空，一如现在的你。没有人保证他们将来一定会成功，而他们选择的是耐住寂寞。如果当时的他们总念叨着"成功只是属于特权阶级的"，那么他们今天会有如此的成就吗？

人总是会遇到挫折，总是会有低潮，总是会有不被人理解的时候，总是有要低声下气的时候，而这些恰恰是人生最关键的时候，因为大家都会碰到挫折，而大多数人过不了这个门坎，你能过，你就成功了。在这样的时刻，我们需要耐心等待，满怀信心地去等待，相信生活不会放弃你，机会总会来的。至少，还年轻，有什么可怕的呢？路要一步步走，虽然到达终点的那一步很激动人心，但大部分的脚步是平凡甚至枯燥的，但没有这些脚步，或者耐不住这些平凡枯燥，你终归是无法迎来最后的那些激动人心。

逆境，是上帝派来淘汰不合格者的帮手。要知道，你不好受，别人也不好受，你坚持不下去了，别人也一样，当遇到困境的时候千万不要告诉别人你坚持不住了，那只能让别人获得坚持的信心，让竞争者微笑地看着你失去信心，退出比赛。胜利永远属于那些在寂寞中能够沉得住气的人。在最绝望的时候，去看看电影《The Pursuit of Happiness》（《当幸福来敲门》）、《Jerry Maguire》《甜心先生》，让自己重新鼓起勇气吧。因为无论什么时候，我们总还是有希望。即便是所有的人都失去了希望，我们也不可以对自己失去信心。

现代人为什么迷失，为什么找不到自己？这不仅是因为我们太过于浮躁、太过于追求外在的感觉了，更重要的原因是我们在繁华喧闹的社会中失去了真正的自己。一个人如果不能看清真实的自己，就会使自己产生一种飘忽不定、没有方向、没有目的的感觉。

低谷的短暂停留，是为了向更高峰攀登

随着最后一棒雷扎克触壁，美国队在北京奥运会游泳男子4×100米混合泳接力比赛中夺冠了，并打破了世界纪录！泳池旁的菲尔普斯激动得跳起来，和队友们紧紧拥抱在一起。这也是菲尔普斯本人在北京奥运会上夺得的第8枚金牌，可谓是前无古人。菲尔普斯已经彻底超越了施皮茨，成为奥运会的新王者。

如果说一个人的一生就像一条曲线，那么，北京奥运会上的菲尔普斯无疑达到了人生的一个新高峰；如果说一个人的一生就像四季轮回，那么，北京奥运会上的菲尔普斯必定是处在灿烂热烈、光芒四射的夏季。在2008年

北京的水立方，菲尔普斯创造了令人大为惊叹的8金神话，无比荣耀地登上了他人生的巅峰。

而2009年2月初，当北半球大部分国家还被冬天的低温笼罩时，从美国传出了一条让菲迷们更觉冰冷的消息，菲尔普斯吸食大麻！菲迷们伤心了，媒体哗然了，菲尔普斯竟以"大麻门"的方式再次让人们瞠目结舌。

北京奥运会后，菲尔普斯完全放弃了训练，流连于各个俱乐部、夜店，继而沉醉于赌城拉斯维加斯豪赌，私生活可谓糜烂。他也不再严格控制饮食，导致体重增加了至少6公斤。《纽约时报》说，"这是有史以来最胖的菲尔普斯，他更像是明星，而不是运动员"。

尽管"大麻门"曝光后，菲尔普斯痛心疾首，向公众真诚致歉并表示会痛改前非，很多热爱飞鱼的菲迷们都采取了宽容的态度，美国泳协也仅对菲尔普斯禁赛三个月。但事情既然发生，就不得不引发人们深深的思考。

相比于风光无限的2008年夏季，2008年底到2009年初，菲尔普斯似乎在走下坡路，他人生也似乎走进了寒冷的冬季。喜欢他的人们帮他解脱，比如年少无知、交友不慎，比如生活单调、压力过大。其实和菲尔普斯相比，现实生活中很多人的生活轨迹又何尝不是如此呢，春风得意，自我膨胀，然后屡犯错误，最后跌入人生的低谷。无论是主观原因还是客观因素，成功的背后总会有失败的影子，得意过后总会伴着失意，有顺境就有逆境，有春天也会有冬季，这似乎是人生无可置疑的辩证法。

人生就像四季，有着寒暑之分，也会有冷暖交替的变化。情场失意、工作不得志、与家人无法沟通、在同事中不被认同、亲人病危……当我们面临人生的"冬季"时，不可避免地会陷入情绪的低潮，并经常在低潮与清醒中来回摇摆。其实，当一个人处于人生中的"冬季"时，正是好好反省、重新认识自己的时候，因为在所谓清醒的时刻，往往并非是真正的清醒。不管是刻意压抑或是在潜意识中，都会在有意或无心的时候，否定了内心种种孤寂、空虚的感受，也压抑了由恐惧所引起的各种负面情绪。

当然，一般人也想过办法来解决这样的问题，有人尝试各种各样的方法，只是到了最后，还是不忘提醒自己这样的话："书上写的、朋友说的我都懂，不过，懂是一回事，能不能做又是另外一回事！"就这样，不是畏惧改变，就是不耐于等待，而错失了反省自己的机会！

人在顺境时得意是非常自然的事情，但是能在低谷中苦中寻乐，或是让心情归于平静去认识平常疏于了解的自己，能帮助自己成长。

生活中的"冬季"就像开车遇到红灯一样，短暂的停留是为了让你放松，甚至可以看看是否走错了方向。人生是长途旅行，如果没有这种短暂的休息，也就无法精力充沛地继续未完的旅程。生命有高潮也有低谷，低谷的短暂停留是为了整顿自我，向更高峰攀登。

有一种成功叫锲而不舍

德国伟大诗人歌德在《浮士德》中说："始终坚持不懈的人，最终必然能够成功。"人生的较量就是意志与智慧的较量，轻言放弃的人注定不是成功的人。

约翰尼·卡许早就有一个梦想——当一名歌手。参军后，他买了自己有生以来的第一把吉他。他开始自学弹吉他，并练习唱歌，他甚至创作了一些歌曲。服役期满后，他开始努力工作以实现当一名歌手的夙愿，可他没能马上成功。没人请他唱歌，就连电台唱片音乐书目广播员的职位他也没能得到。他只得靠挨家挨户推销各种生活用品维持生计，不过他还是坚持练唱。他组织了一个小型的歌唱小组在各个教堂、小镇上巡回演出，为歌迷们演唱。最后，他灌制的一张唱片奠定了他音乐工作的基础。他吸引了两万名以上的歌迷，金钱、荣誉，在全国电视屏幕上露面——所有这一切都属于他了。他对自己深信不疑，这使他获得了成功。

接着，卡许经受了第二次考验。经过几年的巡回演出，他被那些狂热的歌迷拖垮了，晚上须服安眠药才能入睡，而且要吃些"兴奋剂"来维持第二天的精神状态。他沾染上了一些恶习——酗酒、服用催眠镇静药和刺激兴奋性药物。他的恶习日渐严重，以致对自己失去了控制能力。他不是出现在舞台上，而是更多地出现在监狱里。到了1967年，他每天须吃一百多片药。

一天早晨，当他从佐治亚州的一所监狱刑满出狱时，一位行政司法长官对他说："约翰尼·卡许，我今天要把你的钱和麻醉药都还给你，因为你比别人更明白你能充分自由地选择自己想干的事。看，这就是你的钱和药片，你现在就把这些药片扔掉吧，否则，你就去麻醉自己，毁灭自己。你选择吧！"

卡许选择了生活。他又一次对自己的能力做了肯定，深信自己能再次成功。他回到纳什维利，并找到他的私人医生。医生不太相信他，认为他很难改掉服麻醉药的坏毛病，医生告诉他："戒毒瘾比找上帝还难。"他并没有被医生的话吓倒，他知道"上帝"就在他心中，他决心"找到上帝"，尽管这在别人看来几乎不可能。他开始了他的第二次奋斗。他把自己锁在卧室闭门不出，一心一意要杜绝毒瘾，为此他忍受了巨大的痛苦，经常做噩梦。后来在回忆这段往事时，他说，他总是觉得昏昏沉沉，好像身体里有许多玻璃球在膨胀，突然一声爆响，只觉得全身布满了玻璃碎片。当时摆在他面前的，一边是麻醉药的引诱，另一边是他奋斗目标的召唤，结果后者占了上风。九个星期以后，他恢复到原来的样子了，睡觉不再做噩梦。他努力实现自己的计划，几个月后，他重返舞台，再次引吭高歌。他不停息地奋斗，终于再一次成为超级歌星。

卡许的成功来源于什么？很简单，坚持。

一个人身处困境之中，不自强永远也不会有出头之日，仅仅一时的自强而不能长期坚持，也不会走上成功之路。因此，坚持不懈地自强，才是扭转命运的根本力量。

古希腊哲人苏格拉底说："许多赛跑者的失败，都是失败在最后几步。跑'应跑的路'已经不容易，'跑到尽头'当然更困难。"一个人的成功往往来自自己内心的一份坚持,虽然每个人的境遇完全不同,可是他们都没有放弃自己内心的追求!这一点点坚持使他们在竞争中成为真正的赢家!

低谷时不放弃,在寂寞中悄然突破

人生之中,难免会经历这样或那样的波折。面对生活中的痛苦,如果一昧沉浸在对命运的抱怨中,那么我们看到的只能是漫无天际的悲观和失望,可是如果保持一颗豁达的心,即使是在人生的风雪里,也只会当成是风景来观赏。

曼德拉因为领导反对白人种族隔离的政策而入狱,白人统治者把他关在荒凉的大西洋小岛罗本岛上27年。当时曼德拉年事已高,但看守他的狱警依然像对待年轻犯人一样对他进行残酷的虐待。

罗本岛上布满岩石,到处是海豹、蛇和其他动物。曼德拉被关在总集中营一个锌皮房,白天打石头,将采石场的大石块碎成石料。他有时要下到冰冷的海水里捞海带,有时干采石灰的活儿——每天早晨排队到采石场,然后被解开脚镣,在一个很大的石灰石场里,用尖镐和铁锹挖石灰石。因为曼德拉是要犯,看管他的看守就有三个人。他们对他并不友好,总是寻找各种理由虐待他。

谁也没有想到,1991年曼德拉出狱当选总统以后,他在就职典礼上的一个举动震惊了整个世界。

总统就职仪式开始后,曼德拉起身致辞,欢迎来宾。他依次介绍了来自世界各国的政要,然后他说,能接待这么多尊贵的客人,他深感荣幸,但他最高兴的是,当初在罗本岛监狱看守他的三名狱警也能到场。随即他邀请他们起身,并把他们介绍给大家。

曼德拉的博大胸襟和宽容精神,令那些残酷虐待了他27年的白人汗颜,也让所有到场的人肃然起敬。看着年迈的曼德拉缓缓站起,恭敬地向三个曾看管他的看守致敬，在场的所有来宾以至整个世界都静下来了。

后来，曼德拉向朋友们解释说，自己年轻时性子很急，脾气暴躁，正是狱中生活使他学会了控制情绪，因此才活了下来。牢狱岁月给了他时间与激励，也使他学会了如何处理自己遭遇的痛苦。他说，感恩与宽容常常源自痛苦与磨难，必须通过极强的毅力来训练。

获释当天，他的心情平静："当我迈过通往自由的监狱大门时，我已经清楚，自己若不能把悲痛与怨恨留在身后，那么我其实仍在狱中。"

没错，面对生活中的磨难，如果不能以豁达的心胸面对，那么我们只能一直生活在痛苦当中。在生活中，很多人都不能放下心中的痛苦，他们觉得是命运的薄待，让他们感受到了诸多痛苦。所以，他们愤恨，他们抱怨，甚至还会想到要报复。

可是，即便是我们把心中的痛苦都发泄出来，我们仍然没办法减轻自己心中的痛苦，因为我们不曾放下。所以，与其让别人加入我们的痛苦，不如我们自己释怀，看淡得失。

人生之中，难免会经历这样或那样的波折。面对生活中的痛苦，如果一味沉浸在对命运的抱怨中，那么我们看到的只能是漫无天际的悲观和失望，可是如果保持一颗豁达的心，即使是在人生的风雪里，也只会当成是风景来观赏。

冬天里会有绿意，绝境中也会有生机

我们知道，事情的发展往往具有两面性，犹如每一枚硬币总有正反面一样，失败的背后可能是成功，危机的背后也有转机。

1974年第一次石油危机引发经济衰退时，世界运输业普遍不景气，但当时美国的特德·阿里森家族却收购了一艘邮轮，成立嘉年华邮轮公司，后来这家公司成为世界上最大的超级豪华邮轮公司。世界最大的钢铁集团米塔尔公司，在20世纪90年代末世界钢铁行业不景气的时候，进行了首次大规模兼并，然后迅速扩张起来。所以说，危机中有商机，挑战中有机遇，艰难的经济发展阶段对企业来说是充满机会的，对企业如此，对个人、对民族、对国家也是如此。

2008年经济危机爆发后，美国很多商业机构和场所顿时萧条了，但酒吧的生意却悄悄地红火起来。原来，精明的酒商们发现美国人开始越来越喜欢喝战前禁令酒时期以及大萧条时期的酒品，比如由白兰地、橘味酒和柠檬汁调制成的赛德卡鸡尾酒。酒商们迅速嗅出了新商机，推出了一款改进的老牌鸡尾酒。美国一个酒业资深人士指出，人们在困难时期，往往会从熟悉的东西那里寻求安慰，老式鸡尾酒自然而然会走俏。这种酒品，不仅让酒商们大赚了一笔，而且还能使疲于应对经济危机的美国人民得到慰藉。

"危中有机，化危为机。"一些中外专家认为，如果危机处置得当，金融风暴也有可能成为个人、企业或国家迅速发展的机遇。所以，冬天里会有绿意，绝境里也会有生机。

危机之下，谁都不希望面临绝境，但绝境意外来临时，我们挡也挡不住，与其怨天尤人，还不如奋力一搏，说不定，还会创造一个奇迹。

有人说过这样一句话："瀑布之所以能在绝处创造奇观，是因为它有绝处求生的勇气和智慧。"其实我们每个人都像瀑布一样，在平静的溪谷中流淌时，波澜不惊，看不出蕴含着多大的力量。往往当我们身处绝境时，才能将这种力量开发出来。

下面是一个在绝境里求生存的真实故事：

第二次世界大战期间，有位苏联士兵驾驶一辆苏H正式重型坦克，非常勇猛，一马当先地冲入了德军的心腹重地。这一下虽然把敌军打得抱头鼠窜，但他自己渐渐脱离了大部队。

就在这时，突然轰隆隆一声，他的坦克陷入了德军阵地中的一条防坦克深沟之中，顿时熄了火，动弹不得。

这时，德军纷纷围了上来，大喊着："俄国佬，投降吧！"

刚刚还在战场上咆哮的重型坦克，一下子变成了敌人的瓮中之物。

苏联士兵宁死也不肯投降，但是现实一点也不容乐观，他正处于束手待毙的绝境中。

突然，苏军的坦克里传出了"砰砰砰"的几声枪响，接着就是死一般的沉寂。看来苏联士兵在坦克中自杀了。

德军很高兴，就去弄了辆坦克来拉苏军的坦克，想把它拖回自己的堡垒。可是德军这辆坦克吨位太轻，拉不动苏军的庞然大物，于是德军又弄了一辆坦克来拉。

两辆德军坦克拉着苏军坦克出了壕沟。突然，苏军的坦克发动起来，它没有被德军坦克拉走，反而拉走了德军的坦克。

德军惊惶失措，纷纷开枪射向苏军坦克，但子弹打在钢板上，只打出一个个浅浅的坑洼，奈何它不得。那两辆被拖走的德军坦克，因为目标近在咫尺，无法发挥火力，只好像驯服的羔羊，乖乖地被拖到苏军阵地。

原来，苏联士兵并没有自杀，而是在那种绝境中，被逼得想出了一个绝妙的办法。他以静制动，后发制人，让德军坦克将他的坦克拖出深沟，然后凭着自身强劲的马力，反而俘虏了两辆德军坦克。

其实，每个人皆是如此，虽然我们的生活并不会时时面临枪林弹雨，但总有身处绝境的时候，每当此时，我们往往会产生爆发力，而正是这种爆发力将我们的力量激发出来了。所以，面临绝境的时候，不要灰心，不要气馁，更不要坐以待毙，勇往直前，无所畏惧，你我都可以"杀出一条血路"。

黎明前的夜是最黑的，只要我们在漆黑的夜中能看到一线曙光，那么，我们就要相信光明总会到来。事情总会有转机，不要消沉，不要一蹶不振，用阳光武装自己，相信船到桥头自然直，相信大雨过后天会更蓝。

第七章 谁偷走了你的时间：
你控制不了生命的长度，但可以改变生命的宽度

第一节

掌控时间，掌控人生

时间和压力的危机

我们当中有那么多人总觉得时间不够用，这仅仅是因为他们不懂得时间掌控的重要性吗？为什么你对掌控时间感到烦恼？正确地掌控时间真的有这么难吗？掌控时间真的重要吗？是的，这很重要！

计划能力的缺乏是无法做到正确掌控时间的重要原因。你必须要计划你的时间并且不被周围的人或事物所打扰，所以说拖延就是一个大问题了。危机能够发生并且一定会发生，除非你做好了足够的准备并且有充足的缓冲空间来应付它，否则你将无法平安度过。决策能力是时间掌控上一个重要的能力，如果你具备这个能力，知道事情孰轻孰重，任何难题都会迎刃而解。

如果你能消除压力，那么你掌控时间的能力无疑将会有所提高。

如果你能适当地放松自己，那么你做起事情来将更有效率，并且能更容易做出正确的决策。

我必须强调的是，掌控时间概念并不仅仅局限于时间本身，它也包括任务、目标、产量、结果等概念。如果你想获得成功，就必须注意以上几点。此外，你还要养成一种能够驾驭自己的好习惯，这不仅仅是一种习惯，更是一种技巧，掌握这种技巧将使你成为有能力的人。

正确的时间管理对目标的实现大有益处，这种益处不仅体现在办公室中，也体现在家里，任何时候都不要像无头苍蝇一样无计划地慌乱行事，要根据事情去部署计划，而不要受控于事情。

或许你工作很勤快，但想要成为高效的人，光有勤快还不够，你必须学会聪明地工作。以下五点就是聪明工作的要点：

（1）明确的目标——你知道自己工作的具体目标是什么吗？

（2）充分的能力——你确信自己一定有能力达到这个目标吗？

（3）适当的时间——实现这个目标要花费多长时间？

（4）合理估算——实现这个目标要花费多大的代价？

（5）权衡得失——认为自己所付出的时间和精力能否得到相应的成果，也就是说你实现目标是否与自己所付出的成正比？

时间掌控的技巧种类繁多并且变化无常，光凭死记硬背来记住这些技巧是不可能的，所以必须根据不同的环境采取不同的方法，也就是说我们每个人都要先衡量一下自己的情况，然后根据具体的情况采取相应的方法。

不要让时间来支配你，而应该由你去支配时间。

世界上再也没有什么比发现自己一天结束后一无所获这件事更糟糕的了，对许多人来说这就是生活充满压力的重要原因之一。我们当中有一部分人工作很努力，总是试图制定一些超前的目标想超过其他人，但是时间匆匆流逝，自己却离目标越来越远。

你的时间总是不够用吗

如果有紧急的事情，那就赶快去做吧，一刻也不要拖延。你若对其置之不理，今天的急事将会成为明天的灾难！

总是有太多的事情等待我们去处理，所以通常我们都会有很多选择，但不知道先做什么好。正是因为这种无从选择才导致了拖延。

要学会先做重要的事，假设你明天有事要出国一段时间，那么什么事情才是你最想做的呢？你应该最先处理什么事情呢？

做事拖延的主要原因是目标太大、任务繁重以至于让你感到沮丧，或者是该项任务的个人偏好程度过重，所以无法引起你的兴趣。另外，害怕失败，对任务重要性的不理解，以及认为任务本身太枯燥等都是拖延产生的原因。

此外，有太多的人都渴望在最短的时间内获得最大的效率。学过动物行为学的人都知道，对事物的迫不及待是动物区别于人类的一个主要特征。人类作为高等动物本身应具备忍耐的能力，那么为什么会有那么多人对效益表现得急不可待呢？又有多少次我们目睹了成年人只因过程中的一点点耽搁而大发雷霆愤然退出的尴尬局面呢？这些愤怒爆发于道路、邮局、超市的手推车和等待汽车的长队中。如果你的内心存在一个小小的角落可以容纳这些时间缓冲话，就会发现自己根本没必要为这些小事大动肝火。事情往往在没想象中的那么顺利时就会产生延误，对于这些延误，聪明的人总会选择耐心的等待。

时间掌控的关键在于正确地衡量任务完成的结果，而非任务本身。

有效的时间管理意味着什么

结果的完美并不是最重要的。有效的时间管理并不意味着要完成所有的任务，也不表现在要实现最完美的目标，时间管理这个概念远远超出了"为一些有可能发生的事做好一切准备"这样一个概念。若是任务执行的过程中发生一点意外，把原定计划中必要的时间抽出一部分去应对这些意外显然是不可行的。因为抽出这部分时间必然会导致计划失去平衡，换句话说就是，时间的平衡不应以牺牲计划中正常的时间来实现。

再者，其他人对于一些重要事情的疏忽或是对于重要的安排缺乏理解，也是造成办事无效、时间掌控失败的重要原因。

一位女孩周一非常忙，而她的老板又要求她周五前必须完成某项任务。周一的忙碌使得她不得不把日程安排推迟到了周二，所以很明显，安排任务只能缩短一天，这自然而然给她的心理造成了压力。尽管她费尽全力在办公室加班试图来填补那一天的空白，但仍弄得个措手不及。

建议就是，要为自己制订一个平衡的并且能够坚持下来的计划，别和上面这个女孩一样，把某一天的日程安排得太紧了。

帕累托定律

当某项工作被要求在某一天完成时，召开紧急会议便成了一种必要。但会议的日程安排必须要放在这项工作的前几天，不能放在工作的日程安排中。如果紧急会议并没有所谓的那么紧急、重要，或者本身就是一种浪费，那么对于被召来开会的公司职员来说，就面临着两难的境地：要么竭尽所能把工作做得完美，但这可能要花费比预期更多的时间；要么根据有限的时间来安排工作，只要做到"足够好"就行了。

公司职员通常认为不期而至的会议只会浪费有限的时间，给自己带来压力，以至于无法按时完成老板布置的任务。其实职员们并不是不了解会议的重要性，而是不愿意让会议硬挤进自己的日程安排中。

这种现象可以归结为帕累托定律，即所谓的80/20定律。老板只要完成80%的工作就足够使自己立足于大会发表言论了，职员们有足够的能力做到"足够好"，从而多完成剩下的20%，但是这另外增加的20%对结果却并无益处，也就是说职员们所坚持完成的20%的那部分纯属浪费。

当工作已经达到了老板或其他负责人的要求时，或者说已达到"足够好"的程度时，你就应该放下这项工作，转而着手于更有意义的工作，不然就是徒劳。

帕累托定律是意大利经济学家弗雷多·帕累托创立的。这条定理曾经闻名一时，因为在当时的意大利，80%的财富就集中在20%的人手中。

请运用帕累托定律进行分析：

如果把一天中最重要的20%的时间加以充分利用，那么这一天中80%的工作就会做得非常好。

80%的商机来源20%的客户。

80%的交通事故都是由20%的司机造成的。

80%的啤酒都是由20%的人们消费掉的。

80%的结果都是由20%的时间来完成的。

合格的时间管理者

仅用所得的薪水来衡量时间掌控的正确与否，显然是不可行的。因为对很多人来说，在工作时间内，这些薪水包含着很多方面的收入，这些收入包括如下：

★由于完成某一项工作而失去对另一项工作的控制权。

★工作产生的压力。

★废品、次品。

★资源的浪费。

★精力的浪费。

★时间的浪费。

★动力的浪费。

★士气的浪费。

★从事其他工作机会的浪费。

★工作过程中产生不良关系所带来的影响。

根据帕累托定律，我们必须对自己手中所支配的时间好好做个安排，工作要尽量安排在结果到来的80%这段时间内完成，只有这样才能保证工作的有效性。

在这里我还要强调一点，那就是时间掌控不仅仅只强调管理时间，还应该包括管理工作，只有做到两者兼顾，你才算得上是一个合格的时间掌控者。

如果你只关注时间的安排，而忽视了工作优先次序的安排，是难以实现你的工作目标的；同样，如果你过分注重工作内容的安排，不能合理分配时间，也是谈不上什么工作效率的。在实施任何一项计划前，就要考虑时间和工作两个因素。

第二节

家庭的时间安排

睡前制定一份第二天的工作清单

你可能为了养家糊口选择在离家很远的地方工作，但这些工作却与家庭工作有着密切的联系，所以你应该把这两种工作联系起来管理。无论在什么情况下，你都需要制定出一张清单作为你每天工作的"提醒者"。最好在你睡觉前做好第二天的日程安排，把它作为你的一项工作来完成，以便在第二天早晨你就能够对它进行检查和修改。

对某些人来说，为每周工作做好计划安排是有好处的。当周一来临时，你就得为本周需要完成的工作做计划了。在这一周内，特殊日子与特殊时间的工作应该灵活配置。如果是科室工作，那你就必须完成一张包含五个项目的时间表（这五个项目是你必须完成的）。如果这些工作十分重要，制定的项目数量最好以五样为限。因为当你发觉这些工作的完成会花掉你所有的时间时，你就会感到身心疲惫，力不从心。同样，那些你原本计划的工作不能如期完成，你的目标就没有意义。合理的时间安排要以可行为基础。

在早餐时间对所做的时间表进行核对，重点检查当天需要完成的所有任务，花几分钟时间为它们划分好优先次序，同时列出时间安排。第一步要检查的是当天是否为自己留出了时间——空余的时间。

计划要与家庭生活吻合

别让那些低级的、不重要的事情从早到晚困扰着你的生活，以至于你没有时间去迎接随时到来的挑战。同样，工作上也应该如此。如果仅仅只有1天的多余时间，你无须为此而庆祝。日常安排的细微改变可以使你获得更多的时间，完成更多的事，但你不能因此而浪费宝贵的时间。注意到这些，你会觉得工作不再繁重，成功的道路不再模糊。留出时间与空间来改变自己吧。现在就开始！不要等明天了。

把视线投向家中

以下是欧克·马丁的自述：

在某一星期，我接到一个之前一块工作过同事的电话。"你目前在做什么工作？"我问道。

"我要做一周的家务活了，"他自豪地说道，"在我的妻子陪同她母亲出远门时，我需要照顾孩子，做家务活。不久我要去完成落下的工作，同时还要完成留给我的工作。"

在办公室同事的印象中，这类人备有一个容量庞大的纸板箱，是专门用来为自己存放写有地址的信件的。他的秘书每晚会过来检查，清理掉所有的垃圾邮件，对信件进行归类，同时理出重要的信件。

他的秘书和妻子保持着密切的联系。双方对他都有一定的了解，所以总是定期地制定好时间表，并且一直如此。他在一家大公司工作，公司人员充足，随时可以取代他。在家里他的妻子尽可能地招募更多的人做家务活，这些人包括清洁工、园丁、熨衣工人等。虽然看起来并不新鲜，但确实帮助了他。

那是星期三的一个早晨，同事告诉我他如何把自己的生活调理得井然有序。他喜欢把秘书叫到跟前，帮他完成办公室的工作，而他的秘书也乐于放下手头的事情，帮他整理工作。

我们未必都能幸运地找到现成的人为我们整理东西，如果你手头有许多事情必须要自己去做，那是因为你身边没有一支庞大的训练有素的员工队伍。

如果你把工作和管理家庭结合起来，那你的生活就不仅仅是个人的生活。让生活轻松些，按下面的一些法则做：

如果你把它拿出来——就把它放回去，

如果你打开它——就关上它，

如果你把它扔掉——就把它捡回来，

如果你把东西拿下来——就把它挂上去。

一个朋友一直坚持着一种简单而有效的方法，那就是她在出门前就制定好出行路线以便于不停地对自己反向跟踪。如果她可以步行或者骑车去镇上，她就会这样做。因为这样她就不需要再另外花时间去锻炼身体了。

在家休息时，不妨制定一些B类计划用来应付那些突发事件。特别是当你星期六与星期天都是全天在家时，你就更应该做些计划，计算出你需要在某项工作上安排的时间。如果你面对的是任务繁重的工作或是困难的局面，你至少应该花点时间对它们思考一番或者解决掉其中的一部分，这样做会使接下来的工作简单些。

务必在每天结束后检查你的工作日程表，看一下是否有遗漏。同样，在制定新的一天的计划时，再次检查以便确保你所安排的工作具有可行性，把没有明确内容的工作重新做一次安排。

如果你从事照顾他人的工作，那么你就得先照顾好自己，不能照顾好自己的人又怎能照顾好他人呢？调查发现，神职人员每年年初要做的最重要的事就是隐退一段时间，好好地调整一下自己。因为，如果他们不能在精神上好好地调整自己，就不能在精神上照顾别人。

类似地，我们对假期也要进行合理的安排。显然出门在外小心谨慎是必然的，而时刻表的制定，就是要求所有的事情按计划日期运行。整个假期不应受到丝毫的干扰。这就是为什么在度假时你最好别通信。

在休假的时候，避开那些提醒你工作的人。如果他们把度假的时间花在工作上，那太不幸了，因为这样很少有人会玩得开心。拥有一部分自己的时间，重要的是，这些时间要与工作没有关系。

对许多人来说，学习要持之以恒，同样，对于那些正在努力使自己专业技能跟上时代趋势与发展的人来说，也应该如此。虽然每天的时间都应该充分利用，但你还是要从日历上挤出一点空余时间来。如果你能恰当安排，那么在家的时间就是你有效的时间。但是要记住避开干扰。

如果你因为不能掌控自己的办公时间难以安排你的工作，那么不妨试用一下交叉点方式。把一天分成三部分，做三分之二，例如，如果你晚上非常忙，那就不要在早晨或者下午工作。如果这很难做到，那你就要对你的工作内容进行调整了。

例如你长期在外工作，那么你就要迅速把文字工作完成。始终要预先做好最周全的准备以取得最好的效果。别受他人影响认为家务不是工作——它们是！家庭是需要维护的，如果你无法完成家务最好花钱雇人替你做。在任何时候，如果你始终处于在事后采取措施弥补工作这一状态中，那么你花在这些工作上的时间就是一种浪费。

许多人完成工作时已经是时间的最后期限了，期限是别人制定的，但是你也可以自己制定。例如，你可以为自己规定一个上缴税金或增值税退税的时间期限，或者制定一个日期检查你的档案柜或楼梯下的橱柜。

每月为行政工作留出一天的时间可以帮助你及时做好文书工作，如核对账单、办公费用等等。把这天纳入工作日程中。如果你办事效率高而且有规律，那就不会出现无法控制的情况了。一场电影或者一顿饭的诱惑会整天影响你，给你提供完成任务的动力。

如何在家工作最有效

时间掌控中一项巨大的挑战是，当外界没有任何时间约束可以影响你时，你有独立完成工作的能力。大量行政工作上的琐事太容易产生干扰了。当你有艰难的工作必须完成时，你就要告诉别人你正在工作，这样能使你全力以赴地投入工作。

如果这对你而言是经常遇到的问题，那么试着把要做的事记录在纸条上并把纸条粘在冰箱上，它通常可以在一定范围内引起你和其他人的注意。像前面所说的那样，一旦你公开了计划就很难不去做（这种做法并非始终正确，但的确有用）。但不要完全依靠粘着的纸条——几年后它们会掉到冰箱下面而被你遗忘。

如果时间期限的确非常紧迫（和在家一样，这类方法在办公室也适用），就开启语音邮件，以便减少邮件的发送。每过4个小时迅速地把邮件与紧急信息进行核对。除此之外，几乎不理睬那些之后要做的事，除非手头的工作已经完成。

不在办公地点召开会议在外人眼里是常见的事，因为这种安排减少了时间约束。那些在家工作的人，他们需要与顾客约好到达与商谈的时间，对于他们来说，给出对方明确的时间是重要的。例如告诉他们："我们只有1个小时的时间，我们必须在时间上严格限制。"如果大家了解这项规定，他们就能够遵守。毕竟，你不坐在办公室并不意味着时间不宝贵。

当你从家中准备出发时，千万不要让其他人破坏你的计划。对那些事先没有进行预约的人，你要诚恳地对他们的等待表示歉意，他们会很快理解。如果与你一起工作的同事们无所事事，那么你一旦在家，他们就会假设你必定是在度假或者无事可做，所以当他们了解你的情况，毫无疑问，干扰你的突发事件就会提前发生。

马克·吐温在他的一篇文章中这样描写，当有人按响他的门铃时，他就穿上自己的外套，打开门，如果这位拜访者受他欢迎，他就说："你碰上我是多么巧啊，我刚回家。"如果这位拜访者不受他欢迎，他会十分歉意地表示自己正要出门，不能耽搁。

在办公室工作巧妙地运用这种方法，只需要拿起一个公文包或者一叠文件并表现得很匆忙的样子就可以实现你的目的了。

时不时地在每星期、每月或者每年制作一张时间表来检查一下你的时间花在哪里，然后进行调整。

每周花一天时间来做几件不同的事，可以是慈善工作或者服务类行业的义务劳动。因为这些会使生活变得丰富，也带来美好的回忆。这个时刻是真正享受的时刻。

当你觉得时间不够时，你需要寻找一种方法去挖掘时间或者把工作委托给别人做。这关系到你是在家里还是在办公室里工作。

简单化

简化你要做的事是一种提高你掌控时间效率的方法。准备服装，熨烫衣服等，在头一天晚上完成这些工作能够减少早晨你的准备时间。保持你的装束风格简单朴素也是如此。

毫不留情地整理橱柜与抽屉，清理掉不需要的东西，对里面的物品进行归类并保持整洁。这为你今后寻找它们省下大量的时间——如果物品放在合适的位置，就节约了你下次寻找的时间。

减少文字说明。尽可能简化行政工作。当别人不愿与你交谈而你又不能使用电话时，你可以做些写作方面的工作。如果你真的特别忙，就把周末花在家庭琐事上的时间最大限度地利用上。

利用你计划在阅读中的时间处理大堆的项目——最后不论是否进行了阅读都毫不留情地把它们丢掉。

确保每个星期对工作进行检查并对你的时间安排进行评价。

灵活处理

灵活的运用能力对生活中时间紧缺的人来说是非常重要的。无论你是在工作还是在家中休息，始终保持一种开阔的视野就使你具备了一项重要的本领。作出恰当、明智的决定非常重要，同时，保持一种向上的积极的态度也会令你受益。对你来说，更简单与更适合你的方式是以微笑代替痛哭流涕——特别是在事物处于十分糟糕的状况时更应该如此。

　　当紧急情况发生时，我们当中聪明的人就会考虑到那些他人没有预测到的情况。而另一些人则会忧郁、失落地打电话给朋友寻求帮助。如果你做好了充分的准备，留出了缓冲的时间，你就能够在规定的时间内完成任务，而不至于把自己弄得过度疲劳。

　　你可以选择对人或者事件的应对方式，如果你有意识地把"我已经决定"用"我不得不"来替代，你就可以自由掌握生活中的每一件事。成功的时间掌控中最强有力的方法之一就是能够自由做决定。

　　在你思维的控制下，你需要每天为自己单独留出半个小时。利用这半个小时自我思考："我怎样能够更有效地面对挑战？"

　　一位出色的企业家，是从家庭工作开始做起的。她曾说："我努力保持沉着、整洁、健康，我试着把可以委托给他人的东西交给他人去办理，这样我就可以有发挥创造力或想象力的时间了。"

　　为了使特殊工作不超出计划规定的时间，你必须给每段时间设置上语音提示。当你做自己不喜欢的工作时，这种方法非常有用，因为你会既惊讶又开心地发觉时间过得很快。通过这类方式，你会非常清楚你在这份工作上究竟花费了多少时间或者说你对这份工作担心了多久。

　　有时间概念有助于你避免做出一些十分浪费时间的事。当你投入一项工作时，很容易花上超出这项工作所正常需要的时间。这就是我们的一个极为明显的弱点。

第三节

办公室的时间管理

提前做好准备

日常办事有规律的人常常能够为别人提供帮助，他们甚至会在上司与同事提出要求之前就已伸出援助之手。按照规律，当你到达单位之后，打开办公室或者车间，接着打开计算机，这时你只需要坐下来就可以直接着手工作了。

把必须要做的事安排到你的一天中去，尽快尽可能使所有的事情顺利进行。

如果你不能给自己安排时间，就寻找别人帮你解决。

做事有规划习惯的人常常有清晰的思路，他们可以把工作安排得非常顺利，而无规划习惯的上级或者同事就无法办到。时间要平均地分配在家庭和工作场所之外。如果你起床早，就把工作做在其他人之前。当然你需要规划好时间并做好计划。

要为你的计划留出缓冲的时间，明智的安排就是如此。有计划的人总是在出门前及时做好安排。无论你是正准备去上班，还是接受任务出差，特别是在临近会议时，有了时间计划就可以使你处事得心应手。如果不考虑出差的因素，你可以晚些时候为下次的任务做准备，但仍要提前完成计划。

每天开始要做的事

每天一开始就核对你的日历、日记、每日的时间表。这是你必须要做的事。每天都应当记录所有的约会、时间、事件及完成的工作,一天结束后对其进行检查,确保项目没有遗漏。一旦其他人已经完成了安排的任务并且开始询问下一步的工作时,你就需要重新安排时间。立即计划好下一步的委派工作或者对时间表做些必要的修改,有助于你跟上他人的步伐。如果时间的安排与任务的执行产生冲突,立即采取相关措施予以解决。在那些谁都无法预测的发展过程中,委派的任务需要随时重新制定或者取消。

在工作时,仔细看清楚即将要做的事。

做好记录

离开办公室前记录好那些没有完成的工作,写清楚你放置未完成工作的地点,记录得要全面,因为这不仅仅是你第二天需要做的。简单考虑一下第二天的工作日程,这可以使你不至于忘记前一天晚上留在办公桌上的工作。首先列出第二天要做的三件事,然后排好优先顺序。

第二天当你来到办公桌前,把准备工作做好,然后再去回电话、发邮件、寄信等。之后你就不需要花时间决定从什么事开始做起,或者做削铅笔之类的事了。当工作开始时,一切看起来比预期的进行还要顺利。

先解决难办的事

每天的开始十分关键。困难的工作要尽可能迅速地完成,不要对困难的工作产生恐惧。把困难的工作首先解决掉,你的心情自然会舒适一些。问题会发展为危机,而效率高的人会在危机到来之前就把问题解决。如果你能够把棘手的问题尽早地解决,你就可以愉快地度过剩下的时间。为完成了困难的工作给自己一份奖励——休息一下或者吃些点心。

如果是一项十分令人讨厌或者很难完成的工作,要分步骤地做。你无需为它的复杂和枯燥而烦恼。试着大块处理它——早晨要做的第一件事就是花15分钟解决困难的工作。如果你完成了困难的工作还有剩余时间，你就能处理其他任何事情。

你的许多压力和疲劳不是由工作引起的，而是由于担心不能做好工作而造成的。一旦你完成了困难的工作，你就可以享受你的剩余工作时间。回家后你会更开心，更积极，并且可以度过一个美好的夜晚，甚至第二天你工作时仍然精神抖擞。这听起来似乎不可思议，但事实确实如此。

始终让第一件工作显得有价值。在日子流逝之前抓住它。

处理干扰事件

如果你对别人的打扰不太介意，那么你得到的打扰就会比你预料的要多得多。

尽量避开那些次要的干扰，想办法把它们阻挡在你的门外。一旦你解决了这个问题，就立刻回到当天的主要工作上来。

预防干扰

你可以通过事先给其他人提醒来预防干扰的发生。告诉同事你不想被打扰，向他强调你不准备接受未预约的拜访和电话，这相当有效。提醒他们你正在处理一项工作，可以避免之后不间断的打扰。最糟糕的事就是，你在准备工作上已经花了大量的时间，但之后仅仅因为一份突然出现的资料要求改变这项工作，戏剧化的一幕使以前的工作前功尽弃。

采取措施，预防干扰，关上门，专注手头的工作，告诉大家你正在"开会"——那经常是你想独处的所有理由。他人不会对你一个人开会有什么要求，如果这如同你为自己"买下"一些清静的时间来处理重要的事，那就这样做吧。许多人当他们得知某人正在开会时就会识趣地离开。

学会说"不"

当你开车离开办公室出门工作的时候，或者你独自一人待在空无一人的会议室的时候，或者在你刚刚离开他人办公室回来工作的时候，在门上挂一块"请勿打扰"的牌子。要事先做好准备，同时处事要果断。当干扰你的情况出现时，把它们尽量纳入你事先已经安排的项目中。如果顾客的事情是你最后要处理的，询问他们是否可以在当天下午晚些时候将电话打过来。难道任何的中途干扰都会成为"紧急和重要的"事情吗？你需要灵活处理这些事情。

做好说"不"的准备。友好但不生硬地拒绝他人，也无需提供理由。但是如果你可以找到理由，说出来也许会有帮助。

巧妙应付闯进你办公室的人

那些热衷于自己让人喜欢的人发现很难抵制干扰。良好的同事与职员间的关系有时的确很有价值！但是你若不会说"不"时，你就糟糕了。应付那些中途干扰你的事件，你必须明确谁会在某个假定的时间出现在你面前。让大家清楚地知道你在什么时候接待什么人，并告诉他们你接待的原因。如果你拒绝帮助，你就得准备让机器或同事帮你分担工作。

如果一些人想走进你的办公室询问客人来的目的，不要让他们闯进来。当他们走进办公室后你就起身站在桌子的边缘，示意他们你正忙着，不要打扰。一旦你意识到这次谈话并不重要，就把谈话安排在宾馆或咖啡馆的小客房里进行。注意：对待时间要无情，但是对人要有礼貌。

如果一些人坚持要见你，那么与他们约定好在他们安排的地点见面。这种方法可以在你见到他们时获得主动权——因为你容易提出离开的理由。如果过了很久问题还不能解决，那么你就提议在一个方便的时候进行下一次见面来结束这次交谈。

接打电话的学问

打电话的最佳时间或者是早晨9点之前——但是不易太早，或者是下午4点之后，因为早晨9点之前和下午4点之后是正常会议以外的时间。

每天要给重要的工作留出足够的时间，在这一时间段内要接听任何电话。如果可以，把这些电话转移给其他人解决。因此你可以选择开通语音信箱留下口讯告诉大家你接电话最合适的时间。选择一个恰当的时间有礼貌地给对方回一个电话——询问他们现在是否方便回电话。

在最合适的时间接听所有的电话。一天中安排出1~2个小时接电话。把你要拨的电话号码列出来。记录好每个电话的内容，包括你想提出的要点——不要胡扯。在手边准备一个计时器，这样在打电话时你就可以意识到时间在溜走。

当你在做语音信息留言时，不要仅仅留下你的名字与对呼入者的要求，还要向对方解释为什么你正在打电话和你需要什么。

如何应酬拜访者

无论什么时候，即使你再没时间，你都要忍耐。如果有急事需要处理，或者你不想接受客人的拜访，拿出证件暗示你正要去参加某个会议。

试着开门接受客人的拜访，而不是规定拜访时间限制客人的拜访。通过约定时间，以有说服力的理由控制人们前来拜访。试着以对待自己的方法对待别人，这种方法非常适用经常询问同事弄清他们是否乐意接受拜访。

对于那些需要提高工作效率的人来说，需要采取一种方法，既可以拒绝未预约的拜访者来访，而且又可以使他们满意地接受。如果他人登门拜访与你洽谈的事情并不紧急，你可以向对方建议选择双方都方便的一天进行一次会议讨论。

要求和回答

如果你参加一个活动，除出于礼貌或者责任感之外没有其他可观的利益，那就不要参加。一旦你决定不参加就清楚和直接地说"不"，不需要道歉和给出理由。同样，当你需要重新制定一份时间表来确定工作的最后期限时，也要迅速与干脆。

如果对方要求你立即回答，你应该恭敬而有礼貌地问为什么。对方限制你回答问题的时间往往是因为他不理解你。

记住拒绝要求而不是拒绝人。如果你觉得有必要就告知对方理由并且坦白你的感受。要注意你的行为不能与你的语言矛盾。

如果你还没决定，那就向对方说明原因并要求对方给你更多的时间和信息。如果你不会说"不"，那你的"是"是没有价值的。

文书工作

在任何时候保持办公室整洁。这说起来容易，但对那些认为文字工作和行政工作很枯燥的人来说是一项真正的挑战。当你做的是更令人愉快但不是太重要的工作时，这类工作往往会被耽搁。但是一旦你养成了习惯，善于做那些早期你所厌恶的工作，那你就会很有成就感。同样，你制定了计划，就能顺利地避开那些烦琐的工作。

当有大堆的文书工作要解决时，你最好彻底地一次性完成。如果可以，分期做这些文书工作。这种方法只需占用你10～20分钟的时间。如果你的办公室能保持干净整洁，工作就能得心应手。

每星期留出一天时间做行政工作——比方说星期五下午和星期一上午，制度始终要简单易记。文档的归类要考虑便于二次查找。

如果你无法完成工作，那你如何实现自己的目的和完成自己的目标？期限的制定要可行。要有时间意识——要让自己掌握的时间比计划的多。

何时说"不"，何时说"是"

前面我们已经大概地谈论了这个问题，由于这一问题的重要性，有必要在这里再次提及。

每个人都希望自己的工作重要，但有时他们把工作看得过于重要了。如果你认为增加自己价值的方法就是超负荷地把精力投入到工作中去，那你就错了。但如果你从工作中找到了自我价值，那就工作得努力些，永远不要说"不"，然后你需要做的就是对你完成的工作与所花的时间进行衡量。

如果你被工作搞得精疲力竭，你必须开始说"不"。你只有这么做，大量有待解决的问题、时间掌控或者工作的烦恼才能迎刃而解。当你的工作过于繁重时，你必须承认某些事你不愿意去做，某些事你无法做，要诚实地说"不"。这需要足够的自信！有时他人甚至会让你去做一些与你无关的工作。开始练习说"不"吧！

例如，你越忙，你的电话和邮件的数目就越多。一些电话和邮件需要紧急回复，会弄得你手忙脚乱，这时你就要说"不"了。

思考以下问题，有助你更好地工作：

SMART

S 特别的——你知道你想完成什么吗？

M 可衡量的——你知道它有多少价值吗？

A 可行的——你能确定你真的能应付吗？

R 相关的——真的有关吗？

T 有时间基础的——它将要花多长时间？

如果你有私人助手或者可以获得其他帮助，让别人帮你筛选电话和邮件，把重要的事提前安排。剩下的可以安排到你的"行政"时间中去。

给自己留出委派任务的时间。与同事达成一致，为彼此留出"安静的时间"。为了便于彼此安静地工作，有时整个部门都要规定留出1个小时（通常是早晨首要的事），在这1个小时内各个部门要互不打扰。

留出一部分时间用来做个人的事或者留出"思考的时间"，这种做法既积极又有利。我们当中很多人一天中会遇到大量的干扰事件，但我们要完成的任务却很多。你可以有效地利用这些时间决定什么时候说"不"和什么时候说"是"。这有助你计算出实际的有效时间。如果你留出了计划时间，你就可以更快地完成工作，而且不会精疲力竭。

制订有效的计划

失败的计划总是无法实施的。所有优秀的员工都会对时间进行有效的规划。一个有效的计划能够平衡你的私人时间与工作时间，有效计划的衡量标准包括目的、说明、优先项、集中和紧急程度。

为了计划的有效实施，你需要详细地说明你试图如何达到自己的目标。目标既要特殊又要有标准，一定阶段的目标要通过时间的计划安排来实现。计划应该包括时间表、期限、期间的工作、联系人和所需资源。

然后你需要对"发展型工作"和"稳定型工作"进行区分。

发展型工作就是将来使你的地位优于目前地位的工作。

稳定型工作就是允许你变换岗位但变换后的岗位与变换前的岗位地位相当的工作。

长期目标

办公室有序的工作有助于你制订行而有效的计划。明确你的目标与企业目标的关系。在建立你的优先事项时，列出完成目标的所有工作。然后检查这项计划。对计划进行规划，并付诸实践，进行评价后增加新目标！对计划每6个月进行一次更新。

中期计划

制订中期计划与长期计划有关，根据紧急性和重要性确定中期优先事项。尽可能委派任务。给工作安排合理的时间，规定完成的日期。把复杂的工作分解成易管理的小块任务。查出与长期计划冲突的部分，每3个月总结一次。

制订周计划

每个周末，安排好下周要完成的一系列重要工作，然后再清楚地分配好下周的工作时间。当坐下来计划时间时，在时间表上列出需要做的事。

工作要分清轻重缓急

按重要性与紧急性划分你的工作等级。把计划表上的项目标上号码，同时对它们划分优先次序。不要低估时间或者给自己增加过度的负担。每个任务要给自己留出额外的时间，这是出于会有电话呼入和打扰事件发生而考虑的。

在你每天的时间表上设置"缓冲时间",这有助于你应付意料之外的事,将有助你避免掉入"过度安排"的陷阱。一旦"过度安排"会议,遇到干扰事件的出现,工作完成的时间比预期的要长时,"过度安排"就会导致"自我毁灭"。

在完成一项工作而开始接手下一项工作时,为了让自己能满意地完成时间表中的工作,要制定一条规定,规定好有效期,尽可能不被当天临时出现的情况所干扰。

为了给登门拜访的人留出答复的时间,你要为自己留出一天左右的时间。如果问题紧急,时间紧张,查看你今天的事情是否有必要完成。一旦期限到了,把没有注销的项目写入第二天的表格中,置于首要位置。

按照下面的优先顺序安排工作:

A类。重要的和紧急的——有价值的问题,有价值的时间,在当天将它们完成。

B类。重要的但并非特别紧急——把它们推后几天处理。人们喜欢尽可能地推迟这些工作。把这些工作分成几个期限更短的工作然后去完成。

C类。紧急的——虽然对它们要做出快速反应,但是这些工作对目标并不重要,可以委派给他人。

D类。其他——不需要立刻行动,因为它们对目标没有价值。避开或者把它们委派给他人。

走在工作的前头

一项工作早期时间花费得越多,最后剩余的时间就越多。一项早期的工作准备能够产生有效的结果,得到较好的回报。尽量避免责备、重复批评和指责。在一项工作的开始做好努力工作的准备,以便尽早精力充沛地开展这项工作。这样,随着时间的推移,你需要做的努力就会减少,而其他途径却不能做到这点。

办公室中节省时间的窍门

下面是一些办公室中节省时间的小窍门，掌握这些窍门可以使你更加高效地开展工作，提高办公效率。

（1）集中一天中的头两个小时来处理手头的工作，并且不接电话、不开会、不受打扰。这样可以事半功倍。

（2）立刻回复重要的邮件，将不重要的删除。

（3）做个任务清单，将所有的项目和约定记在效率手册中。手头一定要带着效率手册帮助自己按计划行事。

（4）把琐碎的工作写在单子上，以便有零碎时间马上去做。

（5）学会高效地利用零碎时间，用来读点东西或是构思一个文件，不要发呆或做白日梦。

（6）如果有人在电话中喋喋不休地讲话，你可以礼貌地结束电话。

（7）在离开办公室之前列一张次日工作的清单，这样第二天早晨一来你便可以全力以赴地投入到工作当中。

（8）制定灵活的日程表，当你需要时便可以忙中偷闲。例如，在中午加班，然后提前1个小时离开办公室去健身，或是每天工作10个小时，然后用星期五来赴约会、看医生。

第四节

在工作和生活之间寻求平衡

高效率的真正含义

小问题积聚起来可以导致大的故障，地基不牢靠的房子注定要崩塌，不平衡的生活同样如此。

如果你掌握不了生活的平衡，会影响到你生活的各个方面。以健康为例。假设在日常生活的重压下，一个人得不到足够的睡眠时间和质量。疲惫的人没有足够精力，使得他们思考、交谈、做决定时都会出现问题。有关研究表明，劳累的人记忆力减退，倾向于更加情绪化、不稳定的感觉。而且缺乏耐心，缺乏想象力，对抗社会的情绪表现明显。

我们中的大部分人总是觉得很累。一天中无论什么时候随机采访十个陌生人，问他们，"你休息了吗？""昨晚睡得好吗？""你今天感觉精力充沛吗？"七成人都会告诉你他是如何的累。

很多人感觉疲惫是因为他们晚上熬夜，以至于不能得到足够时间的睡眠来给身体补充能量。还有些人是因为睡眠质量不高，他们感觉压力很大，每天不能有效控制时间，或者拒绝采用有效的时间控制方法。

疲倦会影响家庭生活、社交生活、职业生活等生活的各个方面。疲倦也可能会妨碍你的理财安全、才智发挥和精神充实。换句话说，某方面的缺失会影响到你生活的各个方面。

你可以收集各种利于时间管理的小工具，拥有最新潮的辅助设备，更清晰了然的计划列表，最吸引注意力的提示簿。但是，如果疲惫伴随着你，再好的工具也帮不上你多少忙。而健康是生活中如此重要的一个方面，如果你忽略它，它会打乱你所有的生活秩序，更无从谈起什么工作效率。

一个真正富有效率的生活需要平衡以下各个方面：

★健康。

★家庭。

★理财。

★才智。

★社交。

★职业。

★精神。

你可能不会在上述每一个方面花费同样多的时间，但是从长久来看，如果你能平衡处理以上各个方面，你的生活将会得到平衡，而生活的基础也必将坚固。

优先做的事

不要忽略优先做的事。如果你无法确定优先做的事，你就会平均地对待每件事情。很显然，某些事必定比其他事重要，并且有些事情必须要在第一时间内完成。你应该把重要的和紧迫的事放在首要的位置去做。

给所有的工作划分A、B、C三个等级：

A——代表必须做的事（基本的）；

B——代表有利润的，但非强制的事（重要的）；

C——代表不必要做的事（选择的）。

分析这些基本的工作，给它们编上优先次序。坚持你的优先顺序（如果合适并允许），每天或每周检查一次。

谁在浪费你的时间

时间会在你没有留意到它的情况下迅速从你眼前溜走。要学会抓住时间，减少时间的浪费。对照以下问题，查找你浪费时间的主要原因：

★不会说"不"。

★危机管理：故障、问题、灾祸。

★优柔寡断、拖延和失败的交流。

★不一致的无效行为。

★不必要的电话、会议、拜访者。

★处理垃圾邮件、不必要的文书工作。

★缺乏信息、目标、管理、委托。

★缺少优先权、程序、系统、自我约束。

如何为度假准备行李：

把所有你想整理的东西放在地上，把数量减到一半，然后再整理放入箱里。结果便是：一个容易关上的衣箱。

怎样在一周内做更多的事：

将一周当作只有两天半的时间来使用。列出要做的工作，进行委派，或者把剩下的扔掉。结果便是：有更多的时间可以做重要的事。

你花了多少时间做了多少事

你要想走在事物的前面，就必须有计划！制订并经常检查你的计划，做好日程安排，同时做好记录。

寻找最适合你的时间安排方法，始终在你的"高效时间"段做最重要的事。不要允许其他人介入你的"高效时间"段。

保持你原有的动机,在时间跟踪表上做好你花费时间的记录。这样的工作每周至少要完成一次。

观察一下你在每份工作上平均花多长时间。留意将会出现多少干扰事件,它们会占用你多长时间。有多少次你能工作上1个小时而没有被打扰。

这些强调你在工作上花了多少时间:你允许干扰发生多少次,你花在离开你目标方向的事物上多少精力,你在故障检查上花了多少时间。

某营销公司领导一天上午的工作日程安排

开始时间	耗时(分)	做什么	类型
8:15	15	处理桌上的工作,包括抽时间安排与市场议员的见面	行政
8:30	10	打电话告诉顾客相关的建议	销售
8:40	10	查看邮件,再回几封,把其他7封归档稍后处理	行政
8:50	5	接受重要员工的拜访	行政
8:55	25	收到关于会议预算数字的传真	金融
9:20	15	举行销售公布的首次会议	销售
9:35	25	离开办公室去市内和新顾客首次见面	行政
10:00	60	和新顾客见面	销售

故障、问题和危机

有效的时间掌控总是试着预测潜在可能出现的问题并采取相应的行为。允许存在危机，没有必要浪费时间责备这责备那。不要立即做出反应——先思考。

故障的出现常常是呆板的，要求通过逻辑的思考和借助准确的信息进行处理。信息和数据的集中、专业技能、知识上的帮助，可以解决许多故障。

问题比故障更复杂，它涉及人的因素，而不是简单的机械因素。为了解决问题，你需要尊重他人，倾听他人的意见，然后才能下结论。问题会涉及一些有关政策、员工和改革的内容。

危机是三者之中最严重的问题，它既涉及非人的因素也涉及人的因素。对于一个组织来说，这两种因素都包含有深层次的含义，两者对时间都有敏感性而且对于业务和组织的劳动力具有潜在破坏力。危机的解决需要快速而有效，这样可以减少危机的破坏程度。

当处理问题时，要思考！如果你学着每次只处理一件事情，你就可以很容易地获得问题的解决办法，从而把事情处理得更好。

委派

将工作委派给别人。明确工作内容和目标。工作最终要由人来完成，所以要使承担工作的人有足够的工作资源和权力。进行简单和清晰的交流。做好跟踪反馈，不断对工作进行核查。

决策的制定

出色的团队合作具备一种能力，这种能力使大家的意见迅速达成一致。首要的是对问题进行详细的说明。记录可行的解决方案与问题的正反两面。如果你制定的是大家都欢迎的决策，必定能提高决策的执行力。